Axel Kotulla

Effektiv Starten mit Turbo Pascal 6.0

Aus dem Bereich Computerliteratur

Effektiv Starten mit Turbo C++
von Axel Kotulla

Objektorientierte Programmierung mit Turbo Pascal
von Martin Aupperle

Parallele Programmierung mit Modula-2
von Ernst A. Heinz

Das Modula-2 Umsteigerbuch
von Rames Abdelhamid

Topspeed Modula-2 von A . . Z
von Anton Liebetrau

Turbo-Pascal von A . . Z
von Anton Liebetrau

Effektiv Starten mit Turbo Pascal 6.0
von Axel Kotulla

Grafik und Animation in C
von Herbert Weidner und Bernhard Stauß

Programmierung des OS/2 Extended Edition Database Manager
von Edgar Zeit

Turbo Pascal Version 6.0
von Martin Aupperle

Vieweg

Axel Kotulla

Effektiv Starten mit Turbo Pascal 6.0

vieweg

Die Deutsche Bibliothek – CIP-Einheitsaufnahme

Kotulla, Axel:
Effektiv starten mit Turbo Pascal 6.0 / Axel Kotulla. –
Braunschweig; Wiesbaden: Vieweg, 1991
ISBN-13: 978-3-528-05169-3

Das in diesem Buch enthaltene Programm-Material ist mit keiner Verpflichtung oder Garantie irge deiner Art verbunden. Der Autor und der Verlag übernehmen infolgedessen keine Verantwortun und werden keine daraus folgende oder sonstige Haftung übernehmen, die auf irgendeine Art au der Benutzung dieses Programm-Materials oder Teilen davon entsteht.

Der Verlag Vieweg ist ein Unternehmen der Verlagsgruppe Bertelsmann International.

Umschlaggestaltung: Schrimpf & Partner, Wiesbaden

ISBN-13: 978-3-528-05169-3 e-ISBN-13: 978-3-322-83045-6
DOI: 10.1007/ 978-3-322-83045-6

VORWORT

Ohne Vorkenntnisse in *TURBO PASCAL 6.0* einsteigen und dabei keine langen theoretischen Absätze durcharbeiten müssen, ist die Zielsetzung dieses Buches. Es wendet sich damit sowohl an Neu- als auch an Umsteiger von vorangegangenen Versionen. Wegen der klar gegliederten Darstellung und den zahlreichen Übungsbeispielen läßt sich dieses Buch sehr gut als **Lehrbuch** (auch für ein **Selbststudium**) verwenden. Durch sein ausführliches Stichwortverzeichnis eignet es sich jedoch genausogut als **Nachschlagewerk**

Der Text gliedert sich in drei große Abschnitte. Im ersten wird die **Installation** von *TURBO PASCAL 6.0* und die völlig **neue Entwicklungsumgebung** erklärt. Zahlreiche Abbildungen verdeutlichen die Darstellung. Da in der Version 6.0 von *TURBO PASCAL* erstmals eine Maus benutzt werden kann, wird die Bearbeitung zweigleisig erläutert. Der Bedienung mit der Maus wird die entsprechende Tastenkombination gegenübergestellt.

Im zweiten Abschnitt werden die **Grundlagen** von *TURBO PASCAL 6.0* behandelt. Ausgehend von einem praxisorientierten Beispiel wird der Leser Schritt für Schritt mit den wichtigsten Sprachkonstruktionen vertraut gemacht. Anhand eines weiteren Beispiels werden die Kenntnisse vertieft und ergänzt.

Der dritte Abschnitt beschäftigt sich mit einigen "Highlights" von *TURBO PASCAL 6.0*. Es werden wiederum sehr nahe an einem Beispiel einige **Grafikfunktionen** erläutert, wobei keine bestimmte Grafikkarte vorausgesetzt wird. Zusätzlich werden weitere Funktionen vorgestellt, die mit *TURBO PASCAL 6.0* mitgeliefert werden. Den Abschluß bildet eine kurze Einführung in die **objektorientierte Programmierung** In diesem Zusammenhang wird eine der wesentlichsten Neuerungen der Version 6.0 eingeführt, die ***TURBO VISION***. Mit ihr ist es möglich, auf einfachste Art und Weise Programme mit mehreren Fenster zu konstruieren, die sich verschieben und vergrößern lassen usw.

Innerhalb des Textes tauchen neben den zahlreichen Abbildungen einige besonders hervorgehobene Passagen auf. Dazu gehören Programmtexte. Diese werden, um innerhalb der Erklärung leichter auf bestimmte Stellen verweisen zu können, zeilenweise numeriert. Wenn Sie die Beispiele ausprobieren möchten, dürfen Sie die Zeilennummern nicht übernehmen. Neben der Numerierung sind Programmtexte auch in einer anderen Schriftart gesetzt, z.B.

```
program qsort;
uses   Crt;

const  max = 1000;

type   list = array[1..max] of integer;

   ( . . . )

end.
```

Besonders zu beachten sind Hinweise und Merksätze. Erstere weisen speziell den Einsteiger auf Besonderheiten hin und geben Tips zur Programmierung.

Dies ist ein Hinweis.

Merksätze fassen das zuvor behandelte Thema knapp zusammen. Sie sollen beim Einprägen des Stoffes und bei der Suche nach speziellen Themen helfen.

Dies ist ein Merksatz.

Als weitere Hilfe wurde ein umfangreiches Stichwortverzeichnis angefügt, das bei der Suche nach speziellen Begriffen behilflich sein soll.

An einigen Stellen wird dazu aufgefordert, bestimmte Tasten bzw. Tastenkominationen zu drücken. Die Notation ist folgendermaßen zu verstehen: Erolgen zwei Tastenangaben unmittelbar hintereinander, so ist das **gleichzeitige Drücken** der Tasten gemeint, z.B. [Alt] [W]. Sind die Tasten durch Kommas voneinander abgetrennt, so sollen sie **nacheinander gedrückt** werden, z.B. [F1], [L] . Bei der Tastenbeschriftung wird von den allgemein üblichen englischen Beschriftungen ausgegangen. Sollte Ihre Tastatur keine [Ctrl] -Taste besitzen, so haben Sie wahrscheinlich eine deutsche Tastatur, auf der die entsprechende Taste mit [Strg] für **Steuerung** beschriftet ist. Analog heißen die Tasten [Ins], [Del], [Up], [Down], [Home], [End] und [Tab] auf der deutschen Tastatur [Einfg], [Entf], [Bild↑], [Bild↓], [Pos1] [Ende] und [⇆]. Die Taste zum Erzeugen eines Leerzeichens wird mit [Space] bezeichnet. Zum Umschalten von Klein- auf Großbuchstaben wird die [Shift]-Taste verwendet.

Schließliche treffen Sie an einigen Stellen den netten *TURBO PASCAL*-Einsteiger Paul dabei an, wie er versucht, das eben gelesene einzuüben.

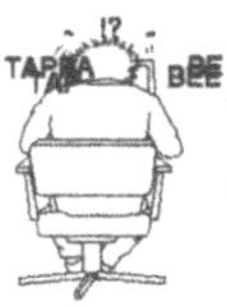

Sie sollten es ihm besonders an diesen Stellen nachmachen und das vorgeschlagene Beispiel ausprobieren. Dies gilt allerdings auch für die Stellen, an denen Fragen auftauchen und Paul nicht zu sehen ist. Alle Beispiele können direkt am Bildschirm nachvollzogen werden.

Die im folgenden vorgestellten Programme wurden eigenhändig unter *TURBO PASCAL 6.0* getestet. Eine Garantie für ihre Korrektheit kann dennoch nicht übernommen werden.

Mein Dank gilt der Microsoft GmbH, deren Hotline mir wertvolle Hilfe zum Textverarbeitungsprogramm *Word For Windows 1.1* gab, mit dem dieses Buch komplett erstellt wurde. Weiterhin danke ich meinem Kommilitonen Stefan Witt und Herrn Schmitz vom Lektorat Vieweg für das geduldige Korrekturlesen des Manuskriptes.

Aachen, im April 1991

Axel Kotulla

Inhaltsverzeichnis

Abschnitt 1: Grundlagen

In diesem ersten Abschnitt wird gezeigt, wie *TURBO PASCAL 6.0* auf Ihrem Rechner installiert wird. Sie lernen den Umgang mit der neuen Entwicklungsumgebung und die Arbeit mit mehreren Fenstern kennen. Da nahezu jede Aufgabe auf verschiedene Arten gelöst werden kann, erhalten Sie zusätzlich Tips, die zeigen, wie man am effizientesten mit der Entwicklungsumgebung arbeitet. Steigen wir also direkt ein und beginnen mit der ...

1.1 Installation

Das Paket *TURBO PASCAL 6.0* wird auf sechs High Density Disketten im Format 5,25 bzw. drei High Density Disketten im Format 3,5 Zoll ausgeliefert. Im folgenden wird davon ausgegangen, daß das Paket auf Ihrer Festplatte installiert werden soll. Es ist auch ein Betrieb auf nur zwei Diskettenlaufwerken möglich. Davon sollten Sie jedoch von vornherein absehen, da die Arbeit sonst eiserne Nerven verlangt, weil die Übersetzung der Programme sehr, sehr langsam vor sich geht, da der Compiler ständig sogenannte Bibliotheken nachladen muß.

Sie starten Ihren Rechner ganz normal und legen erst nach dem Start die Diskette mit der Aufschrift *Install/Compiler* in Ihr Diskettenlaufwerk. Danach machen Sie dieses Laufwerk zum aktuellen, indem Sie

```
A:
```

eingeben. Jetzt starten Sie die eigentliche Installationsprozedur durch Eingabe von:

```
INSTALL
```

Daraufhin erscheint der Startbildschirm des *TURBO PASCAL 6.0*-Installationsprogramms. Sie müssen fortan nur dessen Anweisungen folgen, d.h. im wesentlichen nacheinander die fünf bzw. zwei verbleibenden Disketten in Ihr Laufwerk einlegen.

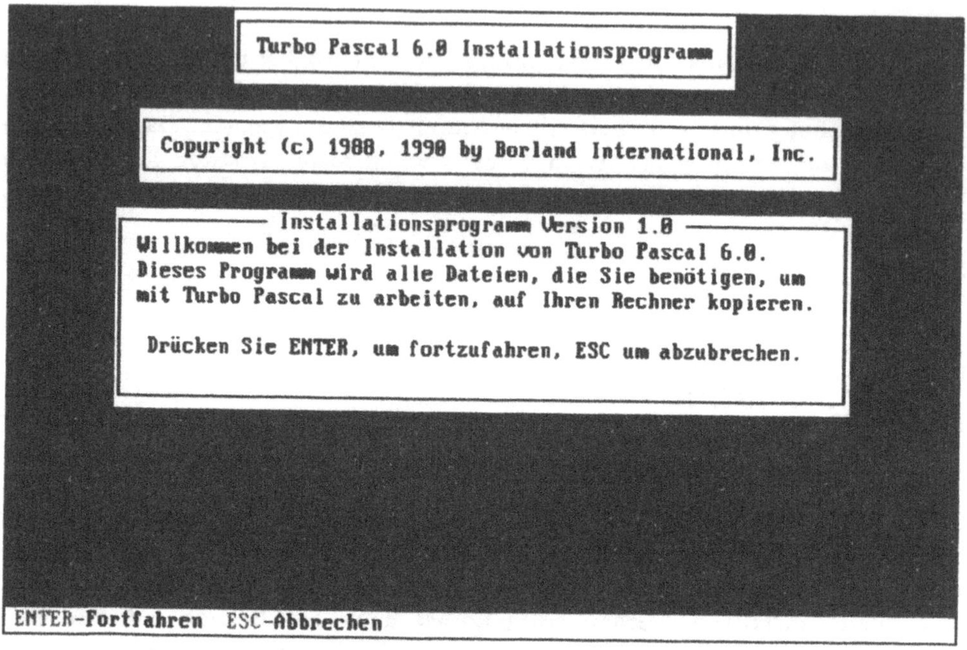

Abb. 1.1 Startbildschirm des Installationsprogramms von TURBO PASCAL 6.0

Nach dem Startbildschirm aus Abb 1.1 drücken Sie die [↵] (Return) -Taste. Es erscheint die Frage, von welchem Laufwerk Sie *TURBO PASCAL 6.0* installieren. In aller Regel können Sie die vorgegebene Einstellung mit [↵] bestätigen. Die nächste Seite fragt Sie, ob Sie auf Disketten oder einer Festplatte installieren möchten. Wählen Sie hier nur dann Disketten, wenn Sie keine Festplatte (und gesunde Nerven) besitzen. Nun erscheint eine Übersicht über die Dateiverzeichnisse, in denen *TURBO PASCAL 6.0* installiert wird. Hier ist die einzige Stelle, an der Sie voreingestellte Werte verändern sollten. Vorgeschlagen wird Ihnen das Verzeichnis *C:\TP*. Falls Sie - wie im vorliegenden Beispiel - Ihre Festplatte in mehrere Partitionen eingeteilt haben und eine andere wählen oder nur einen anderen Namen für das *TURBO PASCAL*-Verzeichnis angeben möchten, bewegen Sie mit den Cursor-Tasten, [↓] bzw. [↑], den Auswahlbalken an die zu veränderende Stelle und drücken wieder [↵]. Im Beispiel in Abb. 1.2 wurde als Hauptverzeichnis für *TURBO PASCAL 6.0* das Verzeichnis *D:\TP60* gewählt. Bei dieser Wahl ändert das Installationsprogramm automatisch alle Unterverzeichnisse, z.B. *D:\TP60\DEMOS*.

Die angegebenen DOS-Befehle brauchen nicht groß geschrieben zu werden.

Der Rest der Installation läuft nahezu automatisch ab. Sie müssen lediglich bei Aufforderung die Disketten wechseln. Nach knapp fünf Minuten sollte die gesamte Prozedur abgeschlossen und Ihre Festplatte um etwa drei Megabyte voller sein. Sie erhalten eine Abschlußmeldung, die Sie auffordert, eine Veränderung an der Einstellung *PATH=* in der Datei *AUTOEXEC.BAT* vorzunehmen. Außerdem sollte die Datei *CONFIG.SYS* auf jeden Fall den Eintrag *FILES=20* enthalten. Laden Sie dazu diese Dateien in einen beliebigen Editor oder auch in ein Textverarbeitungsprogramm. Nehmen Sie dort die vom Installationsprogramm vorgeschlagene Veränderung vor und speichern die Datei wieder ab. Falls Sie mit einem Textverarbeitungsprogramm arbeiten, müssen Sie darauf achten, die Datei *AUTOEXEC.BAT* als sog. **ASCII-Datei** zu sichern. Unterlassen Sie dies, enthält sie Steuerzeichen, die beim nächsten Start des Rechners zum sofortigen Absturz führen. Das heißt, Ihr Rechner ließe sich gar nicht mehr starten.

Versuchen Sie nicht, die *TURBO PASCAL*-Disketten "von Hand" mit dem DOS-Befehl *COPY* zu kopieren. Die Dateien auf den Disketten sind gepackt und werden vom Installationsprogramm zu verwendungsfähigen Dateien gemacht.

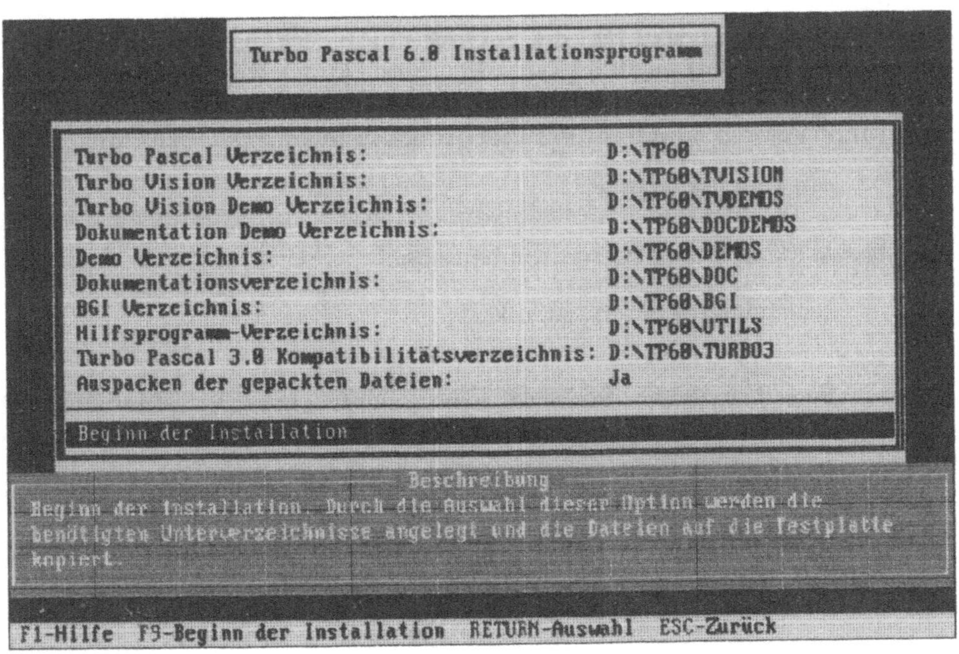

Abb. 1.2 Verzeichnisauswahl innerhalb des Installationsprogramms

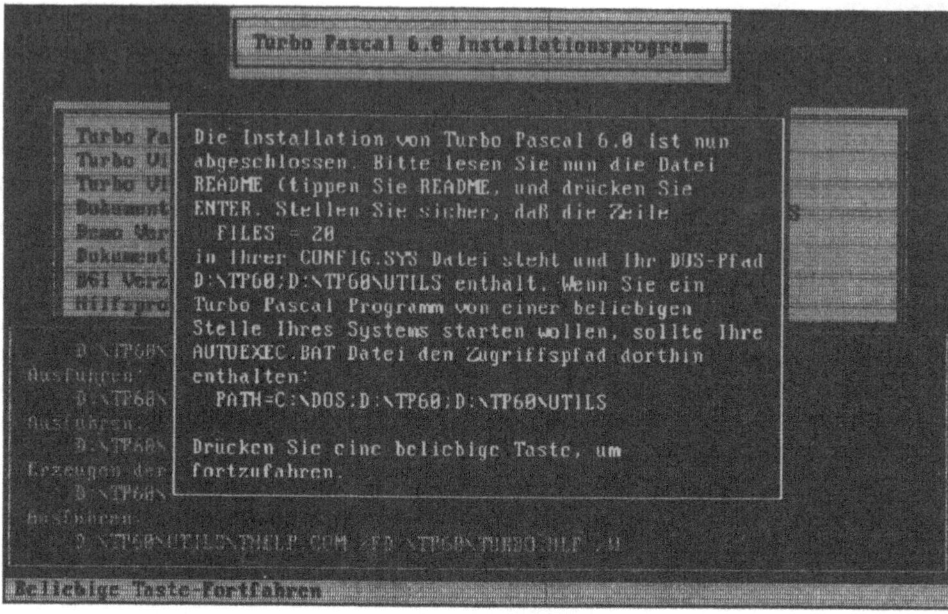

Abb. 1.3 Abschlußmeldung des TURBO PASCAL 6.0-Installationsprogramms

Nachfolgend wird davon ausgegangen, daß *TURBO PASCAL 6.0* in *D:\TP60* installiert wurde. Falls Sie ein anderes Verzeichnis gewählt haben, müssen Sie die Beispiele entsprechend umändern.

Bevor Sie nun zum ersten Mal die Entwicklungsumgebung starten, sollten Sie zumindest einen kurzen Blick auf die Datei *READ.ME* in ihrem *TURBO PASCAL*-Verzeichnis werfen. Dort finden Sie wichtige Informationen, die genau Ihre Version betreffen. Entweder drucken Sie die Datei aus mit

```
PRINT D:\TP60\READ.ME
```

oder lassen Sie über den Bildschirm laufen mit

```
D:\TP60\README D:\TP60\READ.ME .
```

Das Programm *README.COM* gehört zum Lieferumfang von *TURBO PASCAL 6.0*. Es ermöglicht die seitenweise Ausgabe von Textdateien.

Falls Sie noch nie mit einem Produkt aus dem Hause Borland zu tun gehabt haben und sich nicht als Computerfachmann bezeichnen können, sei an dieser Stelle auch der Start des Lernprogramms *TPTOUR* empfohlen. Wechseln Sie dazu mit

```
CD D:\TP60
```

in Ihr *TURBO PASCAL*-Verzeichnis und geben danach

```
TPTOUR
```

ein. Sie werden interaktiv (leider nur in Englisch) mit den grundlegendsten Dingen wie Maussteuerung, Funktionstastenbedienung und Ähnlichem vertraut gemacht. Nachfolgend wird die Maussteuerung vorausgesetzt, das heißt, Sie sollten in der Lage sein, jeden Punkt auf dem Bildschirm mit der Maus anzuklicken.

> Wo im weiteren Text nicht gesondert darauf hingewiesen wird, meint der Begriff **Anklicken eines Zeichens oder eines Schalters** das Drücken der **linken Maustaste**, nachdem der Mauszeiger auf das Zeichen bzw. den Schalter bewegt wurde.

Falls Sie die folgenden Beispielprogramme ganz exakt nachvollziehen möch-

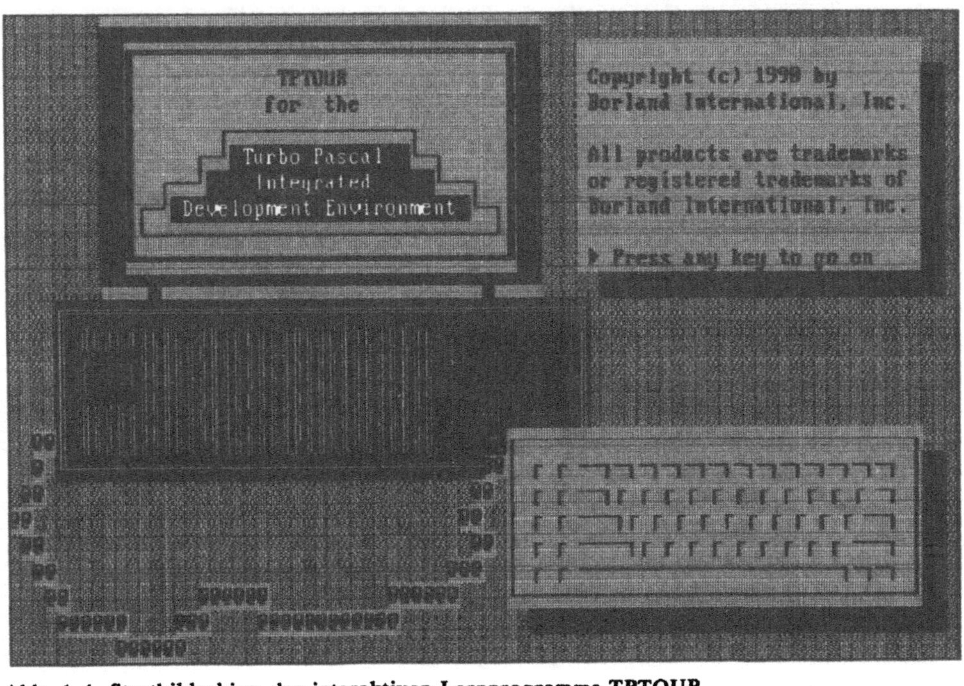

Abb. 1.4 Startbildschirm des interaktiven Lernprogramms TPTOUR

ten, sollten Sie sich in Ihrem *TURBO PASCAL*-Verzeichnis ein Unterverzeichnis *FILES* anlegen, in dem alle folgenden Programmtexte abgelegt werden. Sie erreichen dies, indem Sie auf der DOS-Ebene

```
MKDIR D:\TP60\FILES
```

eingeben.

1.2 Die integrierte Entwicklungsumgebung

Nachdem alle Vorarbeiten geleistet sind, und die Dateien *AUTOEXEC.BAT* und *CONFIG.SYS* wie angegeben modifiziert wurden, sollten Sie Ihren Rechner über Ctrl Alt Del neu starten. Um in die neuartige Entwicklungsumgebung zu gelangen, müssen Sie auf der DOS-Ebene lediglich

```
TURBO
```

eingeben. Es erscheint ein weitestgehend leerer Bildschirm, der in Abb. 1.5 dargestellt ist.

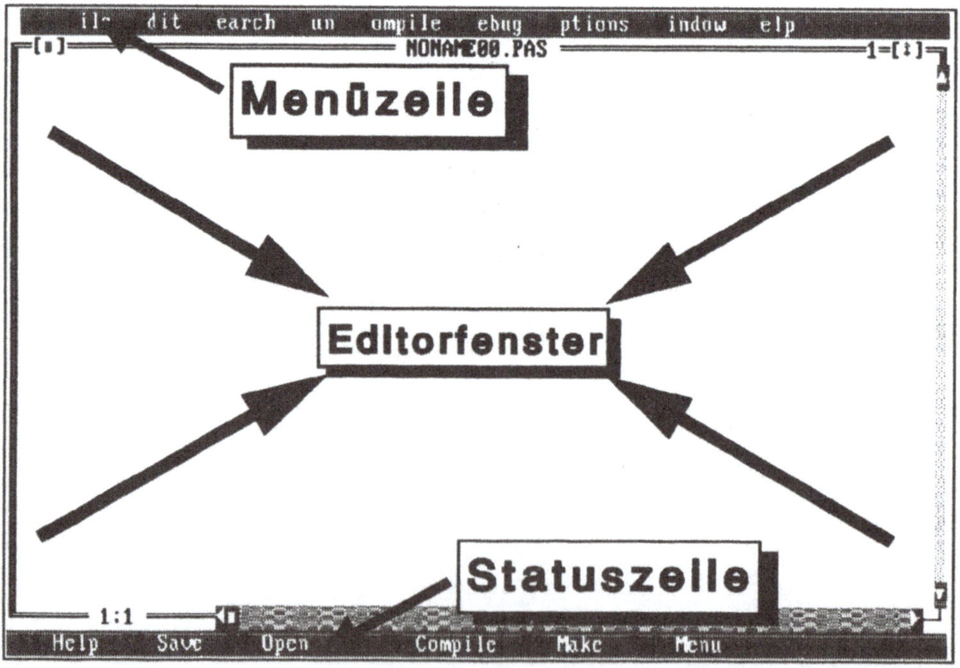

Abb. 1.5 Startbildschirm der neuen Entwicklungsumgebung

Beim Start der integrierten Entwicklungsumgebung sind eine Reihe von Optionen (Schaltern) möglich, die im einzelnen im Anhang aufgeführt sind.

> Der Startbildschirm der integrierten Entwicklungsumgebung besteht aus drei Teilen: Die oberste Zeile wird **Menüzeile** genannt. Sie enthält sogenannte **Pull-Down-Menüs** die herunterklappen, wenn man einen der Punkte anklickt. Der mittlere Teil des Bildschirms ist das sogenannte **Editorfenster**, in dem der Programmtext eingegeben wird. In der untersten Zeile schließlich befindet sich die sogenannte **Informations**-oder auch **Statuszeile** Sie enthält vom gewählten Menüpunkt abhängige Informationen zu bestimmten Tastenkombinationen.

Nun soll aber endlich das allererste *TURBO PASCAL 6.0*-Programm geschrieben werden. Geben Sie dazu bitte nachfolgenden Programmtext - ohne die Zeilennummern - ein. Falls Ihnen bei der Eingabe Fehler unterlaufen sollten, erreichen Sie die fehlerhafte Stelle jederzeit mit den Cursortasten [←], [→], [↑] bzw. [↓] oder auch, indem Sie die Stelle einfach anklicken. Sie löschen das Zeichen unter dem Cursor mit [Del] und das Zeichen links vom Cursor mit [←] (Backspace). Weitere Kommandos zur Texteingabe finden Sie im Anhang. Kenner des "Textverarbeitungsklassikers" *Wordstar* sind etwas im Vorteil. Nahezu alle dort bekannten Kommandos, wie z.B. [Ctrl] [Y] zum Löschen ganzer Zeilen, können auch innerhalb der Entwicklungsumgebung verwendet werden.

```
(*  Das allererste TURBO PASCAL 6.0-Programm  *)

program hello;

begin

   Write('  Hier ist ');
   WriteLn('TURBO PASCAL 6.0')

end.
```

Programm 1.1 Das allererste Programm HELLO.PAS

Nochmals der Hinweis: Die Zeilennummern dürfen nicht mit eingegeben werden.

Mit diesen Zeilen haben Sie Ihr erstes - zwar noch nicht sehr mächtiges, aber dennoch weit verbreitetes - *TURBO PASCAL*-Programm erstellt. In diesem Abschnitt wird noch nicht näher auf die einzelnen Elemente eingegangen. Dies geschieht erst im Abschnitt 2. Zunächst sollen Sie mit den Hilfen zur Programmerstellung vertraut gemacht werden.

Bevor der Text übersetzt wird, sollte er zunächst gespeichert werden. Zwar ist kaum davon auszugehen, daß es mit dem obigen kleinen Programm Probleme gibt, man sollte sich das sofortige Abspeichern jedoch unbedingt angewöhnen. Außerdem würde die Entwicklungsumgebung von sich aus vor der Programmausführung an ein Abspeichern erinnern.

> Man kann seinen Quelltext überhaupt nicht oft genug sichern. Fast jeder Programmierer hat dennoch schon einmal Quelltextzeilen verloren, weil der Rechner "abgestürzt" ist.

Klicken Sie also im Hauptmenü auf den ersten Punkt *File*. Es öffnet sich ein Untermenü mit einigen Punkten, von denen Sie *Save as...* wählen. Daraufhin öffnet sich auf der Bildschirmmitte eine sogenannte **Dialogbox**. Dort wird der Inhalt des aktuellen Dateiverzeichnisses angezeigt. Der Text soll jedoch nicht im vorgegebenen, aktuellen, sondern im Unterverzeichnis *FILES* abgespeichert werden. Bewegen Sie dazu den Leuchtbalken mit der Maus oder den Cusortasten auf dieses Verzeichnis und drücken Sie die linke Maustaste bzw. [↵]. Die Dialogbox ändert ihren Inhalt und zeigt das gewählte Verzeichnis. Hier soll unser erstes Programm abgelegt werden. Als Name sei *HELLO.PAS* vorgeschlagen. Klicken Sie mit der Maus in die oberste Zeile oder drücken Sie solange [Tab] bis die oberste Zeile aktiv ist (d.h. die Zeile *Save file as...* hervorgehoben wird). Tragen Sie nun den Namen ein. Der Bildschirm sollte wie in Abb. 1.6 aussehen. Klicken Sie auf *OK*, um den Text abzuspeichern. Danach schließt sich die Dialogbox und Sie befinden sich wieder im Editor.

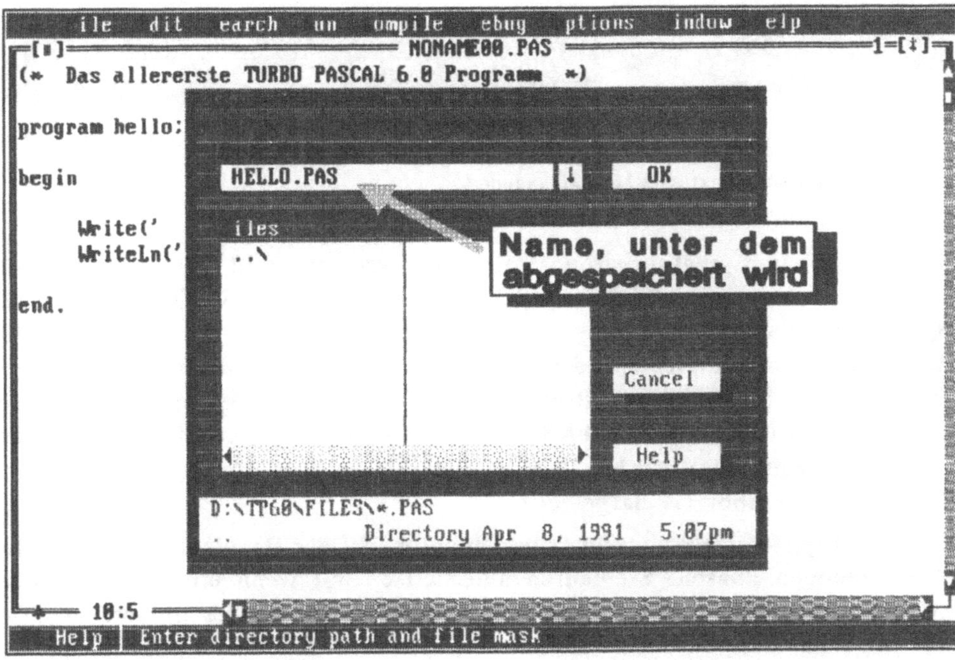

Abb. 1.6 Abspeichern des ersten Programms unter D:\TP60\FILES\HELLO.PAS

☞ Sie erreichen das Hauptmenü auch über die Tastenkombination <Hervorgehobener Buchstabe des gewünschten Menüpunktes>, also z.B. [Alt] [F], um direkt in das *File*-Menü zu gelangen.

Innerhalb der Menüs sind Buchstaben markiert (meist der Anfangsbuchstabe). Hier muß nur dieser Buchstabe gedrückt werden, um eine Auswahl zu treffen. Versuchen Sie es, indem sie die Tastenfolge [Alt] [F], [S] drücken. Sie wählen dadurch *File/Save* und speichern den Programmtext erneut ab. Der Unterschied zum Punkt *Save as...* besteht darin, daß die Datei unter ihrem alten Namen gesichert wird. Wurde noch kein Name vergeben, sind die Punkte *Save* und *Save as...* identisch.

☞ Bei der Eingabe eines Namens kann die Endung *.PAS* weggelassen werden. Sie wird automatisch ergänzt.

Vielleicht haben Sie schon einmal gehört, daß *TURBO PASCAL* eine **Compiler-Sprache** ist. Im Unterschied zu den sogenannten **Interpreter-Sprachen**, wie z.B. *BASIC* oder *PROLOG*, wird ein *TURBO PASCAL*-Programm vor seiner Ausführung einmal vom Compiler in eine dem Computer verständliche Sprache übersetzt, und zwar in den sogenannten **Maschinencode**. Er besteht aus einer codierten Folge von Einsen und Nullen, den sogenannten **Bits**. Diese Übersetzung in Maschinencode und damit die

Abb. 1.7 Vom Quelltext zum Maschinencode

Erstellung eines ausführbaren Programms erfolgt nicht in einem Schritt. Zunächst wird der *TURBO PASCAL*-Text, häufig auch **Quelkode** bzw. **Quelltext** genannt, in eine Zwischenstufe übersetzt, den sogenannten **Objectcode** Auch dieser besteht aus einer Folge von Einsen und Nullen. Zum Ablauf fehlen einige Routinen des DOS-Betriebssystems, die in der nachfolgenden Phase durch den **Linker** (auf neudeutsch zuweilen auch **Binder** genannt) hinzugefügt werden. Der gesamte Übersetzungsprozeß vollzieht sich also so wie in Abb. 1.7 dargestellt.

In der integrierten Entwicklungsumgebung merkt der Benutzer nichts von den verschiedenen Phasen. Sie laufen automatisch ab, wenn ein entsprechender Menüpunkt gewählt wird. Doch damit zunächst genug der grauen Theorie, Sie möchten den Compiler sicher ausprobieren. Klicken Sie dazu auf den Punkt *Compile* in der Menüzeile. Das zugehörige Menü "klappt" herunter. Ihr Bildschirm sollte wie in Abb. 1.8 aussehen.

Klicken Sie jetzt auf den obersten Menüpunkt, der wiederum *Compile* heißt.

Abb. 1.8 Kurz vor der Übersetzung des ersten TURBO PASCAL 6.0-Programms

Abb. 1.9 **Erfolgreiche Übersetzung des ersten TURBO PASCAL 6.0-Programms**

Das Programm wird übersetzt. Der gesamte Vorgang hätte auch über die Tastenkombination [Alt] [F9] realisiert werden können. Wo immer ein Menüpunkt über die Tastatur durch einen sogenannten **Shortcut** abgekürzt werden kann, befindet sich neben dem Punkt die entsprechende Tastenkombination.

Sofern Sie beim Abschreiben keinen Fehler gemacht haben, sollte die Übersetzung mit einer Erfolgsmeldung enden, die in Abb. 1.9 dargestellt ist. Falls Sie einen Fehler eingebaut haben, erscheint in den unteren Zeilen des Bildschirms ein weiteres Fenster, in dem unter anderem die Nummer der fehlerhaften Zeile angegeben wird. Vergleichen Sie dann bitte ganz genau den abgedruckten Quelltext mit Ihrer Eingabe. Auf die genaue Aussage der einzelnen Fehlermeldungen wird im weiteren Verlauf näher eingegangen.

☞ In welcher Zeile des Quelltextes man sich gerade mit dem Cursor befindet, wird links unten im Fensterrahmen angezeigt.

Das Programm wurde also übersetzt, es muß nun nur noch gestartet werden. Auch dies ist innerhalb der Entwicklungsumgebung möglich. Sie müssen also nicht, wie bei vielen anderen Compilern, zurück auf die DOS-Ebene, sondern können das Programm sofort starten. Klicken Sie dazu im Hauptmenü auf *Run* und dann auf den Punkt *Run* oder drücken Sie den Shortcut [Ctrl] [F9]. Wenn Sie sehr flinke Augen haben, erkennen Sie ein kurzes "Blitzen" des

Bildschirms. Das Programm ist ausgeführt worden. Leider geschah dies so schnell, daß man fast gar nichts davon mitbekommen hat.

Nach der Übersetzung und Ausführung eines Programms wird automatisch zurück in die Entwicklungsumgebung geschaltet.

Um die erzielte Ausgabe in Ruhe ansehen zu können, muß man aus der Entwicklungsumgebung auf den **Ausgabebildschirm**schalten. Auch hier gibt es zwei Möglichkeiten, entweder über den Menüpunkt *Window/User screen* oder den Shortcut [Alt] [F5]. Sie sehen die Ausgabe des ersten Programms:

```
Hier ist TURBO PASCAL 6.0
```

Drücken Sie eine beliebige (Maus-) Taste, so gelangen Sie zurück in die Entwicklungsumgebung.

Damit ist das erste Programm abgeschlossen. Sie haben gelernt, wie man einen *TURBO PASCAL*-Quelltext "zum Laufen bringt".

Zur Übung sollten Sie nun die Entwicklungsumgebung über die Menüpunkte *File/Exit* bzw. den Shortcut [Alt] [X] verlassen und sofort wieder starten. Laden Sie über das *File*-Menü erneut das erste Programm *HELLO.PAS* und starten es noch einmal.

Vielleicht haben Sie nach dem Verlassen der Entwicklungsumgebung den Wunsch gehabt, das erste Programm von der DOS-Ebene heraus zu starten. Sie werden vergeblich nach einem ausführbaren Programm suchen.

Ausführbare Programme erkennt man unter DOS an der Endung *.EXE* bzw. *.COM*.

Dies hängt damit zusammen, daß die Entwicklungsumgebung standardmäßig das ausführbare Programm im Hauptspeicher des Rechners ablegt. Beim Verlassen wird gleichzeitig das Programm aus dem Speicher entfernt. Möchten Sie dennoch ein Programm außerhalb der Entwicklungsumgebung starten, müssen Sie im Menüpunkt *Compile/Destination* als Ziel *Disk* einstellen (man muß nur auf den Eintrag klicken.). Daraufhin wird das ausführbare Programm auf Ihrer Festplatte (bzw. Diskette) abgelegt. Wo genau, legt man im Menüpunkt *Options/Directories...* unter *EXE & TPU directory* fest. Im Beispiel in Abb. 1.10 wurde ein Verzeichnis *D:\TP60\TEMP* gewählt. Dies muß natürlich zuvor auf der DOS-Ebene mit

```
MKDIR D:\TP60\TEMP
```

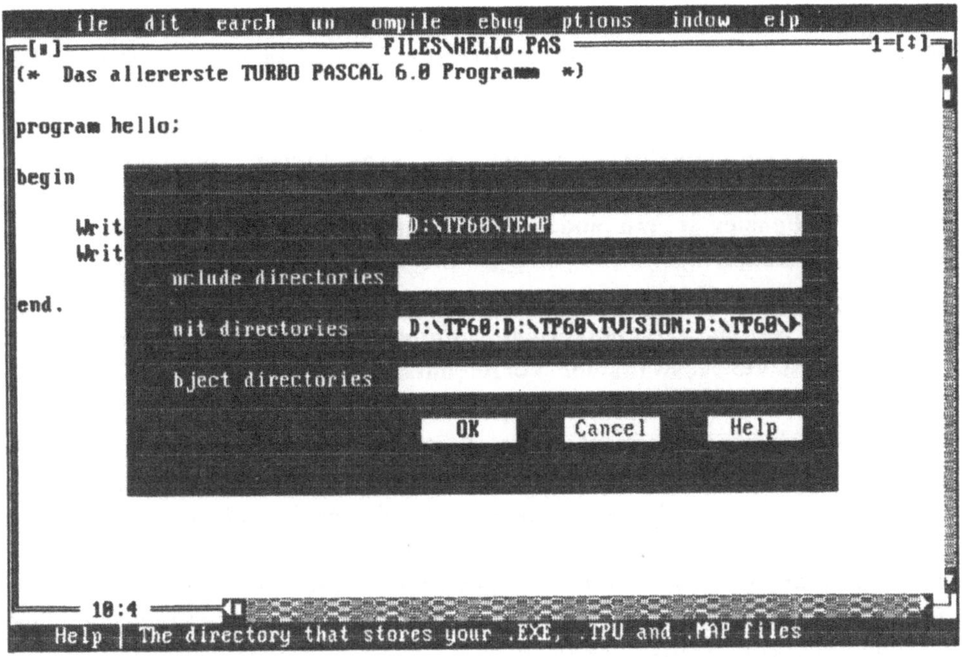

Abb. 1.10 Dialogbox zur Eingabe eines Verzeichnisses für ausführbare Programme

angelegt werden.

Wenn der Quellcode nun genau wie zuvor kompiliert wird, legt der in die Entwicklungsumgebung integrierte Compiler das ausführbare Programm unter dem Namen *HELLO.EXE* im Verzeichnis *D:\TP60\TEMP* ab. Dieses bleibt auch nach dem Verlassen der Entwicklungsumgebung erhalten und kann von der DOS-Ebene gestartet werden.

Das Übersetzen in den Speicher geht um einiges schneller als die Kompilation auf eine Festplatte oder gar Diskette. Während der Programmentwicklung sollte deshalb als *Destination* möglichst *Memory* angegeben werden und erst nach der Fertigstellung *Disk*.

Sie haben bereits einige Menüpunkte kennengelernt. Zum Abschluß dieses Kapitels sollen die für den Anfänger nötigen vorgestellt werden, damit sie einen Eindruck der Möglichkeiten erhalten, die *TURBO PASCAL* bietet. Im weiteren Verlauf wird der Umgang mit den Menüpunkten vertieft und geübt.

Das erste Menü ***File*** behandelt ganz allgemein Dateien.Der obere Teil des Menüs wurde, bis auf den Punkt *Save all*, bereits verwendet. Dieser dient dazu, eine Komplettsicherung aller offenen Dateien durchzuführen. Damit wird angedeutet, daß man in der Version 6.0 mehrere Quelltexte **gleichzeitig** bearbeiten kann. Dies ist hilfreich bei Programmen, die aus mehreren sogenannten **Moduln** bestehen. Man kann ohne große Umstände mit der Maus von einem Fenster in ein anderes und damit von einem Quelltext in den nächsten wechseln.

Der untere, durch einen Doppelstrich abgetrennte Teil des Menüs führt DOS-Operationen durch. So entspricht *Change dir...* dem Kommando *CD*. Allerdings ist die Auswahl der Verzeichnisse in der Entwicklungsumgebung wesentlich komfortabler über einen Verzeichnisbaum.

Mit *Print* wird normalerweise die gerade bearbeitete Datei ausgedruckt. Wurde allerdings zuvor ein Teil des Programmtextes markiert, wird nur dieser ausgegeben. Die übrigen Punkte sind selbsterklärend. Wichtig ist vielleicht noch zu erwähnen, daß nach einem Wechsel auf die DOS-Ebene über den Punkt *DOS shell* dort keine speicherresidenten Programme, wie z.B. *Sidekick plus*, gestartet werden sollten, weil dies die Entwicklungsumgebung in Schwierigkeiten bringen kann.

Wahrscheinlich ist Ihnen bereits aufgefallen, daß einige Menüpunkte drei Punkte hinter dem eigentlichen Eintrag besitzen. Die Bedeutung ist folgende:

> Stehen unmittelbar hinter einem Menüpunkt drei Punkte (...), weist dies den Benutzer darauf hin, daß hier ein weiteres Menü oder eine Dialogbox folgt.

Als Beispiele haben Sie *Save as...* und *Change dir...* kennengelernt.

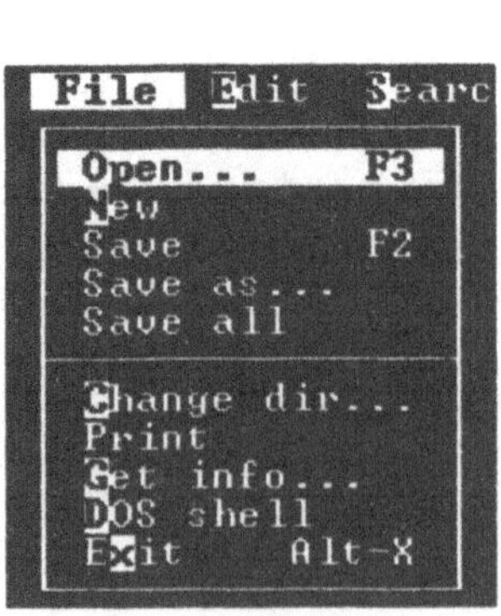

Abb. 1.11 File-Menü

*Open...*öffnet Textdateien zur Bearbeitung.
New... erzeugt eine neue leere Datei.
Save speichert die aktuelle Datei
Save as... speichert unter neuem Namen
Save all... speichert alle offenen Dateien
*Change dir...*wechselt das aktuelle Verzeichnis.
Print druckt einen Block oder eine ganze Datei.
Get info... liefert Infos zum Systemstatus.
DOS shell wechselt auf die DOS-Ebene.
Exit verläßt die Entwicklungsumgebung

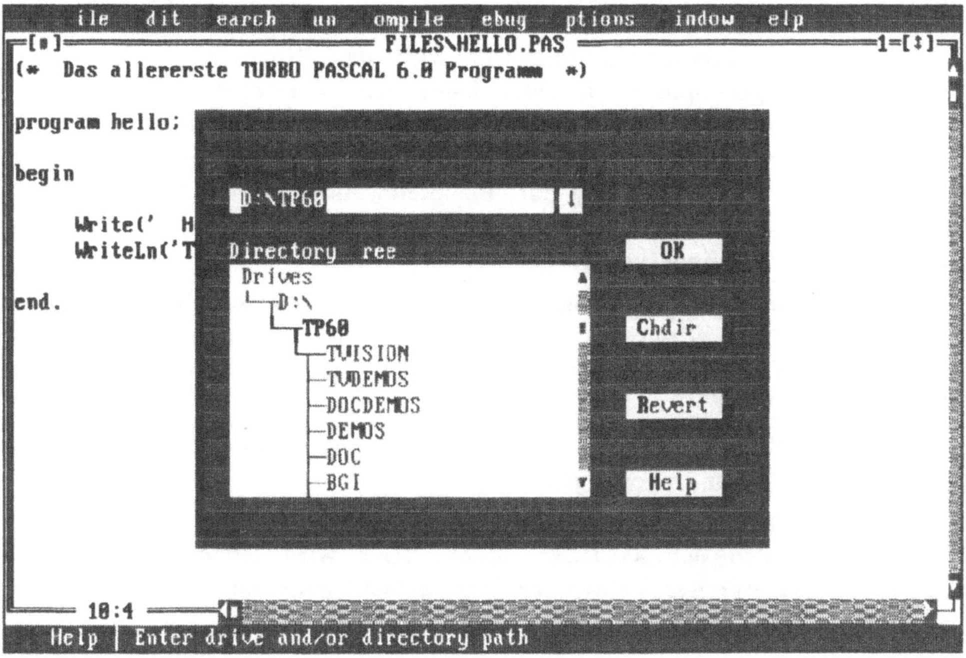

Abb. 1.12 Verzeichniswechsel mit dem Menüpunkt File/Change dir...

Im nächsten Menü, *Edit*, kann mit dem ersten Punkt, *Restore line*, eine zuvor über [Ctrl] [Y] gelöschte Zeile zurückgeholt werden. Das übrige Menü behandelt **Blockoperationen**.

> Unter einem **Block** versteht man ganz allgemein einen markierten Textabschnitt.

Die Markierung wird entweder mit der Maus den Tastenkombinationen [↑], [Shift] [↓], [Shift] [←], [Shift] [→], [Shift] [Up] bzw. [Shift] [Down] oder der

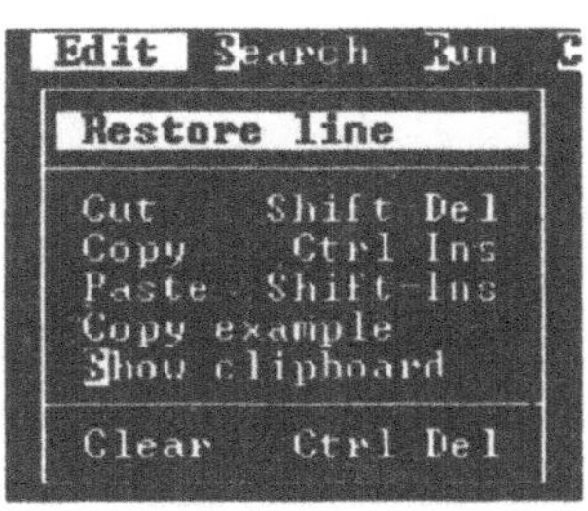

Abb. 1.13 Edit Menü

Restore line holt eine gelöschte Zeile zurück.
Cut schneidet einen Block aus.
Copy kopiert Block in die Zwischenablage.
Paste fügt den Inhalt der Zwischenablage ein.
Copy example kopiert Beispiel aus der Hilfe.
Show clipboard zeigt die Zwischenablage.
Clear löscht den aktuellen Block.

Tastenkombination [Ctrl] [K], [B] (Blockanfang) und [Ctrl] [K], [K] (Blockende) vorgenommen. Mit *Cut* wird der Block in die sogenannte **Zwischenablage** kopiert. Darunter kann man sich eine temporäre Datei vorstellen, mit deren Inhalt zahlreiche Operationen unternommen werden können. Die temporäre Datei stellt eine Art vorübergehende Ablage für Ausschnitte aus dem Quelltext dar. Beispielsweise kann mit *Paste* der Inhalt aus der Zwischenablage an einer anderen Position - oder auch in einem anderen Fenster - eingefügt werden.

Auch *Copy* kopiert den aktuellen Block in die Zwischenablage. Im Unterschied zu *Cut* wird der Block jedoch nicht an der markierten Stelle gelöscht. Den Inhalt der Zwischenablage kann man sich mit *Show clipboard* ansehen.

Auf den Punkt *Copy example* wird im Zusammenhang mit der umfangreichen Hilfsfunktion näher eingegangen.

Der letzte Punkt, *Clear*, sollte sparsam verwendet werden. Er arbeitet wie *Cut*, löscht also den aktuellen Block. Hier wird jedoch nichts in die Zwischenablage kopiert. Was mit *Clear* gelöscht wird, ist endgültig weg.

Sie sollten jetzt als Übung das Programm *HELLO.PAS* komplett markieren und mit *Edit/Copy* in die Zwischenablage kopieren. Öffnen Sie über *File/New* ein weiteres Fenster und fügen die Zwischenablage über *Edit/Paste* dort ein. Ihr Bildschirm sollte daraufhin wie in Abb 1.14 aussehen

☞ In einigen Menüs erscheinen bestimmte Punkte teilweise in einer abgeschwächten Schrift. Dies zeigt an, daß der Punkt momentan nicht gewählt werden kann.Es macht beispielsweise keinen Sinn, die *Cut*-Funktion zu aktivieren, wenn kein Block markiert wurde.

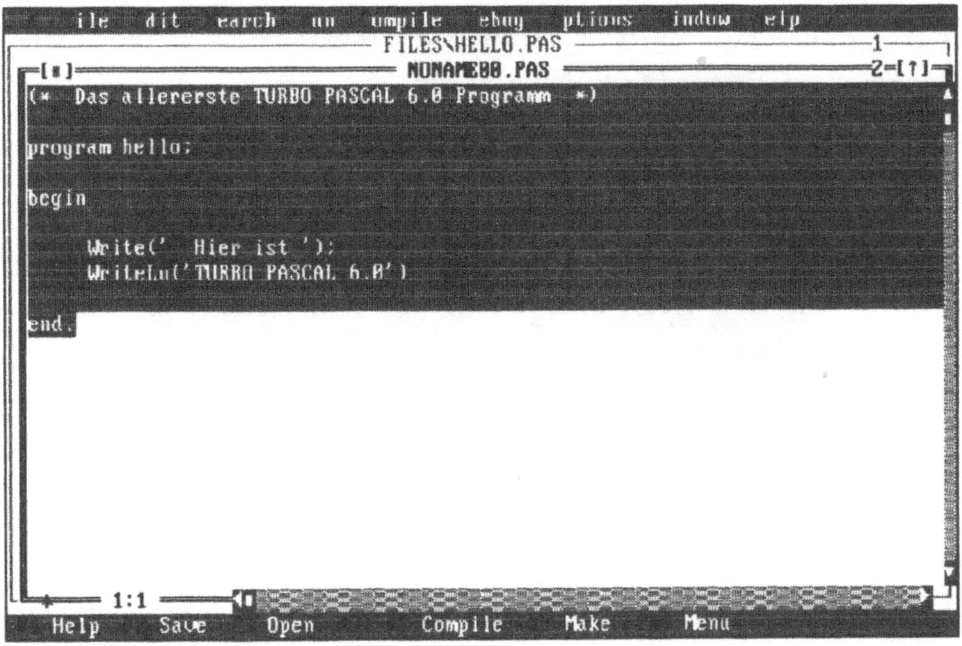

Abb. 1.14 Ein zweites Fenster nach dem Einfügen von HELLO.PAS

Das dritte Menü, *Search*, dient der komfortablen Textbearbeitung. Dabei gehen die Möglichkeiten jedoch weit über ein schlichtes Suchen mit eventuell folgendem Ersetzen hinaus.

Die beiden untersten Punkte, *Find procedure* und *Find error*, werden bei der Fehlersuche in fehlerfrei kompilierten, aber noch nicht korrekt laufenden Programmen benutzt. Auf diese Möglichkeiten wird im Zusammenhang mit dem integrierten Debugger eingegangen. Die übrigen Punkte behandeln den *TURBO PASCAL*-Quelltext. *Find* wird verwendet, wenn nach einer bestimmten Folge von Zeichen gesucht werden soll.

Auch wenn das erste Beispielprogramm noch leicht zu überblicken ist, soll dort nach der Zeichenfolge *TURBO* gesucht werden. Klicken Sie dazu auf *Find*. Es öffnet sich eine Dialogbox wie in Abb. 1.16 Als Suchbegriff wird *TURBO* eingetragen. Ein Klick auf *Ok* oder ein Druck auf [↵] sucht das Wort und hebt es hervor. Möchten Sie dieselbe Suche wiederholen, wählen Sie *Search again*. Sofort wird das *TURBO* in der *WriteLn*-Anweisung

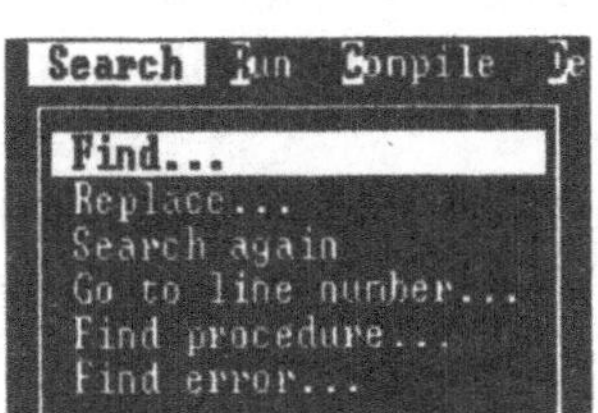

Abb. 1.15 Search Menü

Find... sucht nach einem Muster.
Replace... sucht und ersetzt ein Muster.
Search again wiederholt die letzte Suche.
Go to line number... sucht eine Zeilennummer.
Find procedure... sucht einen Prozeduranfang.
Find error... sucht Laufzeitfehler.

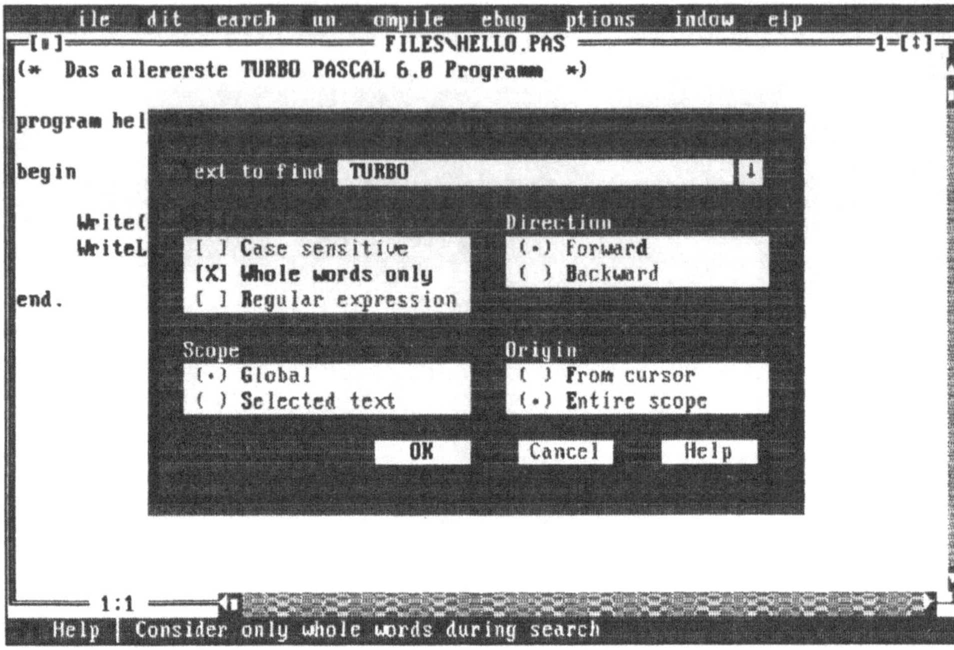

Abb. 1.16 Dialogbox zu einer Textsuche mit Find

gefunden.

Bei der Suche können zahlreiche Optionen angegeben werden. So wird mit *Case sensitiv* festgelegt, daß bei der Suche zwischen Groß- und Kleinschreibung unterschieden wird. Im Beispiel wurde *Whole words only* markiert. Dadurch werden nur ganze Worte gefunden. Enthielte der Text ein *Turbolader*, wäre dies nicht gefunden worden.

Neben der Zeile, in die der Suchbegriff eingetragen wird, befindet sich ein nach unten zeigender Pfeil. Klickt man auf diesen, erscheinen Suchbegriffe, die bereits im Laufe der Sitzung benutzt wurden. Sie können mit der Maus oder den Cursortasten angewählt werden.

Die Option *Regular expressions* ist ein "Highlight" der Suchfunktion. Dadurch wird es möglich nach Mustern, die sogenannte **Joker (regulären Ausdrücke)** enthalten, zu suchen. Die Angabe *[A-Z].+[0-9]+* findet beispielsweise alle Zeichenketten, die mit einem Buchstaben zwischen A und Z beginnen und mit einer Ziffernfolge enden. Ein Übersicht über alle Joker befindet sich im Anhang unter regulären Ausdrücken.

Die übrigen Optionen bestimmen, in welche Richtung (nach unten oder nach oben) und in welchem Bereich (markierter Block, ab dem Cursor oder im gesamten Text) gesucht werden soll.

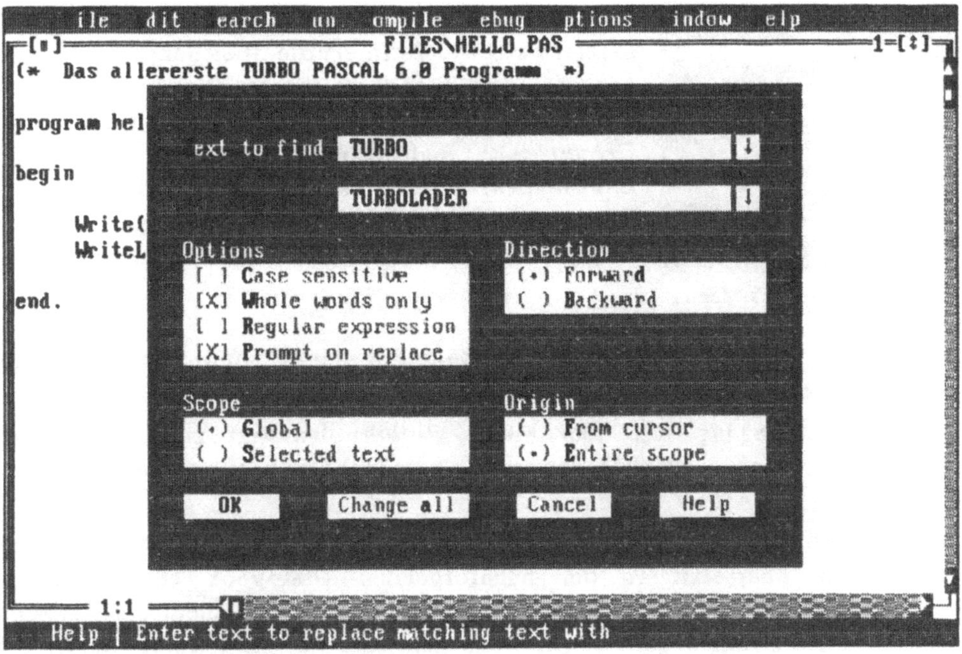

Abb. 1.17 Dialogbox zum Menüpunkt Search/Replace

Der Menüpunkt *Replace* ist fast genauso aufgebaut wie *Search*. Hier muß zusätzlich noch ein Begriff angegeben werden, der den gesuchten ersetzen soll. Im Beispiel in Abb. 1.17 wird *TURBO* durch *TURBOLADER* ersetzt.

Man sollte die voreingestellte Option *Prompt on replace* möglichst unverändert lassen, weil so sichergestellt ist, daß vor einer Ersetzung immer eine Sicherheitsabfrage stattfindet.

Wird beim neuen Text (*New text*) nichts angegeben, kann mit der *Replace*-Funktion leicht eine bestimmte Zeichenkette aus dem Text entfernt werden.

Probieren Sie die *Replace*-Funktion ruhig einmal aus, indem Sie im ersten Beispielprogramm die Zeichenkette *TURBO* löschen, ohne diese Änderung jedoch abzuspeichern.

Die wesentlichen Punkte der beiden folgenden Menüs, *Compile* und *Run*, wurden auf den vorangegangenen Seiten angesprochen. Für die restlichen Punkte und auch für den Umgang mit *Debug* sind fortgeschrittene Kenntnisse in der Programmierung mit *TURBO PASCAL 6.0* notwendig. Mit diesen

Abb. 1.18 Options Menü

Compiler... setzt Standards für die Übersetzung.
Memory sizes... definiert die Speichergröße.
Linker... setzt Standards für den Binder.
Debugger... Informationen für den Debugger.
Directories... legt Suchpfade fest.
Environment... setzt Standards der Oberfläche.
Save options... speichert die Einstellungen.
Retrieve options... lädt andere Einstellungen.

sollten Sie sich erst befassen, nachdem Sie eingehendere Kenntnisse der Programmierung erlangt haben.

Auch den Umgang mit dem Menü *Options* benötigt zum Teil tiefere Kenntnisse. Einige Einstellungen sollten jedoch auch Programmieranfänger vor Beginn der Arbeit vornehmen.

Der Punkt *Compile* bestimmt, wie der Compiler den Quelltext in den Objectcode übersetzt. In der nachfolgenden Dialogbox können diverse Schalter gesetzt werden. Man erkennt sie daran, daß in einem quadratischen Kästchen ein Kreuz gesetzt wird, wenn man es anklickt. Enthält ein Schalter bereits ein Kreuz, wird es durch das Anklicken entfernt. Für uns interessant ist beispielsweise die Fähigkeit von *TURBO PASCAL*, einen eventuell vorhandenen mathematischen Koprozessor (8087, 80287 oder 80387) anzusprechen. Fast alle Aufgaben, die mit Rechenoperationen zu tun haben, können auf zweierlei Art gelöst werden. Falls Sie über keinen Koprozessor verfügen sollte der Punkt *Emulation* gewählt werden. Dadurch werden in den Objectcode Informationen eingebunden, die einen Koprozessor nachbilden. Das was also normalerweise der Koprozessor macht, kann durch speziellen Programmtext nachgebildet werden. Allerdings dauert die Ausführung so länger. Verfügen Sie dagegen über einen Koprozessor, sollte der andere Punkt 80x87 gewählt werden. Der Objectcode enthält danach Routinen, die den Koprozessor direkt ansprechen.

Es scheint, als ob sich die beiden Punkte ausschließen. Dem ist nicht so. Wenn nämlich beide Schalter gesetzt sind, prüft *TURBO PASCAL* selbständig, ob ein Koprozessor vorhanden ist oder nicht.

Lassen Sie die Emulationsroutinen nur dann weg, wenn das Programm nur auf Ihrem eigenen Rechner laufen soll oder sichergestellt ist, daß das Programm auf Rechnern mit Koprozessoren angewendet wird.

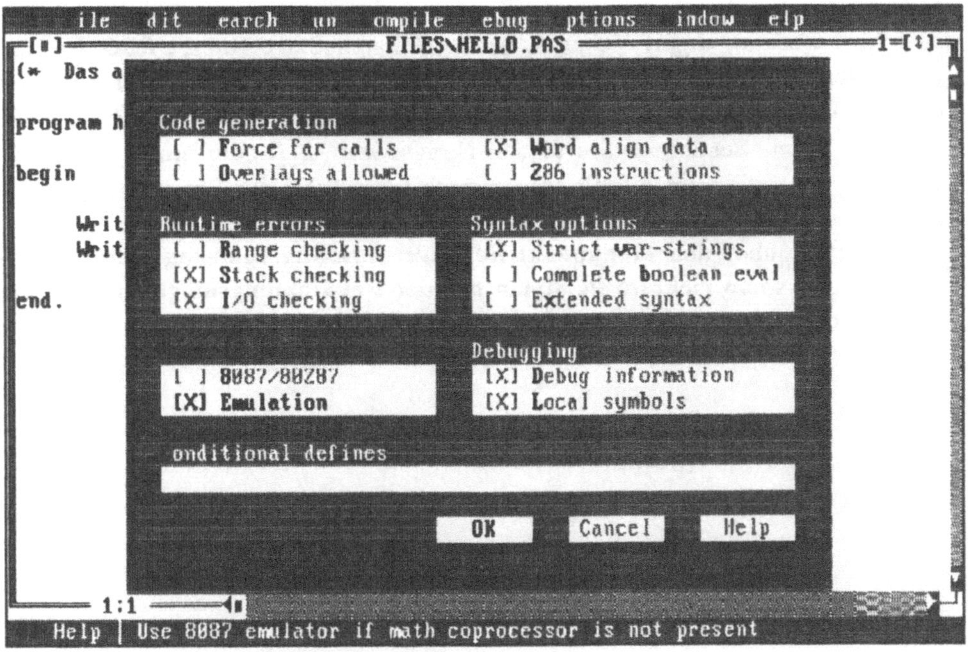

Abb. 1.19 Setzen von Compiler-Optionen im Menü Options/Compiler

Im Beispiel in Abb. 1.19 wurde die Emulation des Koprozessors gewählt. Obiger Hinweis gilt analog für den Punkt *286 instructions*. Mit ihm werden Prozessoren vom 80286 aufwärts, also auch 80386 und 80486, direkt angesprochen. Allerdings sind die Programme dann nur von AT-Computern an aufwärts verwendbar und laufen nicht auf einem XT-Computer, der den Prozessor 8086 oder 8088 enthält.

Weitere Optionen müssen zu Anfang nicht gesetzt werden bzw. wurden im Menüpunkt *Directories...* weiter vorne auf Seite 13 erläutert. Interessant, wenn auch nicht unbedingt notwendig ist die Konfiguration der Entwicklungsumgebung mit *Environment*. Vielleicht sind ja gerade Sie Linkshänder und möchten die Belegung der Maustasten vertauschen. Auch die Farben der Oberfläche können hier verändert werden. Auf alle Fälle, sollte man über das Untermenü *Editor* dafür sorgen, daß die Entwicklungsumgebung automatisch eine Sicherungskopie (Backup) der bearbeiteten Texte erstellt. Der Schalter *Create backup files* muß dazu wie in Abb. 1.20 aktiviert sein.

Möchten Sie bei jedem neuen Start der Entwicklungsumgebung den Bildschirm wieder genauso vorfinden wie Sie ihn verlassen haben, müssen Sie im Menü *Options/Environment/Preferences* alle Einträge unter der Überschrift *Auto save* markieren.

Haben Sie eine Ihnen zusagende Konfiguration gefunden, muß diese abgespeichert werden, damit sie auch beim nächsten Start von *TURBO PASCAL* vorhanden ist. Wählen Sie dazu *Save options...*. Daraufhin wird als Name für die Datei, in der die Einstellungen abgespeichert werden *TURBO.TP* vorgeschlagen. Bestätigen Sie diesen Namen mit [↵] oder einem Mausklick auf *OK*, wenn die Einstellung automatisch beim Start der Entwicklungsumgebung geladen werden soll. Bei einem anderen Dateinamen kann eine Konfiguration nur über den Menüpunkt *Retrieve options...* geladen werden. Dies ist sinnvoll, wenn mehrere Personen mit der Entwicklungsumgebung arbeiten und unterschiedliche Konfigurationen gewählt haben.

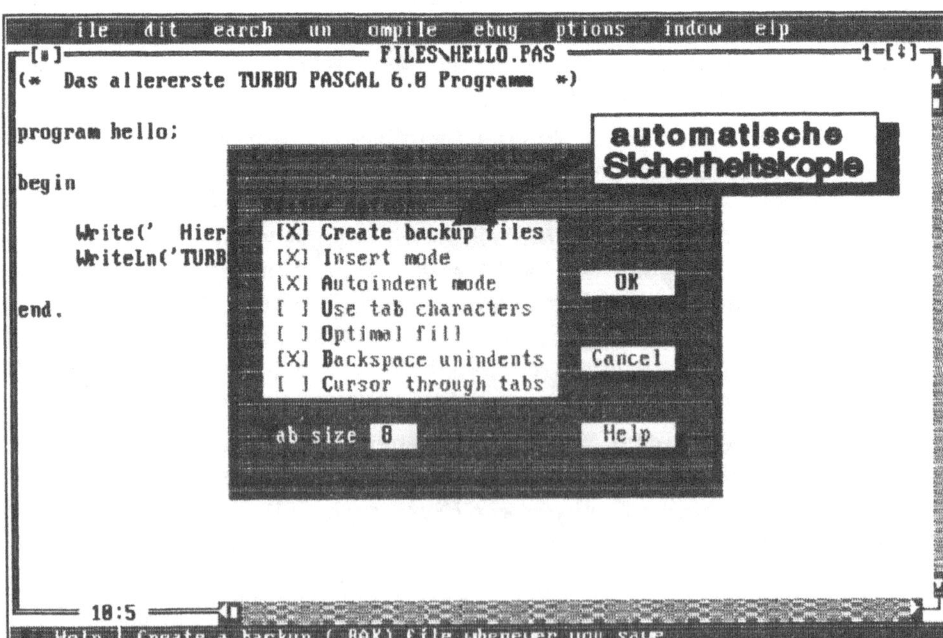

Abb. 1.20 Dialogbox zum Verändern von Editor-Optionen

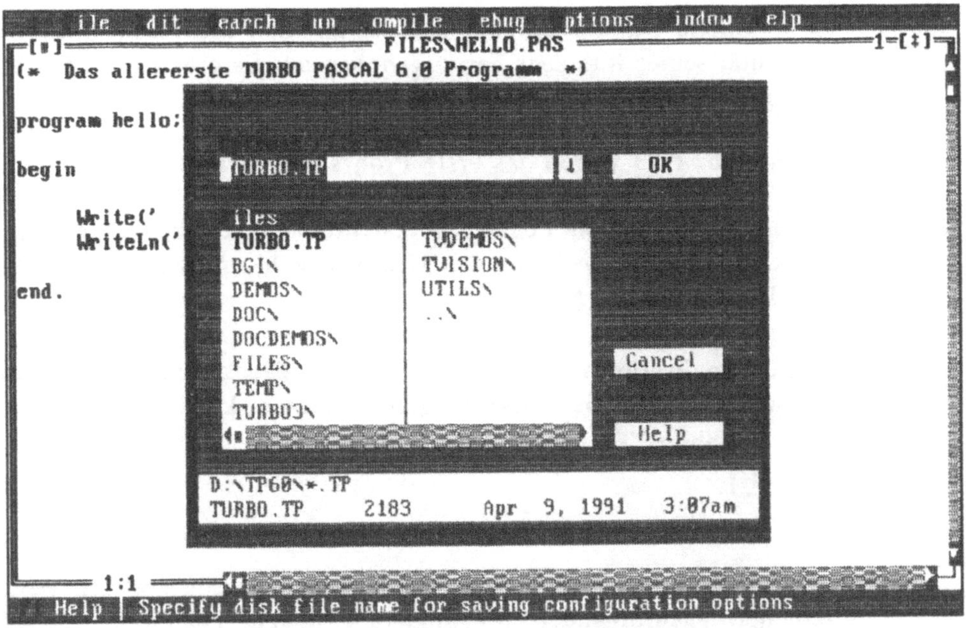

Abb. 1.21 **Abspeichern der gewählten Konfiguration in der Datei TURBO.TP**

Die Datei *TURBO.TP* wird nur dann automatisch geladen, wenn sie sich im Hauptverzeichnis von *TURBO PASCAL 6.0* befindet, im Beispiel also in *D:\TP60*.

Im nächsten Menü, *Window*, trifft man auf eine weitere neue Fähigkeit der Entwicklungsumgebung, die bereits kurz angedeutet wurde. Gemeint ist die Möglichkeit, mit mehreren Fenstern zu arbeiten. Wieviele theoretisch zu öffnen sind, hängt nur von der Größe des zur Verfügung stehenden Hauptspeichers ab. Mit *Size/Move* kann die Größe bzw. die Position des aktuellen Fensters verändert werden.

Das aktuelle Fenster erkennt man daran, daß die Farbe bzw. die Intensität seines Rahmens hervorgehoben ist. Es gibt immer nur ein aktuelles Fenster.

Im Beispiel in Abb. 1.23 wurde das erste Programm als Block markiert und über *Copy* und *Paste* aus dem *Edit*-Menü in ein neues Fenster kopiert. Daraufhin wurden die beiden Fenster übersichtlich angeordnet. Man kann Position und Größe bei Verwendung des Menüs sowohl mit den Cursortasten der Tastatur als auch mit der Maus verändern.

Nach dem Einfügen sind beide Texte als Block markiert (inverse Darstellung). Um die Markierung zu entfernen, klickt man entweder eine beliebige Textstelle an oder drückt die Tastenkombination [K], [H].

Zur Übung können Sie die Ausgabe nachvollziehen und ein wenig mit den nachfolgenden Menüpunkten *Zoom*, *Tile* und *Cascade* "spielen". Finden Sie selbst die für Sie angenehmste Fensteranordnung.

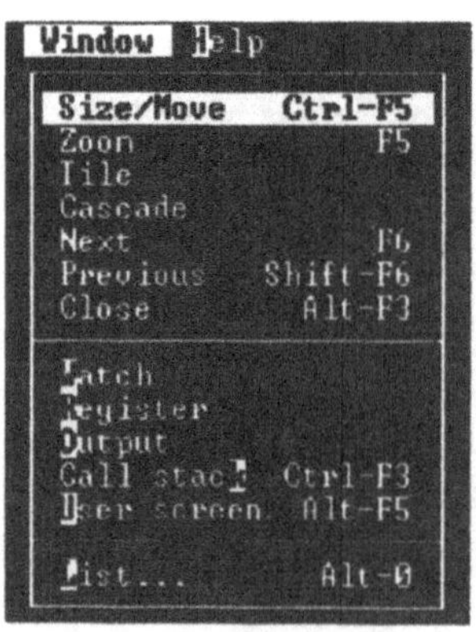

Abb. 1.22 Window-Menü

Size/Move verändert Größe und Position.
Zoom vergrößert das aktuelle Fenster maximal.
Tile ordnet alle Editor-Fenster nebeneinander an.
Cascade legt alle Editor-Fenster übereinander.
Next schaltet in das nächste Fenster um.
Previous schaltet in das vorige Fenster zurück.
Close schließt das aktuelle Fenster.
Watch öffnet das sog. *Watch*-Fenster.
Register zeigt alle Registerinhalte im Fenster.
Output zeigt die Programmausgabe
Call stack zeigt alle gestarteten Prozeduren.
User screen schaltet in den Ausgabebildschirm.
List... zeigt eine Liste aller geöffneten Fenster.

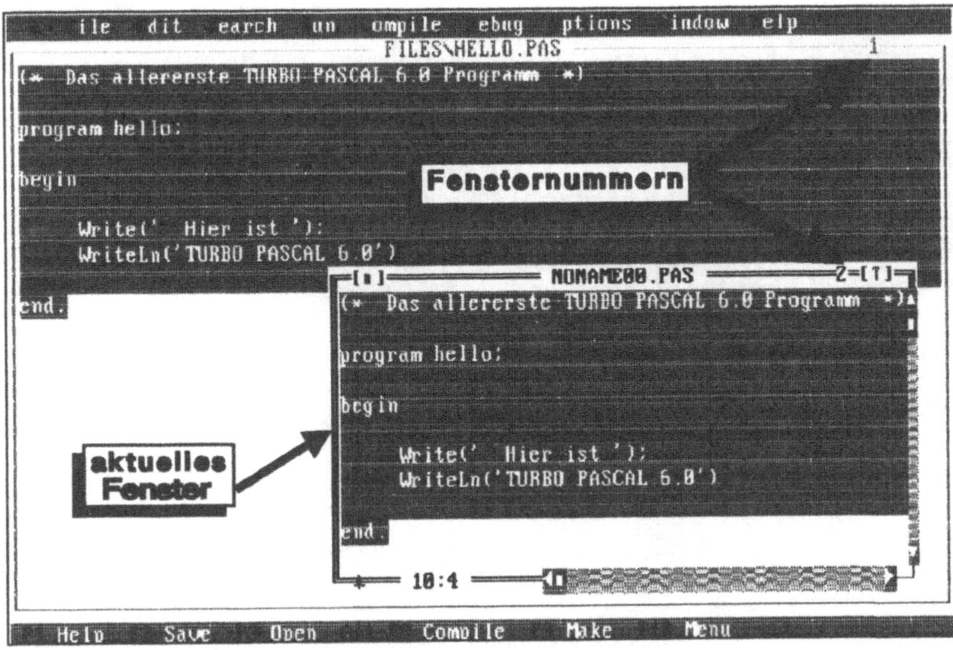

Abb. 1.23 Übersichtliche Anordnung zweier Editor-Fenster

Bevor Sie mit *Close* ein Fenster schließen, fragt die Entwicklungsumgebung, ob der Inhalt gesichert werden soll. Sie können ein Fenster auch immer schließen, wenn Sie in das Symbol links oben im Fensterrahmen klicken. Genauso können Sie die Größe eines Fensters mit der Maus ändern, indem Sie es rechts unten "anfassen", d.h. dort die linke Maustaste drücken **und gedrückt halten** Daraufhin verändert das Fenster seine Größe mit der Mausbewegung. Auch Umpositionieren ist mit der Maus möglich. Fassen Sie dazu das gewünschte Fenster in dessen Titelbalken (das ist die Zeile, die den Programmnamen enthält) an und bewegen es mit der Maus an eine andere Position.

☞ Um von einem Fenster in ein anderes zu gelangen, klickt man es entweder mit der Maus an oder wählt es mit [Alt] <Nummer des Fensters> an. Die Fensternummer findet man in der rechten oberen Fensterecke.

Normalerweise enthalten verschiedene Fenster auch unterschiedliche Quelltexte. In bestimmten Phasen der Programmentwicklung kann es jedoch durchaus sinnvoll sein, **einen** Programmtext in **mehrere** Fenster zu laden. Interessant und auf den ersten Blick faszinierend ist die Tatsache, daß eine Änderung in einem Fenster von der Entwicklungsumgebung automatisch in den anderen nachvollzogen wird. Auf diese Art und Weise können verschiedene Stellen eines Quelltextes schnell bearbeitet werden, weil nicht

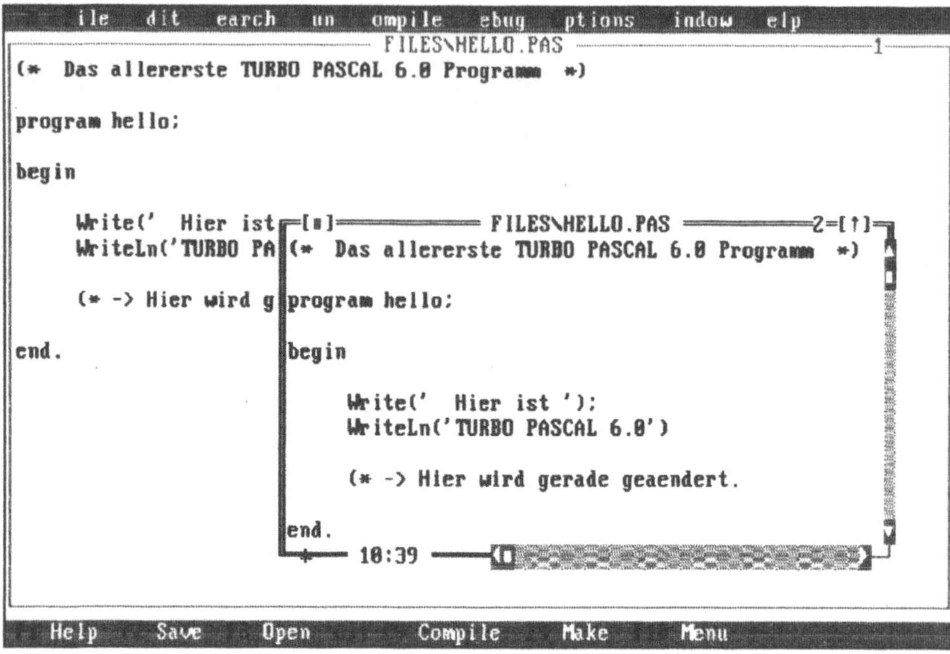

Abb. 1.24 **Änderungen im zweiten wirken auch im ersten Fenster**

jedesmal der Text abgesucht werden muß, sondern lediglich verschiedene Fenster geöffnet werden, die die gewünschten Stellen enthalten.

Laden Sie zur Probe über das Menü *File/Open...* bzw. die Taste F3 zweimal den Quelltext *HELLO.PAS*. Ordnen Sie die Fenster übersichtlich an und ändern den Text in einem Fenster. Auch im anderen Fenster sollte sich etwas tun.

Falls Sie schon ein wenig Erfahrung mit anderen mausgesteuerten Programmen haben, werden Ihnen vielleicht die Funktionen bekannt vorkommen. *TURBO PASCAL* ist in der Version 6.0 erstmalig dem **SAA-Standard** angepaßt worden. Dieser Standard soll die Bedienung von Software vereinfachen, indem die Bedienung von Programmfunktionen, wie zum Beispiel Menüs, vereinheitlicht wird. Falls Sie zum Beispiel mit *Microsoft Windows* oder *PC Tools* (ab Version 5.0) arbeiten, werden dort Fenster genauso verschoben, vergrößert und geschlossen. Man spricht von einer einheitlichen **SAA** (Systemanwendungsarchitektur)-**Oberfläche**. Zu dieser Oberfläche gehört auch ein Menü, das in jeder SAA-Anwendung vorhanden ist. Es befindet sich immer in der linken oberen Ecke des Bildschirms. Der Inhalt des Menüs ist in vielen Anwendungen ähnlich aber nicht genau gleich.

In der Entwicklungsumgebung von *TURBO PASCAL 6.0* sind nur drei Punkte enthalten. Mit *About* erhalten sie eine Information über den Hersteller, die

Firma Borland. *Refresh display* baut den gesamten Bildschirm neu auf. Dies kann beispielsweise dann nötig werden, wenn ein Anwendungsprogramm fehlerhaft endete und in die Entwicklungsumgebung hineingeschrieben hat. Der dritte Punkt, *Clear desktop*, schließt alle geöffneten Fenster. Nach dieser Operation enthält der Bildschirm nur noch die Menü- und die Informationszeile.

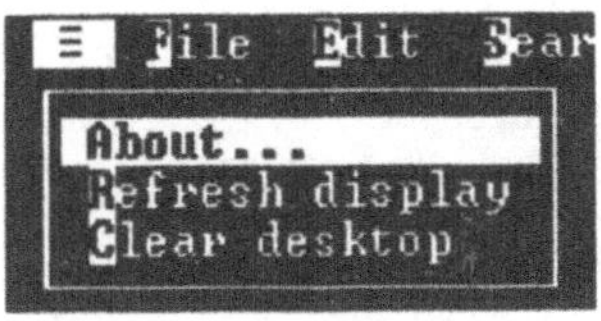

About... gibt Herstellerinformationen aus.
Refresh display baut den Bildschirm neu auf.
Clear desktop schließt alle geöffneten Fenster.

Abb. 1.25 SAA-Menü

Damit soll der Überblick über die einzelnen Menüs zunächst beendet sein. Halt, es fehlt noch das *Help*-Menü wie Sie bemerkt haben werden. Da die integrierte Hilfsfunktion der Entwicklungsumgebung ein sehr umfangreiches Werkzeug ist, zu dem mehr als dieses eine Menü gehört und das darüberhinaus in der PC-Welt seinesgleichen sucht, wird ihr ein eigenes Kapitel gewidmet. Bevor wir dazu kommen, soll denjenigen Lesern geholfen werden, die sich trotz aller Vorzüge mit der integrierten Entwicklungsumgebung nicht anfreunden konnten. Meist ist dies der Fall, wenn man so vertraut

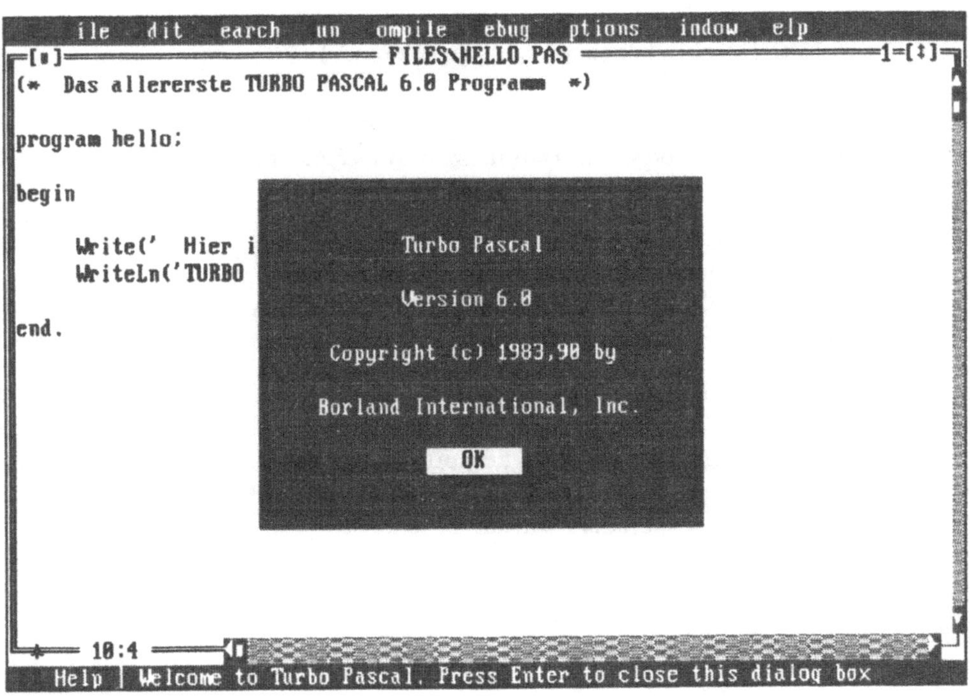

Abb. 1.26 Herstellerinformationen von Borland zu TURBO PASCAL 6.0

mit einem Editor ist, daß man keine neuen Steuerungskommandos lernen will.

1.3 Die Kommandozeilenversion

Es wurde bereits angedeutet, daß die Entwicklungsumgebung mehr kann als nur *TURBO PASCAL*-Quelltexte erfassen und übersetzen. Wenn man jedoch vorhat, zur Texteingabe einen anderen Editor zu benutzen, wäre es ziemlich umständlich, bei jedem Übersetzungslauf dennoch die Entwicklungsumgebung starten zu müssen. Aus diesem Grund kann der Compiler auch separat benutzt werden. Er wird dann genau wie ein gewöhnliches DOS-Kommando verwendet. Die Optionen, die in der Entwicklungsumgebung im Menü *Options* eingestellt werden, müssen bei der Kommandozeilenversion als Schalter, die über einen Slash (/) eingeleitet werden, übergeben werden. Eine Aufstellung aller Schalter mit dem entsprechenden Gegenstück der Entwicklungsumgebung befindet sich im Anhang.

Der Compiler selbst heißt *TPC.EXE*. Seine allgemeine Aufruf-Syntax lautet folgendermaßen:

TPC *Datei...* [*Argument...* /*Schalter...*]

Datei... steht eine oder mehrere Dateien, die *TURBO PASCAL*-Quelltext enthalten. Enden der oder die Dateinamen auf *.PAS*, muß diese Endung nicht mit angegeben werden.

Die Kommandozeilenversion *TCP.EXE* nimmt *.PAS* als Voreinstellung für die Endung von Dateinamen an.

Befindet sich die zu übersetzende(n) Datei(en) nicht im aktuellen Verzeichnis, muß ein kompletter Pfad angegeben werden.Als Beispiel soll das erste Programm *HELLO.PAS* kompiliert werden. Es wird davon ausgegangen, daß wir uns im Verzeichnis *D:\TP60* befinden und der Quelltext in *D:\TP60\FILES* abgespeichert wurde.

```
D:\TP60>TPC FILES\HELLO
Turbo Pascal  Version 6.0  Copyright (c) 1983,90 Borland International
FILES\HELLO.PAS(10)
10 lines, 0.4 seconds, 1824 bytes code, 656 bytes data.

D:\TP60>DIR FILES

 Volume in drive D is HARD_COMP
 Directory of  d:\tp60\files\*.*
.            <DIR>      27.12.90  20.23
..           <DIR>      27.12.90  20.23
hello.bak         147   18.12.90  23.34
hello.exe        1984   10.01.91  17.12
hello.pas         147   31.12.90  14.14
       6.144 bytes in 5 file(s)
   5.322.752 bytes free
```

Abb. 1.27 Übersetzung des Programms HELLO.PAS durch TPC.EXE

Man sieht, daß das ausführbare Programm im selben Verzeichnis wie der Quelltext abgelegt wird. Dies kann über einen Schalter abgeändert werden. Hätte man oben

```
TPC HELLO /ED:\TP60\TEMP
```

geschrieben, wäre das ausführbare Programm *HELLO.EXE* im Verzeichnis *D:\TP60\TEMP* abgelegt worden.

1.4 Die Hilfsfunktion

Ohne zu übertreiben, ist die Hilfe innerhalb der integrierten Entwicklungsumgebung von *TURBO PASCAL 6.0* eine der zur Zeit besten auf dem Markt für PC-Software. Man unterscheidet zwei Arten: Die allgemeine und die auf *TURBO PASCAL 6.0* bezogene Hilfe. Die allgemeine Hilfe behandelt im wesentlichen die Entwicklungsumgebung. Sie wird mit F1 gestartet. Falls Sie also z.B. bei der Eingabe eines Quelltextes sind und F1 drücken, erhalten Sie Informationen zum Editor. Dieser Text wird, wie auch alle anderen Hilfsinformationen, in einer separaten Dialogbox dargestellt. Diese kann wie jede andere auch verschoben werden. Innerhalb der

Dialogbox befindet sich ein Fenster mit dem eigentlichen Hilfstext. Dieser kann wie jeder Quelltext behandelt werden. Das heißt, daß insbesondere Blockoperationen möglich sind. So kann ein Textabschnitt innerhalb eines Hilfsfensters markiert, in die Zwischenablage kopiert und schließlich in einem beliebigem anderen Fenster eingefügt werden.

Zu jedem Menüpunkt und jeder Dialogbox kann auf dieselbe Art Hilfe angefordert werden. In Abb. 1.28 ist dem Benutzer beispielsweise der Gebrauch des *Search*-Menüs nicht ganz klar. Links neben dem eigentlichen Hilfstext befinden sich vier Punkte, mit denen die Hilfe vertieft werden kann. So erhält man nach einem Klick auf *Index* zum Beispiel eine Liste aller *TURBO PASCAL 6.0*-Begriffe, zu denen man Hilfe anfordern kann.

Falls bei Ihnen innerhalb der kurzen Vorstellung der wichtigsten Menüs Fragen aufgetaucht oder offen geblieben sind, sollten Sie jetzt zur Übung die entsprechenden Punkte anwählen und mit F1 Hilfe anfordern.

Soviel zum ersten Teil der Hilfe; noch interessanter ist die sogenannte kontextbezogene Hilfe. Mit ihr können zu jedem *TURBO PASCAL*-Sprachelement Informationen angefordert werden.

Abb. 1.28 Hilfe zum Menüpunkt Search/Find

Abb. 1.29 Help-Menü

Contents erläutert allgemein die Hilfsfunktion.
Index listet alle Schlüsselwörter auf.
Topic search erklärt das aktuelle Schlüsselwort.
Previous topic wiederholt die letzte Hilfe.
Help on help führt den Benutzer durch die Hilfe.

Wie bei zahlreichen Funktionen gibt es zwei Möglichkeiten: Die erste verwendet das *Help*-Menü. Der erste Punkt, *Contents*, gibt eine Übersicht über das gesamte Hilfssystem aus. Dort kann ausgewählt werden, welches Kapitel angezeigt werden soll.

Der letzte Punkt, *Help on help*, arbeitet ähnlich wie das interaktive Lernprogramm *TPTOUR*. Hier wird der Benutzer durch ein Kapitel seiner Wahl geführt. Abb 1.30 zeigt das Startfenster dieses Menüpunktes.

Nachdem die ersten Hürden innerhalb der Entwicklungsumgebung genommen sind, wird der dann etwas erfahrenere Benutzer während der Programmierung hauptsächlich mit den drei mittleren Menüpunkten arbeiten. Sie behandeln die eigentliche Programmiersprache *TURBO PASCAL 6.0*.

Falls Sie einen Überblick über alle Sprachelemente bekommen wollen, wählen Sie *Index*. Sie erhalten eine Liste aller sogenannter **Schlüsselwörter**

Abb. 1.30 Eröffnungsbildschirm zur interaktiven Hilfe der Entwicklungsumgebung

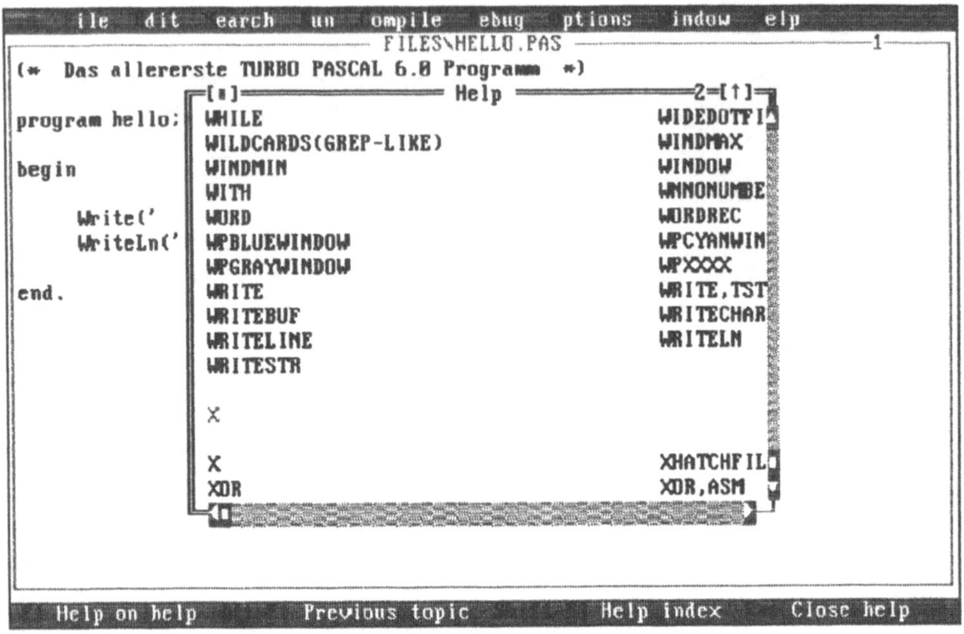

Abb. 1.31 Index mit dem markiertem Standardbezeichner WriteLn.

Diese haben eine spezielle Bedeutung bei der Programmierung, auf die im zweiten Abschnitt näher eingegangen wird. Zum jetzigen Zeitpunkt genügt es zu wissen, daß Sie bei der Suche nach einem bestimmten Schlüsselwort lediglich dessen Anfangsbuchstaben drücken müssen, um zu allen Schlüsselwörtern zu gelangen, die mit diesem Buchstaben beginnen. Geben Sie daraufhin den zweiten Buchstaben des gesuchten Wortes an, ist die Suche meist schon beendet. Ansonsten wählen Sie das Wort mit weiteren Folgebuchstaben, den Cursortasten oder auch mit der Maus. Im Beispiel in Abb. 1.31 wurde das Schlüsselwort *WriteLn* ausgewählt.

☞ Bei der Suche im Index wird nicht zwischen Groß- und Kleinschreibung unterschieden.

Drückt man nach dem Auffinden die ↵ -bzw. linke Maustaste, öffnet sich ein Fenster, welches das Schlüsselwort erklärt. Als Bonbon enthalten viele dieser Hilfsfenster ein lauffähiges Beispiel. Um dieses in ein Editorfenster zu kopieren, braucht es nicht als Block markiert zu werden. Sobald man sich nämlich innerhalb eines Hilfsfensters befindet, wird der Menüpunkt *Copy example* aus dem *Edit*-Menü aktiv. Mit ihm wird das Beispiel sofort in die Zwischenablage kopiert und kann an anderer Stelle mit *Paste* eingefügt werden.

Beachten Sie bitte, daß das Beispiel nach dem Einfügen mit *Paste* als Block markiert bleibt. Diese Markierung entfernt man durch einen Mausklick in den Text oder die Tastenkombination [Ctrl] [K], [H].

Wählen Sie als Übung ebenfalls das Hilfsfenster zu *WriteLn*, und kopieren das Beispiel in die Zwischenablage. Öffnen Sie danach über *New* im *File*-Menü ein neues, leeres Editorfenster und fügen dort das Beispiel ein. Ihr Bildschirm sollte aussehen wie in Abb. 1.33. Zum Schluß können Sie das Programm übersetzen und starten.

Der Weg über den Index ist nur eine Möglichkeit, um Hilfe über ein Schlüsselwort zu erhalten. Häufig erinnert man sich bei der Programmierung zwar an ein bestimmtes Schlüsselwort, weiß aber nicht ganz genau, wie es verwendet wird. In diesem Fall wäre es recht mühsam, jedesmal den Umweg über den Index gehen zu müssen.

Hier hilft der Menüpunkt *Topic search*. Bevor er gewählt wird, muß der Cursor auf dem fraglichen Wort bzw. genau dahinter positioniert werden. Dabei ist es egal, ob der Cursor am Anfang, am Ende oder irgendwo mitten im Wort steht. Will man nicht über das Menü gehen, kann das zugehörige

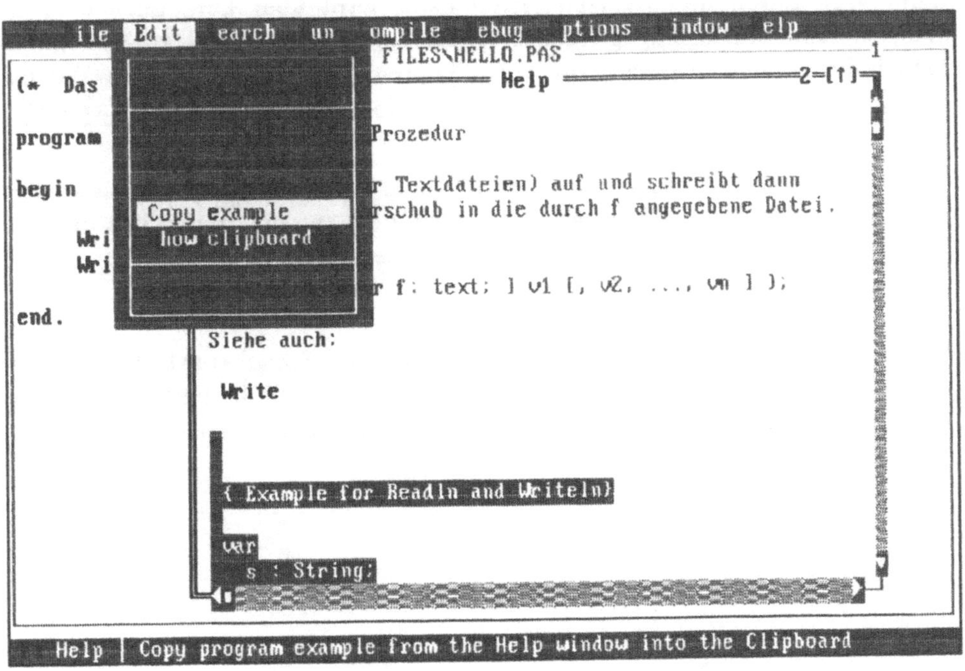

Abb. 1.32 Kopieren des Beispielprogramms zu WriteLn in die Zwischenablage

Abb. 1.33 Nach dem Einfügen des Beispielprogramms zu WriteLn

Hilfsfenster auch mit [Ctrl] [F1] angewählt werden. In jedem Fall erscheint dasselbe Fenster wie nach der Suche über den Index.

Beim Weg durch die diversen Hilfsfenster wird über kurz oder lang der Wunsch laut, ein vorangegangenes Hilfsfenster noch einmal zu lesen, ohne jedoch die gesamte Auswahl von vorne beginnen zu müssen. Dazu wählt man den Menüpunkt *Previous topic* oder drückt die Tastenkombination [Alt] [F1].

Um den Umgang mit der Hilfe noch etwas zu üben, sollten Sie beispielsweise das Schlüsselwort *SetColor* auswählen und das Beispielprogramm kompilieren und ausführen lassen.

Wann immer bei den folgenden Erklärungen zu Sprachkonstruktionen von *TURBO PASCAL* Fragen auftauchen, sollten Sie die Hilfsfunktion anwählen. Oft hilft es, wenn man einen Sachverhalt von zwei Seiten betrachtet.

1.5 Effizientes Arbeiten

In diesem letzten Kapitel des ersten Abschnitts erhalten Sie einige Tips, die helfen sollen, die integrierte Entwicklungsumgebung möglichst effektiv zu nutzen. An erster Stelle steht bei vielen die Frage: Soll ich die Maus oder die Tastatur bei der Menüauswahl verwenden? Die Antwort "beides" ist natürlich zunächst ziemlich nichtssagend, wird jedoch sofort begründet.

F1	liefert allgemeine Hilfe zur Entwicklungsumgebung.
Alt F1	wiederholt das vorhergende Hilfsfenster.
Ctrl F1	zeigt eine kontextbezogene Hilfe zum *TURBO PASCAL 6.0*-Schlüsselwort unter der momentanen Cursorposition.
F2	speichert den Inhalt des aktuellen Editorfensters.
Alt F3	schließt das aktuelle Fenster.
F5	bringt das aktuelle Fenster auf maximale Größe.
Alt F5	schaltet um auf den Ausgabebildschirm (DOS-Bildschirm).
F6	schaltet weiter in das nächste Fenster.
Ctrl F9	kompiliert den Quelltext im aktuellen Fenster.
Alt F9	kompiliert den Quelltext im aktuellen Fenster und startet das Programm sofort nach der Übersetzung, sofern kein Fehler auftrat.
Alt X	beendet die integrierte Entwicklungsumgebung, wobei jedoch gefragt wird, ob veränderte Dateien gesichert werden sollen.

Abb. 1.34 wichtige Shortcuts in der Entwicklungsumgebung der Version 6.0

Bei sehr häufig gebrauchten Menüpunkten, wie zum Beispiel der Hilfsfunktion, ist die Auswahl über Tastatur-Shortcuts schneller als mit der Maus über das Menü und sollte vorgezogen werden. Selten benutzte Punkte wählt man besser per Maus, weil man sich sonst zuviel merken muß.

Diese Regel ist natürlich nur ein Ratschlag. Wer täglich in der Entwicklungsumgebung programmiert, wird sicher sehr bald viele Shortcuts auswendig kennen und diese verwenden, weil die Auswahl schneller geht. "Maus-Gegner" können sich beispielsweise auch eine Tastaturschablone anlegen, in der die benötigten Shortcuts aufgeführt sind. Operationen wie zum Beispiel das Markieren und Verschieben von Blöcken führen viele jedoch lieber mit der Maus aus.Die wohl wichtigsten Shortcuts sind in Abb. 1.34 aufgeführt.

Ein weiterer, für den Anfänger fraglicher Punkt, ist die Verwaltung von Fenstern.

> Selbst bei Verwendung einer hochauflösenden Grafikkarte unter Einsatz des unter *Options* zu wählenden speziellen VGA-Modus, sollten nicht mehr als **vier Fenster** gleichzeitig geöffnet werden, weil man sonst den Überblick verliert und kaum noch etwas erkennt.

Im Beispiel in Abb 1.35 war der Benutzer etwas zu sehr von den vielen Fenstern begeistert. In einem solchen Fall sollten entweder überflüssige Fenster geschlossen werden oder zumindest mit *Window/Cascade* Ordnung geschaffen werden.

Ein weiterer Tip betrifft das Abspeichern von Quelltexten. Auch wenn die

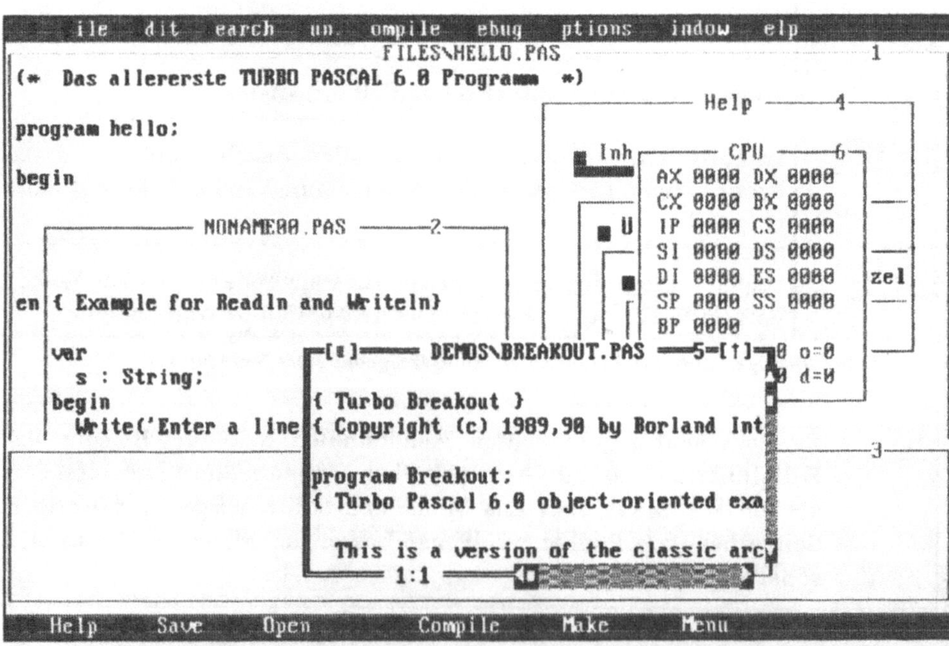

Abb. 1.35 Zuviele offene Fenster, um noch sinnvoll arbeiten zu können

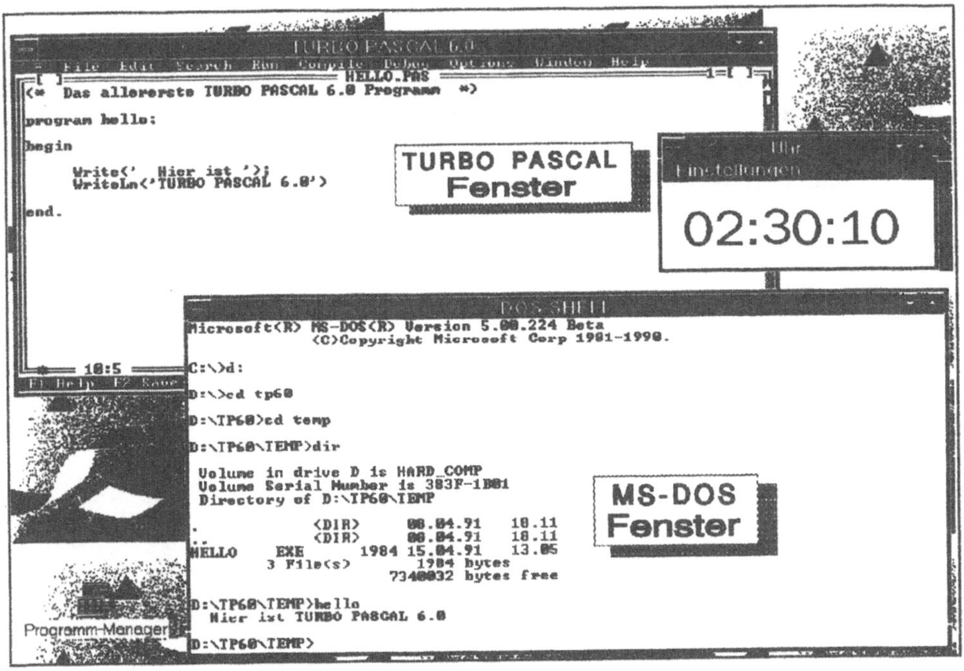

Abb. 1.36 **TURBO PASCAL 6.0 unter Windows 3.0 in einem eigenen Fenster**

Geschwindigkeit der Übersetzung um einiges steigt, sollte man niemals eine vorhandene RAM-Disk zum Zwischenspeichern verwenden. Es gibt keinen Programmierer, der nicht schon einmal ein Programm getestet hat und seinen Rechner ganz neu über [Ctrl] [Alt] [Del] starten mußte. Alles, was auf der RAM-Disk war, ist nach einem solchen Neustart verloren.

> Nach der Fertigstellung eines Programms, sollte man vom Quelltext **mindestens eine Sicherheitskopie** auf Diskette anfertigen.

Beim Thema Fenster kommt man fast zwangsläufig auf *Windows 3.0* zu sprechen. Die grafische Oberfläche von Microsoft ist in aller Munde und verspricht, auch normale DOS-Anwendungen ablaufen zu lassen. Prinzipiell kann man *TURBO PASCAL 6.0* als sogenannte *Windows*-Anwendung in einem eigenen Fenster arbeiten lassen. Startet man ein weiteres Fenster, in dem gewöhnliche DOS-Befehle eingegeben werden, kann im ersten die Entwicklungsumgebung mit dem Quelltext und im zweiten die Ausgabe des kompilierten Programms betrachtet werden. Eine reibungslose Zusammenarbeit ist jedoch nicht immer sichergestellt. Ohne *Windows* erhält man diese Möglichkeit jedoch nur durch den Anschluß eines zweiten Monitors.

Unter der grafischen Oberfläche *Windows 3.0* kann es zu Problemen mit *TURBO PASCAL 6.0* kommen. Vor dem Erstellen eines größeren Quelltextes sollte man auf jeden Fall testen, ob beide Programme zusammenarbeiten. Dies ist stark hardware-abhängig und kann deshalb nicht allgemein beantwortet werden.

Abschnitt 2: Erste Schritte

In diesem zweiten Abschnitt werden die Grundlagen eines *TURBO PASCAL*-Programms erläutert. Was ist eigentlich ein (Computer-) Programm? Zu dieser Frage gibt es zahlreiche, höchst theoretische Abhandlungen. Sehr knapp kann man formulieren:

> Ein Programm ist eine Folge von Deklarationen, Definitionen und Anweisungen, die von einem Computer ausgeführt werden.

Worin sich die einzelnen Teile unterscheiden, wird ein wesentliches Thema der folgenden Kapitel sein. Man stelle sich beispielsweise eine Rechenanweisung vor oder die Aufgabe, einen Text auf dem Bildschirm auszugeben.

Noch schwieriger ist die Frage, was ein gutes (Computer-) Programm ist. Mit diesem Thema beschäftigt sich die wissenschaftliche Disziplin der *Softwaretechnik*. In diesem Buch wird das Thema nur insoweit behandelt, als Ihnen "gute" Programme vorgeführt werden. Als Faustregel kann man sich merken:

> Ein "gutes" (Computer-) Programm ist leicht vertändlich, leicht zu verändern und leicht zu warten, d.h. Fehler sind rasch zu beseitigen.

Was Fehler angeht, sollten Sie sich bereits vor dem Schreiben Ihrer ersten Programme von dem Irrtum freimachen, es gäbe fehlerfreie Programme. Zu beinahe jedem Programm gibt es Eingabewerte, die vom Programmierer nicht eingeplant wurden und deshalb zu falschen Ausgaben führen. Auch die im folgenden vorgestellten Programme sind wahrscheinlich nicht vollkommen fehlerfrei, obwohl in längeren Testphasen keine Probleme auftraten.

2.1 Ein Programm zur Begrüßung

Das allererste Programm 1.1 wurde bereits auf Seite 8 bei der Vorstellung der integrierten Entwicklungsumgebung verwendet. Da dieses Programm außer einer Textausgabe nichts leistet, soll der Einstieg in die Programmiersprache *TURBO PASCAL 6.0* von einem leistungsfähigeren Beispiel begleitet werden. Dieses Beispiel wird immer weiter verfeinert. Es soll den Start Ihres Computers durch eine Begrüßung etwas freundlicher gestalten. Je nachdem, wann Sie Ihre Arbeit beginnen, begrüßt Sie das Programm mit "Guten Morgen", "Guten Mittag", "Mahlzeit" usw. Als Programmname sei *BEGRUES1.PAS* vorgeschlagen. Wenn Sie nach der Übersetzung das kompilierte Programm *BEGRUES1.EXE* in die Datei *AUTOEXEC.BAT* einbinden, wird das Programm bei jedem Start Ihres Rechners automatisch ausgeführt.

```
 1   program Begruessung1;
 2
 3   (*  Das Programm ermittelt die aktuelle Uhrzeit und gibt
 4       in Abhaengigkeit dieser Zeit einen Text aus.  *)
 5
 6   uses  DOS;  (*  Einbinden der DOS-Unit DOS.TPU, in der
 7                   die Prozedur GetTime definiert ist.  *)
 8
 9   var stunde, minute, sekunde, sek100 : Word;
10
11   begin
12      (*  Zu Beginn wird mit der Prozedur GetTime die
13          aktuelle Uhrzeit ermittelt und in die
14          Variablen stunde, minute, sekunde und sek100
15          geschrieben.  *)
16
17      GetTime(stunde, minute, sekunde, sek100);
18
19      if(stunde >= 0) AND (stunde < 5) then
20         WriteLn('Gute Nacht!');
21      if(stunde >= 5) AND (stunde < 12) then
22         WriteLn('Guten Morgen!');
23      if(stunde >= 12) AND (stunde < 14) then
24         WriteLn('Mahlzeit!');
25      if(stunde >= 14) AND (stunde < 18) then
26         WriteLn('Guten Tag!');
27      if(stunde >= 18) AND (stunde <= 23) then
28                  (*  ACHTUNG: "< 0" geht hier nicht!)  *)
29         WriteLn('Guten Abend!')
30
31   end.      (*  Ende von Begruessung1  *)
```

Programm 2.1 Der Benutzer wird von seinem Rechner begrüßt.

Es gibt eine Reihe von Ähnlichkeiten dieses Programmes mit dem allerersten Programm *HELLO.PAS* aus Abschnitt 1. In beiden taucht eine Zeile auf, die mit *program* beginnt; hier in Zeile 1, in *HALLO.PAS* in Zeile 3. Es handelt sich um ein sogenanntes **Schlüsselwort** Diese Schlüsselworte machen den Kern der Programmiersprache *TURBO PASCAL 6.0* aus. Der Compiler erkennt an ihnen, was ein bestimmtes Programmstück machen soll. An unserem ersten Schlüsselwort, *program*, wird zum Beispiel erkannt, daß hier das Programm beginnt.

> Jedes *TURBO PASCAL 6.0* Programm beginnt mit dem Schlüsselwort *program*.

Das Wort *Begruessung1* gehört zur zweiten Kategorie von Merkmalen eines *TURBO PASCAL*-Programms. Es handelt sich um einen sogenannten **Bezeichner**. Diese werden vom Programmierer festgelegt.

Der Bezeichner *Begruessung1* hat nichts mit dem Namen *BEGRUES1.PAS* zu tun, unter dem das Programm abgespeichert wird.

> Im Gegensatz zu vielen anderen Programmiersprachen wird in *TURBO PASCAL 6.0* bei der Schreibweise von Schlüsselwörtern und Bezeichnern nicht zwischen Groß- und Kleinschreibung unterschieden. Der Übersichtlichkeit sollte man eine einmal gewählte Groß- bzw. Kleinschreibung jedoch immer beibehalten.
>
> *TURBO PASCAL 6.0* benutzt die ersten 63 Zeichen zum Erkennen eines Bezeichners. Bezeichner können theoretisch länger sein, aber unterschieden werden nur die vorderen 63 Zeichen.
>
> Bezeichner müssen mit einem Buchstaben oder dem Unterstrich (_) beginnen. Für die nachfolgenden Zeichen sind auch Ziffern zugelassen, jedoch keine Sonderzeichen (Klammern, Interpunktionszeichen etc.) oder deutsche Umlaute.

Gültige Bezeichner sind also zum Beispiel

a, Zaehler, _count, x2, a12_z,

während

2a, Zähler, (fp)

ungültig sind.

☞ Namen für Bezeichner sollten möglichst aussagekräftig sein, weil Programme so nicht nur für Aussenstehende, sondern auch dem Programmierer selbst wesentlich verständlicher werden.

Auch das dritte Merkmal eines *TURBO PASCAL* Programms findet man schon in der ersten Zeile. Gemeint ist das Semikolon (;) am Ende der Zeile und das Leerzeichen zwischen Schlüsselwort und Bezeichner. Sie gehören zur Klasse der **Trennzeichen** Sie signalisieren dem Compiler das Ende einer Deklaration, Definition oder Anweisung oder sie trennen Schlüsselworte von Bezeichnern. Neben dem Semikolon werden Kommas, Leerzeichen, Tabulatoren, Zeilenumbrüche und (Doppel-) Punkte als Trennzeichen verwendet. Mit Ausnahme von Tabulatoren, Leerzeichen und Zeilenumbrüchen sind sie nicht untereinander austauschbar. Im obigen Beispiel wird durch das Semikolon die **Programmdeklaration** abgeschlossen. Klammern gehören auch in gewisser Weise zu den Trennzeichen, sie sollen hier jedoch noch nicht aufgeführt werden. Weil die Begriffe Deklaration, Definition und Anweisung an zahlreichen Stellen benutzt werden, sollen sie bereits hier exakt beschrieben werden.

Eine **Deklaration** weist einem Bezeichner eine bestimmte Eigenschaft, z.B. den Namen des Programms, zu.

In einer **Definition** wird Speicherplatz für ein *TURBO PASCAL*-Konstrukt, wie z.B. eine Variable, reserviert.

Eine **Anweisung** vollzieht eine bestimmte Aktion, wie z.B. eine Rechenoperation oder eine Textausgabe.

Nach der Zeile *program Begruessung1* "weiß" der Compiler also, daß mit *Begruessung1* der Name des Programms gemeint ist.

Auch die beiden anderen Begriffe tauchen im Programm auf. So enthält die Zeile 9 eine **Variablendefinition**

Eine **Variable** ist die symbolische Beschreibung für die Speicherstelle eines Computers.

Hier erhalten bestimmte Speicherstellen des Computers die Namen *stunde*, *minute*, *sekunde* und *sek100*. Normalerweise werden Speicherstellen über sogenannte **Adressen** angesprochen. In *TURBO PASCAL 6.0* (und vielen anderen Programmiersprachen) muß sich der Programmierer angenehmerweise keine Gedanken um den Speicheraufbau machen. Er definiert einfach soviele Variablen, wie er benötigt. Die Zuteilung des nötigen Speicherplatzes

Abb. 2.1 Darstellung des Hauptspeichers nach einer Variablendefinition

erledigt der Compiler in Zusammenarbeit mit dem Betriebssystem. Eine mögliche Speicherverteilung zeigt Abb 2.1. Dort sieht man auch, daß der Speicher nicht unbedingt hintereinander reserviert wird.

Nach einer Variablendefinition kann man keine Aussage über den Inhalt der Variablen machen. Möchte man an die zugehörige Speicherstelle einen Wert schreiben, so kann dies auf verschiedene Arten geschehen. Allgemein ist dazu der dritte Bestandteil eines *TURBO PASCAL*-Programms nötig, eine Anweisung. Im Beispiel befindet sich die Anweisung in Zeile 17. Genauer gesagt handelt es sich hier um einen **Prozeduraufruf**. Aufgerufen wird die Prozedur *GetTime*. Sie bekommt in den unmittelbar folgenden runden Klammern **Argumente** übergeben, in die sie bestimmte Werte einträgt. Hier sind die Argumente unsere Variablen, die in Zeile 9 definiert wurden. Sie müssen wiederum durch Kommas getrennt werden. Auch hier sind die Leerzeichen nur Kosmetik. Die Prozedur *GetTime* trägt in die Variable *stunde* die aktuelle Stunde des Tages, in *minute* die Minute der aktuellen Stunde usw. ein. Wie die Prozedur dies macht, braucht den Programmierer nicht zu interessieren. Es handelt sich um eine Anweisung, die zum Lieferumfang von *TURBO PASCAL 6.0* gehört. Sie befindet sich in einer sogenannten **Bibliothek** Darunter kann man sich eine Sammlung von Prozeduren und anderen Hilfsmitteln zur Programmierung vorstellen. Die Bibliothek, in der die Prozedur *GetTime* steht, heißt *DOS.TPU*. In *TURBO PASCAL* wird auch häufig der Begriff **Unit** für eine Bibliothek verwendet (*TPU* steht für *TURBO PASCAL* Unit.). Dem Compiler muß selbstverständlich mitgeteilt werden, in welcher Bibliothek eine Prozedur zu finden ist. Wenn Sie genau nachsehen, finden Sie im Programm in Zeile 6 genau diese Angabe. Durch

```
uses DOS;
```

wird die Bibliothek *DOS.TPU* in unser Programm **eingebunden** Hierbei ist *uses* wiederum ein Schlüsselwort. Wie bei allen Schlüsselwörtern muß der nachfolgende Bezeichner durch mindestens ein Leerzeichen - oder auch einen Tabulator bzw. einen Zeilenumbruch - abgetrennt sein. Das Schlüsselwort *uses* ist keine Anweisung im strengen (*TURBO PASCAL*) Sinn, sondern gehört zur sogenannten **Prozedurdeklaration** Dem Compiler wird mitgeteilt, welche Arten von Prozeduren man im Programm verwenden will.

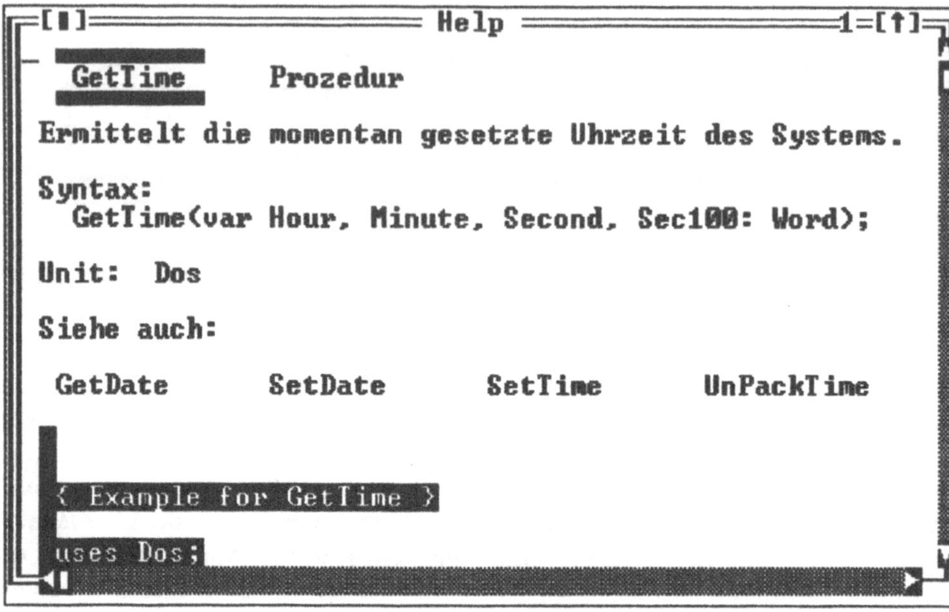

Abb. 2.2 Hilfe zur Prozedur GetTime

Eine sehr angenehme Eigenschaft von Bibliotheksprozeduren ist die Tatsache, daß der Programmierer sich keine Gedanken darüber machen muß, wie die Prozedur ihre Ergebnisse ermittelt. Er muß "nur" wissen, was die Prozedur macht und mit was für Argumenten sie aufgerufen werden muß. Da man diese Informationen nicht ständig im Kopf haben kann, sollte man hier die kontextbezogene Hilfe oder den Index verwenden. Ist einem zum Beispiel unklar, wie *GetTime* genau benutzt wird, bewegt man den Cursor auf den Prozedurnamen und drückt [Ctrl] [F1] oder sucht im Index danach. Es erscheint das in Abb. 2.2 gezeigte Hilfsfenster mit den gewünschten Informationen. Sie sagen aus, daß die Prozedur vier Argumente benötigt, die alle vom Typ *Word* sind. Außerdem erhält man Querverweise zu ähnlichen Prozeduren.

Im weiteren Verlauf werden zahlreiche weitere Prozeduren vorgestellt. Das Prinzip ist immer dasselbe. Der Programmierer muß sich nicht um ihre Realisierung kümmern.

Hätte man der Prozedur anstelle von *minute* ein Argument mit Namen *Minute* übergeben, wäre das Programm dennoch fehlerfrei übersetzt worden, weil die Schreibweise von Bezeichnern beliebig ist.

Obwohl im Programm nur die Variable *stunde* tatsächlich benötigt wird, muß die Prozedur *GetTime* dennoch mit vier Argumenten aufgerufen werden, weil ihre Syntax dies verlangt.

Damit sind die wesentlichsten Merkmale eines *TURBO PASCAL*-Programms bereits vorgestellt. Fassen wir noch einmal zusammen:

> Zu Beginn des Programms erfolgt die **Programmdeklaration** durch das Schlüsselwort *program*. Dahinter steht ein (Programm-) Bezeichner und als Trennzeichen ein Semikolon. An zweiter Stelle erfolgt im Programm die **Variablendefinition** Hier lautet das einleitende Schlüsselwort *var*, gefolgt von einem oder mehreren Bezeichnern, den **Variablen**. Diese werden durch Kommas voneinander getrennt. Hinter den Variablen steht als Trennzeichen ein Doppelpunkt, dem eine **Typangabe** folgt. Diese gibt an, welche Art von Werten (ganze Zahlen, Kommazahlen, Zeichen etc.) die Variablen enthalten dürfen.

Neben der Variablendefinition kann in diesem Programmteil eine Konstantendefinition und eine Prozedur- bzw. Funktionsdeklaration erfolgen. Doch dazu später mehr.

An dritter Stelle folgt der eigentliche Haupt- oder auch **Anweisungsteil** des Programms. In ihm steht, was das Programm eigentlich machen soll. Als eine Anweisungsform haben wir bereits einen Prozeduraufruf kennengelernt. Die Prozedur trägt in Variablen, die als sogenannte Argumente übergeben werden, Werte ein. Der Programmierer braucht sich nicht um die Arbeitsweise einer Prozedur zu kümmern.

Noch nicht erklärt wurden die Schlüsselworte *begin* und *end*, die zu Beginn des Anweisungsteils in Zeile 11 bzw. an dessen Ende in Zeile 30 stehen. Sie sind auch eine Art von Trennzeichen. Sie teilen dem Compiler mit, daß eine bestimmte Folge von Anweisungen eine Einheit bildet. Eine solche Einheit wird **Block** genannt. Im obigen Programm gibt es nur einen Block. Umfangreichere Programme bestehen in aller Regel aus einer Vielzahl solcher zusammengefasster Anweisungen. Wichtig bei diesem ersten Block ist der abschließende Punkt hinter dem *end* in Zeile 30. Erst hier ist für den Compiler eindeutig das Programmende erreicht.

> Ein *TURBO PASCAL 6.0*-Programm wird immer durch *end.* abgeschlossen.

An einigen Stellen, wie zum Beispiel in den Zeilen 3, 6 oder 7, tauchen Zeilen in auch dem Laien verständlicher Sprache auf. Wer die Hoffnung hatte, daß *TURBO PASCAL*-Programme in der Version 6.0 endlich auch in klar verständlichem Deutsch geschrieben werden können, muß leider enttäuscht werden. An den genannten Stellen sind lediglich **Kommentare** eingefügt worden, die erläutern sollen, was die einzelnen Programmteile leisten.

> In *TURBO PASCAL* werden Kommentare durch *(** eingeleitet und mit dem Gegenstück **)* abgeschlossen. Alternativ können auch geschweifte Klammern *{* zum öffnen und *}* zum Schließen eines Kommentares verwendet werden.

In diesem Buch werden nicht die geschweiften Klammern für Kommentare verwendet, weil sie auf vielen Tastaturen nur über Umwege zu erreichen sind.

> Kommentare dürfen nicht ineinander verschachtelt werden.

Ein unzulässiger Kommentar wäre beispielsweise

```
(* Textausgabe (* WriteLn(...) *) *) ,
```

weil der zweite Kommentar beginnt, bevor der erste abgeschlossen wurde. Dies gilt auch, wenn der vordere Kommentar mit *(** und der zweite mit *{* eröffnet wird.

Man sollte mit Kommentaren nicht sparen. Sie erleichtern das Programmverständnis enorm und vergrößern das kompilierte Programm in keiner Weise. Der Compiler filtert sie genau wie Leerzeichen, Tabulatoren und Zeilenumbrüche in einem ersten Durchgang durch den Quelltext heraus. Deshalb sollte auch mit sinnvollen **Einrückungen** nicht gespart werden. Durch das Einrücken zusammengehörender Blöcke wird auf den ersten Blick klar, welche Programmabschnitte eine Einheit bilden.

> Je tiefer verschachtelt ein Block ist, um so weiter sollte er nach rechts eingerückt werden.

Es wäre theoretisch durchaus möglich, mehrere Anweisungen in einem Block oder sogar mehrere Blöcke in eine Zeile hintereinander zu schreiben. Dabei darf nur die maximal zulässige Zeilenlänge nicht überschritten werden.

> In *TURBO PASCAL 6.0* darf eine Zeile maximal **126 Zeichen** lang sein.

Damit haben wir nach den einzelnen Programmteilen auch alle wesentlichen Symbole eines *TURBO PASCAL*-Programms erklärt. Fassen wir auch diese zusammen:

1. **Schlüsselworte** sind reservierte Worte, d.h. kein Bezeichner darf denselben Namen tragen. Ihre Schreibweise ist beliebig.
2. **Bezeichner** sind vom Programmierer gewählte Namen für bestimmte Teile (z.B. Variablen) eines Programms. Sie bestehen aus Buchstaben, Ziffern und dem Unterstrich(_). Das erste Zeichen darf keine Ziffer sein. Auch hier wird nicht zwischen Groß- und Kleinschreibung unterschieden.
3. **Trennzeichen** signalisieren dem Compiler das Ende einer Anweisung oder unterscheiden Schlüsselworte von Bezeichnern. In *TURBO PASCAL* werden Kommas(,), Semikolons (;), Punkte(.), Doppelpunkte (:), Leerzeichen ([Space]), Tabulatoren ([Tab]) und Zeilenumbrüche ([↵]) als Trennzeichen verwendet. Die letzten drei werden häufig auch zur optischen Gestaltung des Quelltextes verwendet.
4. **Kommentare** werden durch *(** eingeleitet und durch **)* abgeschlossen. Sie dürfen nicht ineinander verschachtelt werden.

Es ist eine allgemeine Übereinkunft, Variablennamen klein zu schreiben und bei Prozeduren Klein- und Großschreibung sinnvoll zu mischen. Bei Programmbezeichnern gibt es keine einheitliche Schreibweise. Schlüsselworte werden im folgenden Text mit Ausnahme von Typangaben klein geschrieben.

Zum Üben sollten Sie jetzt ruhig einmal ein paar Fehler in das Programm *BEGRUES1.PAS* einbauen. Wenn man genau weiß, welcher Fehler in einem Programm steckt, werden die Fehlermeldungen des Compilers sehr viel leichter durchschaut.

2.2 Variablen und Konstanten

Mit Variablen hatten wir es bereits zu tun. Sie erinnern sich, daß in Zeile 9 des Programms *BEGRUES1.PAS* vier Variablen definiert und durch die Prozedur *GetTime* mit Werten gefüllt wurden. Bei *stunde*, *minute*, *sekunde* und *sek100* handelt es sich um **ganzzahlige Variablen** Sie sind vom **Datentyp *Word*.** Sie sehen hier bereits die erste Ausnahme von der Regel, daß Schlüsselworte klein geschrieben werden. Bei Datentypen wird der erste Buchstabe von den meisten *TURBO PASCAL*-Programmierern groß geschrieben. Unbeantwortet blieb die Frage, welcher Wert maximal von einer Variablen mit Typ *Word* gespeichert werden kann. Genauer lautete die Frage, wieviele Speicherstellen werden für eine Variable vom Typ *Word* reserviert? Die Antwort lautet: 16 Speicherzellen. Jede dieser Speicherzellen kennt zwei Zustände. Entweder es fließt Strom durch sie hindurch oder nicht. Diese Zustände werden mit 0 (kein Strom) und 1 (Strom fließt) abgekürzt. Man spricht auch von ungesetzten (0) und gesetzten (1) **Bits**. Insgesamt haben wir also 16 mal die Möglichkeit, Strom durch eine Speicherstelle fließen zu lassen oder nicht. Rechnet man aus, wieviele verschiedene Kombinationsmöglichkeiten von Einsen und Nullen dies sind kommt man auf $2^{16} = 65536$ Möglichkeiten. Dabei entspricht beispielsweise die Bitfolge 0000000001100011 der dezimalen Zahl 99. Jede Bitposition steht für eine Zweierpotenz. Die vorderste (am weitesten rechts stehende) repräsentiert $2^0 = 1$, die zweite $2^1 = 2$, $2^2 = 4$ usw. bis $2^{15} = 32768$. Noch deutlicher wird die Codierung in Abb. 2.3. Dort sind die Werte der gesetzten Bits und die dazu korrespondierende Dezimalzahl am Beispiel der Dezimalzahl 99 notiert.

Der Datentyp *Word* kann also ganze Zahlen von 0 bis 2^{16}-1 = 65535 aufnehmen. Die 0 wird dabei durch 0000000000000000 und die 65535 durch 1111111111111111 beschrieben.

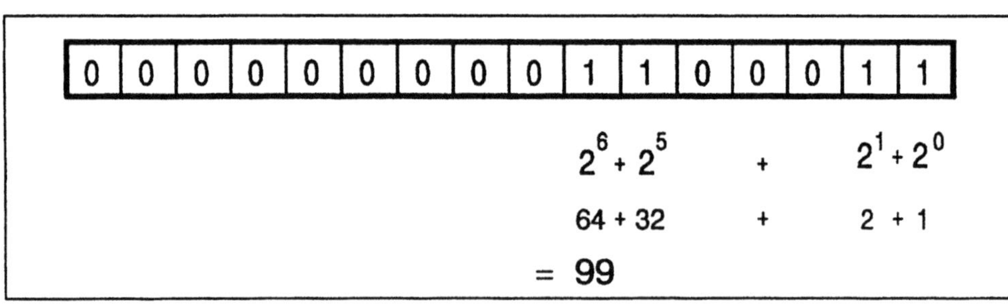

Abb. 2.3 Darstellung der Dezimalzahl 99 als Binärzahl im Computerspeicher

☞ Der Datentyp *Word* bekommt seinen Namen vom Begriff Speicher**wort**. Ein solches Wort ist die Einheit für die Werte, mit denen die zentrale Recheneinheit (CPU) eines Computers in einem Schritt operieren kann. Auf sogenannten **16-Bit-Rechnern** ist ein Wort genau 16 Bit = 2 Byte breit. Auf größeren (z.B. 32 Bit-) Rechnern ist ein Speicherwort 32 Bit = 4 Byte breit. Damit variiert auch der Zahlenbereich des Typs *Word*. Falls Sie Ihre *TURBO PASCAL 6.0*-Programme auf größeren Rechnern verwenden wollen, müssen Sie den Zahlenbereich eventuell beachten.

☞ Auch auf Rechnern, die einen 80386 oder 80486 32-Bit-Prozessor als CPU besitzen kann der Datentyp *Word* nur Werte bis 2^{16}-1 = 65535 aufnehmen.

Doch damit genug der binären Arithmetik. Bei negativen oder gar Gleitkommazahlen wird die Darstellung noch etwas komplizierter. Der *TURBO PASCAL* Programmierer muß sich Gott sei Dank um diese Details nicht kümmern. Ihm genügt die Angabe des darstellbaren Zahlenbereichs.

Möchte man nur kleinere Zahlen darstellen, kann man Speicherplatz sparen und den Typ ***Byte*** verwenden. Er benötigt immer genau acht (1 Byte = 8 Bit) Speicherstellen und kann so Werte von 0 bis einschließlich 2^8-1 = 255 aufnehmen. Die Definition einer Variablen vom Typ *Byte* erfolgt völlig analog. Durch

```
var    x, y, result : Byte;
```

werden beispielsweise drei Variablen *x*, *y* und *result* vom Typ *Byte* definiert.

Möchte man in einem Programm verschiedene Datentypen verwenden, so braucht das Schlüsselwort *var* nur einmal aufgeführt zu werden, also zum Beispiel:

```
var    grosse_zahl1, grosse_zahl2 : Word;
       x, y, kleine_zahl : Byte;
```

☞ Die Reihenfolge, in der Variablentypen definiert werden, spielt keine Rolle. Man kann mehrfach Variablen eines Typs - auch an verschiedenen Positionen - definieren.

In vielen Programmen möchte man nicht nur mit positiven sondern auch mit negativen Zahlen arbeiten. Je nachdem wie groß die Zahlen werden, verwendet man dazu die Datentypen ***ShortInt***, ***Integer*** oder ***LongInt***. Die zulässigen Zahlenbereiche entnehmen Sie bitte folgender Zusammenfassung.

Ganzzahlige Datentypen in *TURBO PASCAL 6.0*:

1. ***Byte*** (8 Bit ohne Vorzeichen), Zahlenber.: 0 bis 255.
2. ***Word*** (16 Bit ohne Vorz.), Zahlenber. 0 bis 65535.
3. ***ShortInt*** (8 Bit mit Vorz.), Zahlenber. -128 bis +127.
4. ***Integer*** (16 Bit mit Vorz.), Zahlenber. -32768 bis + 32767.
5. ***LongInt*** (32 Bit mit Vorz.), Zahlenber. -2147483648 bis +2147483647.

Die nächste Klasse von Datentypen sind Gleitkommazahlen. Der am häufigsten verwendete Typ heißt ***Real*** (Gleitkommazahlen gehören zur Menge der **reellen Zahlen**). Die Darstellung verwendet 48 Bits = 6 Bytes. Der Zahlenbereich ist etwas größer als bei *LongInt*. Bei *Real*-Typen ist jedoch die minimale Genauigkeit wichtiger. Dazu muß man wissen, daß ein Computer beispielsweise den Wert 1/3 nicht exakt darstellen kann, weil seine Stellenanzahl begrenzt ist. Der Typ *Real* rechnet auf mindestens zwölf Stellen hinter dem Komma genau. Dies scheint eine ganze Menge. Man muß jedoch berücksichtigen, daß Rundungsfehler sich durch zahlreiche Multiplikationen ansammeln können und so sehr schnell ein Endergebnis verfälschen. *Real* und alle übrigen Gleitkommatypen sind vorzeichenbehaftet, das heißt, sie können auch negative Werte aufnehmen.

Gleitkommatypen in *TURBO PASCAL 6.0*:

1. ***Real*** (6 Bytes), mindestens 11 Stellen genau.
2. ***Single*** (4 Bytes), mindestens 7 Stellen genau.
3. ***Double*** (8 Bytes), mindestens 15 Stellen genau.
4. ***Extended*** (10 Bytes), mindestens 19 Stellen genau.

Bei allen Gleitkommatypen außer *Real* muß entweder ein mathematischer Koprozessor vorhanden sein oder in der Dialogbox *Options/Compiler* die Emulation des Koprozessors gewählt sein. Ohne diese Vorkehrung wird bei der Übersetzung ein Fehler gemeldet.

In vielen Fällen ist selbst der kleinste ganzzahlige Datentyp *Byte* unverhältnismäßig groß. Häufig muß nämlich nur eine "Ja"/"Nein"-Entscheidung gefällt werden. Für solche Fälle bietet *TURBO PASCAL 6.0* den Datentyp ***Boolean***. Ihm sind jedoch keine Zahlenwerte sondern sogenannte **logische Werte** zugeordnet. Diese Werte werden mit ***true*** (wahr) und ***false*** (falsch) bezeichnet.

☞ Intern werden die symbolischen Werte *true* und *false* als 1 bzw. 0 dargestellt. Man spricht dann von **Ordinalwerten**

Die bisher vorgestellten Datentypen sollen an einem kleinen Beispiel demonstriert werden. Hierzu muß man noch drei Dinge wissen. Außer durch eine Prozedur kann eine Variable einen Wert durch eine direkte **(Wert-) Zuweisung** innerhalb des Anweisungsteils erhalten. Diese Zuweisung erfolgt durch die Zeichenkombination *:=*, den sogenannten Zuweisungsoperator. Findet man in einem Programm beispielsweise

```
a := 10;
```

oder

```
bool := true;   ,
```

so sagt man, "*a* erhält *10*" bzw. "*bool* erhält *true*".

Eine solche Zuweisung kann auch durch eine andere Variable erfolgen, also etwa durch

```
x1 := a;
```

Schließlich kann auf der rechten Seite des Zuweisungsoperators auch eine Rechenoperation stehen.

```
erg := 3 + 5;
```

Deshalb ist es auch nicht sinnvoll den Operator *:=* als "ist gleich" auszusprechen. Ein

```
a := a + 1;
```

würde so zu mathematischem Unsinn ("*a* ist gleich *a+1*" ?). Gemeint ist, daß der Wert von *a* um eins erhöht wird, also "*a* erhält *a+1*".

Beim Rechnen kennt *TURBO PASCAL 6.0* die üblichen Grundrechenarten Addition (+), Subtraktion (-), Multiplikation (*) und Division (/ bzw. *DIV*). Es gelten die üblichen Prioritäten "Punktrechnung vor Strichrechnung". Auch wenn der Slash (/) ein Strich ist, gehört er zur "Punktrechnung" Division.

☞ Bei der Division ganzzahliger Variablen (*Byte*, *Word*, *ShortInt*, *Integer* oder *LongInt*) muß als Divisionsoperator das Schlüsselwort *DIV* angewendet werden. Bei Gleitkommatypen (*Real*, *Single*, *Double* oder *Extended*) wird dagegen das Zeichen / verwendet.

Außerdem kann bei ganzahligen Datentypen der Rest einer Division durch den **Modulo-Operator**(*MOD*) ermittelt werden.

```
rest := 10 MOD 3;
```

schreibt beispielsweise den Wert 1 in die Variable *rest*, weil sich 10 dreimal komplett durch drei teilen läßt und ein Rest von eins verbleibt.

Zur Ausgabe von Texten und Variablen werden die Prozeduren *Write* bzw. *WriteLn* verwendet. Auf sie wird im nächsten Kapitel näher eingegangen. Nun jedoch endlich zum Beispiel:

```
1    program Variablen;
2              (*  Demonstriert einige Datentypen  *)
3    var   ganze_zahl : Word;
4          kommazahl : Real;
5          logisch : Boolean;
6
7    begin
8
9       logisch := true;
10      ganze_zahl := 10 DIV 3;
11      kommazahl := 10/3;
12
13      Write('logisch = ', logisch);
14      Write('   ganze_zahl = ',ganze_zahl);
15      WriteLn('   kommazahl = ',kommazahl:10:6)
16   end.
```

Programm 2.2 Einige Variablendefinitionen und -zuweisungen

In den Zeilen 3, 4 und 5 werden jeweils eine ganze, eine reelle und eine logische Variable definiert. Diesen werden in den Zeilen 9 bis 11 passende Werte zugewiesen. Beachten Sie bitte, daß für *ganze_zahl* der *DIV*-Operator verwendet werden muß, während bei *kommazahl* der Slash (/) steht. Ausgegeben werden die Variablen in den Zeilen 13 und 14. Es sollte folgendes Auf dem Bildschirm stehen:

```
logisch = TRUE   ganze_Zahl = 3   kommazahl =   3.333333
```

Möchte man sich bei einer Division ganzer Zahlen das Divisionsergebnis und den Rest anzeigen lassen, kann man

```
erg := 10 DIV 3;
rest := 10 MOD 3;
WriteLn('10 durch 3 ergibt ', erg, ' Rest: ', rest);
```

formulieren.

Auf die Prozedur *WriteLn* wird wie erwähnt im nächsten Kapitel eingegangen. Eine Besonderheit soll jedoch bereits jetzt erwähnt werden.

> Vor dem Schlüsselwort *end* braucht kein Semikolon (;) zu stehen.

Im Programm 2.1 scheint es zunächst in Zeile 29 und im Programm 2.2 in Zeile 14 zu fehlen. Es darf hier jedoch tatsächlich fehlen. Man macht jedoch keinen Fehler, wenn man trotzdem ein Semikolon setzt. Für den Compiler ist dies dann eine **leere Anweisung** das heißt, eine Anweisung, die gar nichts tut.

Bis hierher hatten wir es nur mit Zahlen zu tun. Jetzt soll auch mit Zeichen gearbeitet werden. Hierfür kennt *TURBO PASCAL 6.0* den Datentyp ***Char***. Er kann ein beliebiges Zeichen aufnehmen. Nach einer Definition

```
var    ch : Char;
```

kann im Anweisungsteil ein Buchstabe zugewiesen werden, zum Beispiel:

```
ch := 'A';
```

Einzelne Zeichen werden relativ selten benötigt. Meistens braucht man ganze Folgen, um Wörter zu bilden. Innerhalb von Programmiersprachen heißen solche Folgen **Zeichenketten** Sie werden in *TURBO PASCAL 6.0* durch den Datentyp ***String*** realisiert.

```
var    text : String;
```

definiert eine Variable mit Namen *text* zur Aufnahme einer Zeichenkette. An diese kann dann im Anweisungsteil zum Beispiel durch

```
text := 'Hallo Ihr Da!';
```

zugewiesen werden.

In *TURBO PASCAL 6.0* können Zeichenketten addiert werden. Folgendes Programm bringt ein Beispiel.

```
program Variablen;

```

```
var    text1, text2 : String;

begin

    text1 := 'Hallo Ihr Da!';
    text2 := text1 + ' Wie geht es?';

    WriteLn(text2)

end.
```

Programm 2.3 "Addition" von Zeichenketten

Hier wird natürlich nicht richtig addiert (Was denn auch?), sondern aneinandergehängt. Das heißt, an die Zeichenkette *Hallo Ihr Da!* aus der Variablen *text1* wird ein *Wie geht es?* angehängt und in die Variable *text2* geschrieben. Die Ausgabe lautet also:

```
Hallo Ihr Da! Wie geht es?
```

Andere mathematische Operationen sind auf Zeichenketten nicht zugelassen.

Auch bei Zeichenketten kann die Ausgabe rechtsbündig formatiert werden. Man fügt dazu an die Variable in der *Write*- bzw. *WriteLn*-Anweisung einen Doppelpunkt und die gewünschte Darstellungsbreite, zum Beispiel *st:20*, an.

Damit haben Sie die wichtigsten Datentypen kennengelernt. Neben Variablen kann eine weitere Art von Bezeichnern definiert werden, die **Konstanten** Wie der Name bereits sagt, kann der Wert einer Konstanten nicht verändert werden. Wozu sind sie dann überhaupt gut, kann man sich fragen. Stellen Sie sich vor, Sie möchten in Ihrem ersten größeren Programm in *TURBO PASCAL 6.0* eine Versionsnummer an mehreren Stellen ausgeben. Sie werden an den entsprechenden Stellen bei der ersten Version eine *1.0* eintragen. Was ist nun, wenn Sie Ihr Programm weiter verbessern und eine zweite Version herausbringen möchten. Es wird ziemlich mühsam, an den verschiedenen Stellen die *1.0* in eine *2.0* umzuändern. Sinnvoller ist es durch

```
const  VERSION = 1.0;
```

die erste Version zu definieren und dann im Programm nicht den Zahlenwert sondern immer die Konstante auszugeben. Bei der Folgeversion muß dann nur die obige Zeile in

```
const  VERSION = 2.0;
```

umgeändert werden.

> Durch Konstanten lassen sich Programme leichter ändern und lesbarer gestalten. Sie geben wichtigen Werten markante Namen. Um sie deutlich von Variablen zu unterscheiden, werden sie im folgenden komplett groß geschrieben.

Im Zusammenhang mit Feldern wird es sich beispielsweise als sinnvoll erweisen, Feldobergrenzen durch eine Konstante festzulegen.

Konstanten dürfen niemals auf der linken Seite einer Zuweisung stehen.

Grundsätzlich kann man sagen, daß auf der linken Seite einer Zuweisung immer eine Speicherstelle stehen muß, in die eine Variable eingetragen wird. In der Fachlitertur wird dafür häufig der Begriff **l-value** (für "load value" bzw. "left value") verwendet. Auf der rechten Seite kann ein beliebiger, sogenannter **r-value** (für "read value" bzw. "right value") stehen.

Als Übung können Sie ein kleines Programm schreiben, das zwei ganze Zahlen über alle Grundrechenarten miteinander verknüpft und die einzelnen Ergebnisse ausgibt.

2.3 Ein- und Ausgabe

An mehreren Stellen wurden bereits die Prozeduren ***Write*** und ***WriteLn*** verwendet. Mit ihnen werden Texte ausgegeben. Die beiden Prozeduren unterscheiden sich lediglich dadurch, daß nach einer Textausgabe mit ***WriteLn*** ein Zeilenumbruch erfolgt. Das heißt, der Cursor springt eine Zeile nach unten in die erste Spalte. Bei ***Write*** bleibt der Cursor unmittelbar hinter dem ausgegebenen Text stehen. Als Argument erhalten beide Variablen oder Konstanten. Dabei werden in Hochkommas eingeschlossene Zeichenketten als Konstante angesehen. Im Programm 2.1 wird in den Zeilen 22, 24, 26 und 29 nur eine Zeichenkette ausgegeben, zum Beispiel

```
WriteLn('Guten Tag!');
```

in Zeile 26. Hier ist lediglich zu beachten, daß der auszugebende Text in **einfache Hochkommas** eingeschlossen wird. Im Programm 2.2 wurden jedoch in den Zeilen 13 und 14 auch schon Zeichenketten und Variablen ausgegeben.

```
Write('logisch = ', logisch,' ganze_zahl =',ganze_zahl);
WriteLn(' kommazahl = ',kommazahl:10:6)
```

> Variablen können ohne Zusätze als Argument an *Write* bzw. *WriteLn* übergeben werden. Möchte man mehrere Variablen ausgeben, müssen diese durch Kommas abgetrennt werden. Das gilt auch, wenn Zeichenketten und Variablen gemischt ausgegeben werden sollen.

Write und *WriteLn* sind keine Schlüsselwörter, sondern sogenannte **Standardbezeichner** Sie werden vom Compiler automatisch in jedes *TURBO PASCAL 6.0* Programm eingebunden.

Bei Variablen (und auch Konstanten) kann die Ausgabe gesteuert werden. So bewirkt die Angabe *kommazahl:10:6* in der *WriteLn*-Anweisung, daß die Variable *kommazahl* auf zehn Stellen Breite ausgegeben wird, wobei sechs Stellen hinter dem Dezimalpunkt stehen. Dies ist beispielsweise zur Formatierung von Tabellen sinnvoll, weil so rechtsbündig formatiert werden kann. Die Syntax lautet folgendermaßen:

Variable:Darstellungsbreite:Nachkommastellen

Bei ganzzahligen Variablen macht die Angabe von Nachkommastellen natürlich keinen Sinn und entfällt deshalb.

Als Übung können Sie das Programm 2.1 so ergänzen, daß neben der Begrüßung auch die aktuelle Uhrzeit ausgegeben wird. Das heißt, Sie müssen eine weitere Ausgabe einfügen, die die Variablen *stunde*, *minute* und *sekunde* ausgibt.

Die Ausgabe auf den Bildschirm haben wir also im Griff. Kommen wir zum Gegenstück, der Eingabe über die Tastatur. Hierzu werden die Prozeduren ***Read*** und ***ReadLn*** verwendet. Sie erhalten als Argumente **ausschließlich Variablen** Das Programm hält an der Position des Prozeduraufrufs an und wartet auf eine Eingabe des Benutzers. Die beiden Prozeduren unterscheiden sich wieder nur darin, daß *ReadLn* nach dem Einlesen den Cursor eine Zeile nach unten in die erste Spaltenposition setzt.

Als Beispiel sei ein Programm vorgestellt, das den Benutzer nach zwei ganzen Zahlen fragt und diese über alle Grundrechenarten miteinander verknüpft.

```
1    program Rechnen;
2
3    const  CR = #10; (*  ASCII-Code 10 fuer Zeilenvorschub  *)
4           TAB = #9; (*  ASCII-Code  9 fuer Tabulator  *)
5
6    var   zahl1, zahl2 : ShortInt;
7
8    begin
9
10      WriteLn;   (*  Erzeugt eine Leerzeile.  *)
11      Write('Bitte erste ganze Zahl eingeben: ');
12      ReadLn(zahl1);
13      Write('Bitte zweite ganze Zahl eingeben: ');
14      ReadLn(zahl2);
15
16      WriteLn(CR, TAB, zahl1, '  +  ', zahl2, '  =  ', (zahl1+zahl2):8);
17      WriteLn(TAB, zahl1, '  -  ', zahl2, '  =  ', (zahl1-zahl2):8);
18        WriteLn(TAB, zahl1, '  *  ', zahl2, '  =  ', (zahl1*zahl2):8);
19        WriteLn(TAB, zahl1, ' DIV ', zahl2, '  =  ', (zahl1 DIV zahl2):8);
20        WriteLn(TAB, zahl1, ' MOD ', zahl2, '  =  ', (zahl1 MOD zahl2):8)
21
22   end.
```

Programm 2.4 Rechenübung unter TURBO PASCAL 6.0

Anstelle des zweifachen Aufrufs von *ReadLn* in den Zeilen 12 und 14 hätte man auch beide Werte auf einmal einlesen können durch

```
ReadLn(zahl1, zahl2);
```

Die Ergebnisse werden dann in den Zeilen 16 bis 20 ausgegeben. Beachten Sie bitte, daß die eigentlichen Rechenoperationen innerhalb der *WriteLn*-Anweisungen stattfinden.

Die Klammern um die Rechenanweisungen im Inneren der *WriteLn*-Anweisungen dienen nur der Optik und können weggelassen werden.

Interessant ist im obigen Programm jedoch vor allem die Konstantendefinition in den Zeilen 3 und 4. Durch das Zeichen # wird es möglich, normalerweise nicht darstellbare Zeichen im Programm zu verwenden. Hinter dem Gatterzaun (#) steht ein dezimaler Wert, der dem sogenannten ASCII-Code des Zeichens entspricht. So wird ein Zeilenvorschub (-umbruch) mit 10 und ein Tabulatorsprung mit 9 codiert. Verwendet man diese expliziten Werte oder wie oben die entsprechenden Konstanten, kann man die Ausgabe von *WriteLn*-Anweisungen steuern. So lautet die Ausgabe des Programms bei einer Eingabe von 17 und 5 zum Beispiel

```
Bitte erste ganze Zahl eingeben: 17
Bitte zweite ganze Zahl eingeben: 5

         17 + 5    = 22
         17 - 5    = 12
         17 * 5    = 85
         17 DIV 5  =  3
         17 MOD 5  =  2
```

Die Ausgabe der Konstanten *CR* in Zeile 16 sorgt für einen zusätzlichen Zeilenumbruch nach der Werteingabe und die Ausgabe der Konstanten *TAB* zu Beginn der *WriteLn*-Anweisungen in den Zeilen 16 bis 20 rückt den übrigen Text um eine Tabulatorposition (neun Leerzeichen) nach rechts ein.

Mit *ReadLn* ist man leider noch nicht gegen unsinnige Eingaben gefeit, wie folgendes Beispiel zeigt, in dem der Benutzer als erste "Zahl" den Buchstaben *s* eingegeben hat:

```
Bitte erste ganze Zahl eingeben: s
Runtime error 106 at 0000:00BA.
```

Der Fehler wird bemerkt, und sofern das Programm aus der Entwicklungsumgebung heraus gestartet wurde, wird in die Zeile des Quelltextes zurückgesprungen, die den Fehler hervorrief. Die Zeile *Runtime error 106 at 0000:00BA.* hilft nur erfahrenen*TURBO PASCAL*-Programmierern weiter. Sie kann zusammen mit dem integrierten Debugger zur Fehlersuche verwendet werden. In unserem Fall könnte man dem Fehler begegnen, indem die Zahlen als Zeichenketten eingelesen und über die Prozedur *Val* in Zahlen umgewandelt werden. Um den Fehler tatsächlich abzufangen, müssen Sie noch ein Kapitel warten. Dort lernen Sie, wie in *TURBO PASCAL 6.0* Entscheidungen getroffen werden.

Zuvor sei noch erwähnt, daß mit *ReadLn* keine Variablen vom Typ *Boolean* eingelesen werden können. Der Compiler erinnert Sie bereits während der Übersetzung daran.

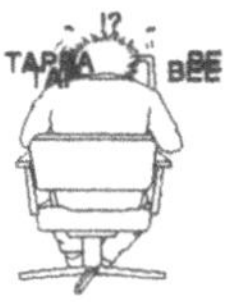

Zur Übung des Umgangs mit Variablen können Sie das Programm 2.3 auf Seite 60 so verändern, daß nun zwei Zeichenketten durch *ReadLn* von der Tastatur eingelesen und anschließend "addiert", das heißt zusammengefügt werden.

2.4 Bedingungen

Unsere bisherigen Programme hatten - neben ihrer Kürze - eines gemeinsam. Ihr Verlauf war durchgehend. Das heißt, jede Anweisung wurde vom Programm ausgeführt. Ein wesentliches Merkmal einer höheren Programmiersprache ist jedoch vor allem das Ausführen von bestimmten Programmteilen unter gewissen Bedingungen. Solche Bedingungen finden sich auch im täglichen Leben wieder ("Wenn es schneit, komme ich zu spät zur Arbeit."). In *TURBO PASCAL* verwendet man dazu die sogenannte ***if-then*-Anweisung** Sie hat die Form:

if <Bedingung> *then*
<Anweisung (-sblock)>

Hierbei sind *if* und *then* neue Schlüsselwörter. Die Anweisung(en) hinter dem *then* müssen nicht durch einen Zeilenumbruch getrennt werden. Beispiele für *if-then*-Anweisungen wurden schon im Programm 2.1 auf Seite 45 benutzt. Dort heißt es etwa in Zeile 19

```
if(stunde >=0) AND (stunde < 5) then
     WriteLn('Gute Nacht');
```

Hier haben wir sogar schon eine **zusammengesetzte Bedingung**vor uns. Betrachten wir zunächst den einfachen Fall:

```
if a < 0 then
     WriteLn('negative Zahl);
```

Wenn hier die Variable *a* kleiner als 0, wird der Text *negative Zahl* durch die *WriteLn*-Anweisung ausgegeben. War *a* größer oder gleich 0, so passiert nichts und das Programm fährt mit der nächsten Anweisung fort.

Es wird immer nur die eine Anweisung in Abhängigkeit der Bedingung ausgeführt, die unmittelbar folgt.

Enthält Ihr Programm beispielsweise die Zeilen

```
if a < 0 then
     Write(a, 'ist eine');
     WriteLn(' negative Zahl.');
```

und die Variable *a* besitzt zur Zeit den Wert +10, so gibt das Programm trotzdem aus

```
negative Zahl.
```

> Sollen in Abhängigkeit einer *if-then*-Anweisung mehrere Anweisungen ausgeführt werden, so müssen diese durch die Schlüsselworte *begin* und *end* zu einem **Block** zusammengefaßt werden.

Durch die Einrückung ist zwar klar, was der Programmierer meint, der Compiler kümmert sich jedoch überhaupt nicht um Leerzeichen. Er filtert sie einfach heraus. Richtig müßte es also

```
if a < 0 then
begin
     Write(a, 'ist eine');
     WriteLn(' negative Zahl.')
end;
```

heißen.

Beachten Sie bitte, daß auch hier vor dem Schlüsselwort *end* kein Semikolon (;) stehen muß. Hinter *end* muß hier jedoch in der Regel eines stehen, weil noch weitere Anweisungen folgen.

Neben der "kleiner als"-Bedingung von oben kennt *TURBO PASCAL 6.0* folgende Vergleichsoperatoren:

Vergleichsoperatoren in *TURBO PASCAL 6.0*:

<	"kleiner als"
>	"größer als"
< =	"kleiner oder gleich"
> =	"größer oder gleich"
=	"gleich"
< >	"ungleich"

Die Bedingung kann auch eine etwas andere Form haben. Als einzige Bedingung muß sie vom Typ *Boolean* sein. Man kann das vorige Beispiel auch folgendermaßen schreiben:

```
logisch := a < 0;
if logisch then
begin
      Write(a, 'ist eine');
      WriteLn(' negative Zahl.')
end;
```

Im Programm 2.1 waren alle Bedingungen zusammengesetzt. Auch solche findet man in der Umgangssprache ("Wenn es schneit **und** mein Wagen nicht anspringt, bleibe ich zu Hause."). Bei einer Verknüpfung von Bedingungen durch ein (logisches) Und ist die zusammengesetzte Bedingung genau dann wahr (= *true*), wenn **beide Teilbedingungen**wahr sind. Im Beispiel

```
if(stunde >=0) AND (stunde < 5) then
      WriteLn('Gute Nacht');
```

wird der Text *Gute Nacht* also nur dann ausgegeben, wenn der Wert von *stunde* größer oder gleich 0 **und** kleiner als 5 ist. Man nennt einen solchen Operator, der zwei (oder mehr) Bedingungen verknüpft, **booleschen Operator**, weil er zwei Werte vom Typ *Boolean* miteinander verknüpft.

Bei der Verknüpfung mehrerer Bedingungen durch boolesche Operatoren müssen die Einzelbedingungen durch runde Klammern zusammengefaßt werden.

Anders verhält es sich, wenn Bedingungen über das logische Oder verknüpft werden. In einer Folge wie

```
if(stunde > 23) OR (stunde < 5) then
      WriteLn('Zeit zum Schlafen, oder?');
```

wird der Text *Zeit zum Schlafen, oder?* genau dann ausgegeben, wenn *stunde* entweder größer als 23 **oder** kleiner als 5 ist oder beides gilt, was hier natürlich nicht möglich ist.

Neben dem logischen Und sowie dem logischen Oder gibt es noch zwei weitere, seltener verwendete boolesche Operatoren. Das ist zum einen das ***XOR***. Es wird auch **logische Antivalenz** genannt. Wir wollen jedoch lieber von *XOR*-Bedingung sprechen. Eine so zusammengesetzte Bedingung ist genau dann wahr (= *true*), wenn **genau eine Teilbedingung** wahr ist. Die *WriteLn*-Anweisung in

```
if (a < 0) XOR (b < 0) then
     WriteLn('Entweder ist ',a, ' oder ',
             b, 'ist kleiner als 0.');
```

wird nur dann ausgeführt, wenn **alternativ** *a* **oder** *b* kleiner als 0 sind. Ist der Wert beider Variablen kleiner als 0, wird nichts ausgegeben.

Der letzte boolesche Operator heißt *NOT* und verneint die nachfolgende Bedingung, wie zum Beispiel:

```
if NOT (a < 0) then
     WriteLn(a, 'ist nicht kleiner als 0.');
```

Hier wird der Text der *WriteLn*-Anweisung nur dann ausgegeben, wenn *a* **nicht** kleiner als 0 ist. *NOT* wird relativ selten verwendet, weil die Bedingung meistens auch anders formuliert werden kann. Oben kann man genausogut

```
if a >= 0 then
     WriteLn(a, 'ist nicht groesser als 0.');
```

notieren.

Boolesche Operatoren in *TURBO PASCAL 6.0*:

AND	logisches Und
OR	logisches Oder
XOR	logische Antivalenz (*XOR*-Bedingung)
NOT	logisches Nicht

Es ist eine allgemeine Übereinkunft, die booleschen Operatoren groß zu schreiben. Auch hier handelt es sich um Schlüsselwörter, deren Schreibweise beliebig ist.

Welchen Wert eine zusammengesetzte Bedingung hat, kann man sehr schön an den sogenannten Wahrheitstafeln in Abb. 2.4 ablesen. Treffen zum Beispiel eine Bedingung mit dem Wert *true* und eine mit dem Wert *false* durch ein *OR* aufeinander, schaut man im Schnittpunkt der zugehörigen Zeile und Spalte nach. Dabei trifft man auf *true* und hat so die Antwort.

Mit der *if-then*-Anweisung ist man nun also in der Lage, Anweisungen unter bestimmten Bedingungen ablaufen zu lassen. Gewisse Probleme bereitet es noch, wenn man entweder eine oder eine andere Anweisung (-sfolge) ablaufen lassen möchte. Angenommen, wir möchten unterscheiden, ob der Wert einer ganzzahligen Variablen gerade oder ungerade ist, so kann man natürlich

```
if a MOD 2 = 0 then
     WriteLn(a, ' ist gerade.');
if a MOD 2 = 1 then
     WriteLn(a, 'ist ungerade.');
```

schreiben. Diese Schreibweise ist jedoch mehr als umständlich. Glücklicher-

Bedingung 1 / Bedingung 2

AND	*true*	*false*
true	*true*	*false*
false	*false*	*false*

Bedingung 1 / Bedingung 2

OR	*true*	*false*
true	*true*	*true*
false	*true*	*false*

Bedingung 1 / Bedingung 2

XOR	*true*	*false*
true	*false*	*true*
false	*true*	*false*

Bedingung

NOT	*true*	*false*
	false	*true*

Abb. 2.4 "Wahrheitstafeln" zur Berechnung zusammengesetzter Bedingungen

weise bietet *TURBO PASCAL* eine Erweiterung der *if-then*-Anweisung. Sie wird zur *if-then-else*-Anweisung. Trifft die Bedingung nicht zu, so wird die Anweisung (-sfolge) nach dem neuen Schlüsselwort *else* ausgeführt. Das obige Beispiel lautet also in der *TURBO PASCAL* typischen Formulierung:

```
if a MOD 2 = 0 then
     WriteLn(a, ' ist gerade.') (*  KEIN Semikolon!  *)
else
     WriteLn(a, 'ist ungerade.');
```

> Vor dem *else* einer *if-then-else*-Anweisung **darf kein Semikolon** stehen.

Diese neue Konstruktion soll nun das Problem lösen, eine fehlerhafte Eingabe abzufangen. Sie erinnern sich, daß sich im Programm 2.4 auf Seite 57 genau dieses Problem stellt. Wenn der Benutzer keine ganze Zahl, sondern beispielsweise einen Buchstaben eingab, brach das Programm mit einer Fehlermeldung ab. Dies wird nun verbessert:

```
program Rechnen2;

const  CR = #10;
       TAB = #9;

var    zahl1, zahl2, code : Integer;
       str_zahl1, str_zahl2 : String;

begin                                        (*  1. begin  *)

   WriteLn;      (*  Erzeugt eine Leerzeile.  *)
      (*  Die Zahlen werden als Strings eingelesen.  *)
   Write('Bitte erste ganze Zahl eingeben: ');
   ReadLn(str_zahl1);
   Val(str_zahl1, zahl1, code);
   if code <> 0 then
      WriteLn(CR,TAB, 'Fehler an der ',code,
                            '. Position von zahl1!')
   else
   begin                                     (*  2. begin  *)
      Write('Bitte zweite ganze Zahl eingeben: ');
      ReadLn(str_zahl2);
      val(str_zahl2, zahl2, code);
      if code <> 0 then
         WriteLn(CR,TAB, 'Fehler an der ',code,
                            '. Position von zahl2!')
```

```
        else
        begin                                     (*  3. begin  *)
           WriteLn(CR, TAB, zahl1, '  +  ', zahl2,
                           '  =  ', zahl1+zahl2:8);
           WriteLn(TAB, zahl1, '  -  ', zahl2,
                           '  =  ', (zahl1-zahl2):8);
           WriteLn(TAB, zahl1, '  *  ', zahl2,
                           '  =  ', (zahl1*zahl2):8);
           WriteLn(TAB, zahl1, ' DIV ', zahl2,
                           '  =  ', (zahl1 DIV zahl2):8);
           WriteLn(TAB, zahl1, ' MOD ', zahl2,
                           '  =  ', (zahl1 MOD zahl2):8)
        end                                   (*  Ende 3. begin  *)
     end                                      (*  Ende 2. begin  *)
  end.                                        (*  Ende 1. begin  *)
```

Programm 2.5 Verbesserte Rechenübung mit Fehlerbehandlung

Neu ist die Prozedur *Val*, die eine Zeichenkette in eine Variable vom Typ *Integer* oder *Real* umwandelt. Die Syntax ist folgende:

> *Val*(<Zeichenkette>, <*Int*- bzw. *Real*-Variable>, <Fehlercode>)

Im ersten Argument steht die Zeichenkette mit der umzuwandelnden Zahl und im zweiten steht nach dem Prozeduraufruf die umgewandelte Zahl, sofern kein Fehler auftrat. Falls die Umwandlung fehl schlug, weil beispielsweise in der Zeichenkette Buchstaben vorhanden waren, wird das dritte Argument verwendet. Es enthält dann die Position in der Zeichenkette, an der die Umwandlung scheiterte. Gibt der Benutzer beispielsweise als zweite "Zahl" 876b32 ein, passiert folgendes:

```
Bitte erste ganze Zahl eingeben: 19
Bitte zweite ganze Zahl eingeben: 867b32


        Fehler an der 4. Position von zahl2!
```

Gibt der Benutzer sinnvolle Werte ein, verhält es sich genau wie das Programm 2.4.

Man sieht an diesem Programm sehr deutlich, daß mehrere *if-then-else*-Anweisungen verschachtelt werden können. Durch die Einrückung bleibt das Ganze relativ übersichtlich. Problematisch wird es, wenn noch tiefer verschachtelt werden muß. Häufig lassen sich Probleme, in denen unter verschiedenen Entscheidungen gewählt werden muß, mit einer anderen *TURBO PASCAL* Konstruktion lösen. Gemeint ist die ***case*-Anweisung**. Sie hilft auch in Programmen, die mehrere *if-then*-Anweisungen mit ähnlichen Bedingungen enthalten, wie etwa das Programm 2.1. Ihre Syntax lautet:

case <Ausdruck> *of*
Menge_1/Bereich_1: <Anweisung (-sfolge)_1>
Menge_2/Bereich_2: <Anweisung (-sfolge)_2>

(. . .)

Menge_n/Bereich_n: <Anweisung (-sfolge)_n>
[*else* <Anweisung (-sfolge)_n+1>]
end

Der <Ausdruck> im Kopf der *case*-Anweisung wird in der Regel eine Variable sein. Abhängig von ihrem Wert wird zu einer der sogenannten ***case*-Marken** verzweigt. Diese bestehen entweder aus einer Menge oder einem Zahlenbereich. Am hilfreichsten ist ein Beispiel. Es ist die verbesserte Version des Begrüssungsprogramms.

```
program Begruessung2;

(*  Das Programm ermittelt die aktuelle Uhrzeit und gibt
    in Abhaengigkeit dieser Zeit einen Text auf dem
    Bildschirm aus. Diese zweite Fassung verwendet die
    case-Konstruktion statt mehrerer if-Bedingungen.  *)

uses  DOS;

var   stunde, minute, sekunde, sek100 : Word;

begin

   GetTime(stunde, minute, sekunde, sek100);

   (*  Nun die neue case-Anweisung  *)

   case stunde of
      0..4:     WriteLn('Guten Nacht!');
      5..11:    WriteLn('Guten Morgen!');
      12..13:   WriteLn('Mahlzeit!');
```

Hier sind als *case*-Marken nur Bereiche angegeben. Getrennt durch zwei Punkte (..) wird ein Anfangs- und ein Endwert angegeben. Befindet sich der Wert von ***stunde*** innerhalb des Bereichs (einschließlich Anfangs- und Endwert), so wird die zugehörige Anweisung (-sfolge) ausgeführt. Im Beispiel ist es immer nur eine Anweisung. Möchte man mehrere Anweisungen ausführen lassen, müssen diese wie immer durch ***begin*** und ***end*** zu einem Block zusammengefaßt werden. Will man als *case*-Marke eine Menge angeben, so trennt man die einzelnen Elemente durch Kommas ab. Anstelle von

```
5..11:       WriteLn('Guten Morgen!');
```

kann man also genausogut

```
5,6,7,8,9,10,11:       WriteLn('Guten Morgen!');
```

schreiben. Auch Mengen mit nur einem Element sind möglich.

Am Ende der *case*-Anweisung kann ein *else*-Zweig angefügt werden. Zu ihm wird verzweigt, wenn keine der *case*-Marken paßte. Hier also genau dann, wenn sich der Wert von ***stunde*** zwischen 18 und 23 befindet.

Beachten Sie bitte, daß vor dem *else* der *case*-Anweisung ein Semikolon (;) stehen muß.

Da *TURBO PASCAL 6.0* sehr penibel Datentypen prüft, muß auch bei der *case*-Anweisung darauf geachtet werden, daß der Ausdruck im Kopf den gleichen Typ besitzt wie alle *case*-Marken. So kann man beispielsweise durch

```
case ch of
     'a'..'z','ä','ö','ü':       WriteLn('Kleinbuchstabe');
     'A'..'Z','Ä','Ö','Ü':       WriteLn('Großbuchstabe');
     '0'..'9':                   WriteLn('Ziffer');
     else                        WriteLn('Sonderzeichen');
end
```

prüfen, welche Art von Zeichen eingegeben wurde. Hier sieht man auch, daß Mengen und Bereiche innerhalb der *case*-Marken kombiniert werden können. Nur die Datentypen müssen passen.

Das Zeichen *'0'* unterscheidet sich vom Zahlenwert *0*. Zum Zeichen korrespondiert der Wert im ASCII-Code. Dort hat das Zeichen *'0'* den Wert 48.

Zum Ausprobieren der *case*-Anweisung können Sie jetzt einen kleinen Tischrechner programmieren. Dieser soll den Benutzer auffordern, zwei Zahlen und einen Operator einzugeben. Daraufhin wird das Ergebnis ausgegeben.

Der Operator sollte als *Char*-Variable definiert und in einer *case*-Anweisung ausgewertet werden.

2.5 Schleifen

Neben dem Ausführen von Anweisungen unter bestimmten Bedingungen ist das mehrfach wiederholte Ausführen ein weiteres, wesentliches Merkmal einer höheren Programmiersprache. Die Wiederholung wird in *TURBO PASCAL 6.0* durch **Schleifen** realisiert. Es gibt drei Arten von Schleifen, die ***for-***, ***while*** **und** ***repeat*-Schleife**. Beginnen wir mit der *for*-Schleife. Ihre Syntax lautet folgendermaßen:

for <Laufvariable> *:=* <Startwert> *to/downto* <Endwert> *do*
<Anweisung (-sfolge)>

Um also beispielsweise von 1 bis 100 zu zählen und diese Werte auszugeben, notiert man:

```
for i:=1 to 100 do
      WriteLn(i);
```

Hier ist die Variable *i* die sogenannte **Laufvariable**, welche hochgezählt wird. Ihr Datentyp muß ganzzahlig, das heißt *Byte*, *Word*, *ShortInt*, *Integer* oder *LongInt* sein. Diese Typen werden übrigens **Ordinaltypen** genannt, weil sie abzählbar sind. Abzählbar heißt, daß nicht zwischen zwei Zahlen diesen Typs immer eine weitere gefunden werden kann, die größer als die eine und kleiner als die andere ist. Zwischen 4 und 5 findet man beispielsweise keine weitere ganze Zahl. Zwischen 4.5 und 4.6 befindet sich dagegen unter anderem mit 4.55 eine weitere Zahl desselben (Gleitkomma-) Typs.

```
for i:=1 to 100 do
      WriteLn(i);
```

Laufvariablen in *for*-Schleifen müssen immer einen ordinalen Datentyp besitzen. Ihre Werte sollten im Inneren der *for*-Schleife nicht verändert werden, weil dadurch der Überblick verloren geht, wann die Schleife verlassen wird.

Genau wie vorwärts kann man natürlich auch rückwärts zählen. Dann wird einfach anstelle des Schlüsselwortes *to* das *downto* verwendet.

```
for i:=100 downto 1 do
      WriteLn(i);
```

In *TURBO PASCAL 6.0* kann die Laufvariable in einer *for*-Schleife immer nur um eins erhöht oder erniedrigt werden.

Die Anweisungen nach einer *for*-Schleife werden auch (Schleifen-) Rumpf genannt. In diesem Rumpf können weitere *for*-Schleifen oder auch *if-then-else*-Anweisungen stehen, wie zum Beispiel:

```
for i := 1 to 100 do
      if i MOD 2 = 0 then
            WriteLn(i, ' ist eine gerade Zahl.')
      else
            WriteLn(i, 'ist eine ungerade Zahl.');
```

Hier ist die eine *if-then-else*-Anweisung von der *for*-Schleife abhängig, das heißt die Abfrage findet 100 mal statt. Möchte man mehrere Anweisungen unter einer *for*-Schleife zusammenfassen, müssen sie wieder in die Schlüsselworte *begin* und *end* eingeschlossen werden.

Ist der Startwert einer *for*-Schleife vor dem ersten Schleifendurchgang bereits grösser als der Endwert, wird die Schleife übergangen.

Mit der *for*-Schleife kann unser Begrüssungsprogramm 2.1 bzw. 2.6 weiter verfeinert werden. Jetzt soll der Text nicht auf einmal durch die Prozedur *WriteLn*, sondern Buchstabe für Buchstabe mit einer kleinen Verzögerung ausgegeben werden. Wie schnell die einzelnen Buchstaben ausgegeben werden, kann durch Abändern des Wertes von *VERZOEGERUNG* bestimmt werden. Im Beispiel steht die Konstante auf 200, was bewirkt, daß nach jedem Buchstaben 0.2 Sekunden (= 200 Millisekunden) bis zur Ausgabe des nächsten gewartet wird.

```
program Begruessung3;

(*  Das Programm ermittelt die aktuelle Uhrzeit und gibt
    in Abhaengigkeit dieser Zeit einen Text aus.
    Diese dritte Fassung gibt den Text Buchstabe fuer
    Buchstabe aus.  *)

uses  DOS, CRT;    (*  Zusaetzlich zu DOS.TPU muss jetzt
                       auch die Unit CRT.TPU eingebunden
                       werden, weil die Prozedur Delay ver-
                       wendet wird. Diese verzoegert den
                       Programmablauf um eine anzugebende
                       Zahl von Millisekunden.  *)

const  VERZOEGERUNG = 200;       (*  200 Millisekunden
                                      = 0.2 Sekunden  *)

var   stunde, minute, sekunde, sek100 : Word;
      ausgabe : String;
      i : ShortInt;   (*  Zaehlvariable  *)

begin
   GetTime(stunde, minute, sekunde, sek100);

   case stunde of
      0..4:      ausgabe := 'Guten Nacht!';
      5..11:     ausgabe := 'Guten Morgen!';
      12..13:    ausgabe := 'Mahlzeit!';
      14..17:    ausgabe := 'Guten Tag!';
      else       ausgabe := 'Guten Abend!'
   end;

   (*  Hier erfolgt die eigentliche Ausgabe
       durch eine for-Schleife.  *)

   for i := 1 to Length(ausgabe) do
   begin
      Write(ausgabe[i]);
      Delay(VERZOEGERUNG)        (*  Hier wird VERZOEGERUNG
                                     Millisekunden bis zum
                                     naechsten Schleifendurch-
                                     lauf gewartet.  *)
   end;
   WriteLn

end.      (*  Ende von Begruessung3  *)
```

Programm 2.7 Dritte Fassung des Begrüssungsprogramms mit verzögerter Ausgabe

Zu beachten ist hier vor allem, daß die Textausgabe nicht innerhalb der *case*-Anweisung (Zeilen 25 bis 29) erfolgt. Dort wird dieses Mal eine Variable vom Typ *String* verwendet, an die die entsprechenden Texte zugewiesen werden. Diese Zeichenkette wird im Anschluß in den Zeilen 35 bis 42 durch die *for*-Schleife ausgegeben. Interessant in dieser *for*-Schleife ist vor allem der Endwert im Schleifenkopf in Zeile 35. Der Aufruf *Length(ausgabe)* scheint auf den ersten Blick nicht neu. Macht man sich jedoch klar, daß es sich hier nicht um eine Prozedur handeln kann, weil der Ausdruck einen Wert besitzen muß, tauchen Fragen auf. Hier begegnet uns zum ersten Mal eine **Funktion**.

> Im Unterschied zu Prozeduren liefern Funktionen einen Wert an die aufrufende Anweisung zurück. Sie können deshalb auf der rechten Seite von Wertzuweisungen oder in Wertvergleichen stehen.

Man kann im obigen Programm also eine zusätzliche *Integer*-Variable *len* definieren und ihr durch

```
len := Length(ausgabe);
```

einen Wert zuweisen. Der Schleifenkopf würde dann

```
for i := 1 to len
```

heißen.

Zusätzlich zur Art der Argumente muß man bei Funktionen auch noch wissen, wie der Datentyp aussieht, den sie zurückliefern. Wie bei den Argumenten gibt auch hierüber die Hilfsfunktion Auskunft.

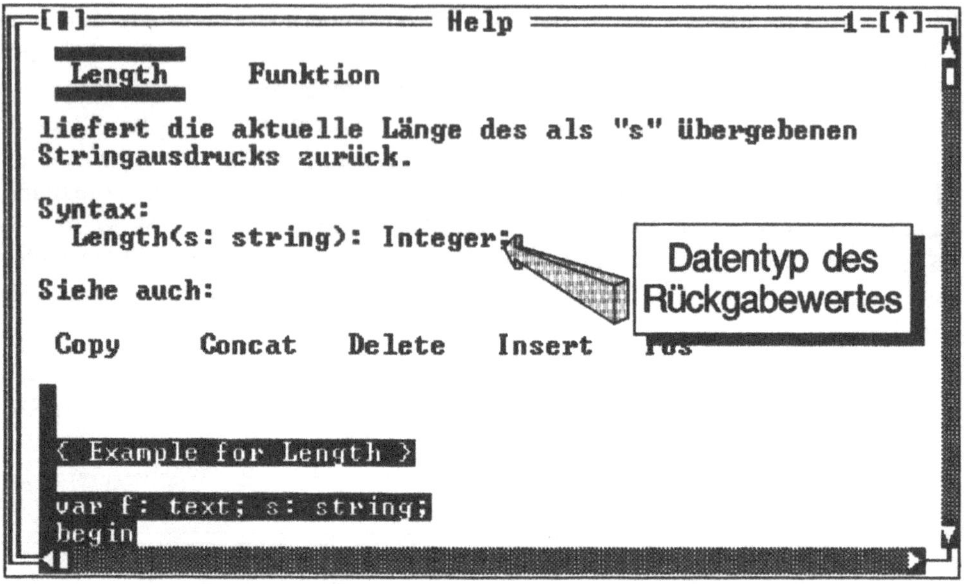

Abb 2.5 Hilfe zur Funktion Length mit markiertem Rückgabetyp

Genau wie bei Prozeduren werden auch von Funktionen im weiteren Verlauf bei Bedarf neue Beispiele vorgestellt. Das Prinzip ist immer gleich. Man muß wissen, wie die Argumente und der Rückgabewert aussehen.

So gibt es beispielsweise eine ganze Reihe mathematischer Funktionen, die Ihnen vielleicht noch aus dem Schulunterricht bekannt sind. So ermittelt die Funktion *Sqrt* die Quadratwurzel des Arguments. Ein

```
WriteLn(Sqrt(9.0):4:2);
```

gibt beispielsweise die Zahl *3.00* aus. Die Schreibweise *9.0* soll deutlich machen, daß an *Sqrt* eine Gleitkommazahl, genauer eine Variable vom Typ *Real*, übergeben werden muß. Der Rückgabewert ist ebenfalls vom Typ *Real*. Es gibt eine Reihe von Funktionen, die ohne diese Einschränkung auskommen. So kann beispielsweise zum Quadrieren einer Zahl (multiplizieren mit sich selbst) die Funktion *Sqr* verwendet werden. Ihr kann ein beliebiger Datentyp als Argument übergeben werden. Der Rückgabewert hat dann denselben Typ wie das Argument.

☞ Funktionen (und auch Prozeduren), die mit beliebigen Argumenttypen aufgerufen werden können, sind eine Besonderheit von *TURBO PASCAL 6.0*. Diese Möglichkeiten bieten weder die meisten *PASCAL*-Compiler auf anderen Rechnern und auch nicht vorhergehende Versionen (mit Ausnahme der Version 5.5).

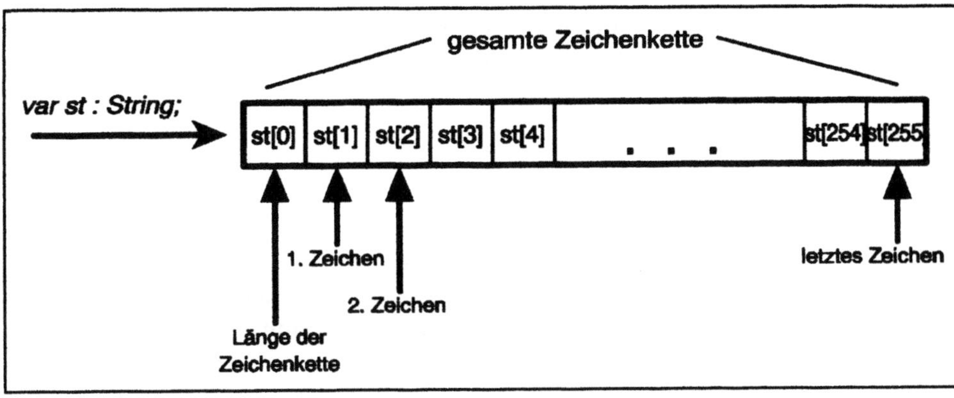

Abb. 2.6 Darstellung der Speicherreservierung für eine Zeichenkette

Falls Sie vorhaben, einen Quelltext auf einem anderen Rechnertyp zu verwenden, sollten Sie von der Verwendung dieser Funktionen und Prozeduren absehen.

Kommen wir zurück zum Beispielprogramm 2.6. Auch im Schleifenrumpf begegnet uns eine neuartige Konstruktion. In Zeile 37 heißt es:

```
Write(ausgabe[i]);
```

Hätte es

```
Write(ausgabe);
```

geheißen, wäre alles klar gewesen, weil Ausgaben von ganzen Zeichenketten bereits mehrfach vorkamen. In Zeile 37 wird jedoch nicht die gesamte Zeichenkette, sondern nur ein einziges Zeichen ausgegeben. Um sich klarzumachen, was hier passiert, muß man wissen, daß in *TURBO PASCAL 6.0* Zeichenketten als **Feld aus *Char*-Variablen** abgespeichert werden. Nach einer Definition der Form

```
var   st : String;
```

wird also nicht Speicher für eine große Zeichenkette, sondern für 255 einzelne Elemente vom Datentyp *Char* reserviert. Bildlich kann man sich die Situation etwa wie in Abb. 2.6 vorstellen.

Auf die einzelnen Elemente kann dann wie in unserem Beispiel über den sogenannten Feldoperator, die eckigen Klammern (*[]*), zugegriffen werden. Die Zahl innerhalb der eckigen Klammern muß ein Ordinaltyp sein. Er wird häufig **Index** genant. In einer Anweisungsfolge wie

```
st = 'Hallo';
Write(st[1], st[5]);
```

werden die Buchstaben *H* und *o* ausgegeben. Genauso kann man natürlich die einzelnen Elemente einer Zeichenkette verändern. Nach der Zuweisung

```
st[6] := '!';
```

steht in *st* insgesamt die Zeichenkette *'Hallo!'*.

Wird auf ein Zeichenkettenelement über 255 zugegriffen, führt dies in den meisten Fällen zum Absturz des Programms, wenn der Fehler nicht bereits während der Übersetzung erkannt werden konnte.

Die fehlerhafte Zuweisung

```
st[256] := 'A';
```

wird vom Compiler bereits während der Übersetzung als Fehler erkannt. Enthält ein Programm jedoch die Anweisungsfolge

```
Write('Bitte geben Sie eine ganze Zahl ein: ');
ReadLn(n);
st[n] := 'A';
```

kann der Compiler diesen Fehler nicht bemerken. Das Programm bricht ab, wenn der Benutzer einen Wert über 255 eingibt.

Ein ausgezeichnetes Element ist das vorderste in einer Zeichenkette.

> Das vorderste Element in einer Zeichenkette, also das mit dem Index 0, enthält immer die Länge der Zeichenkette. Dieser Wert sollte im Normalfall nicht durch eine Zuweisung abgeändert werden.

Ändert man das vorderste Element dennoch ab, muß man beachten, daß es sich um eine Variable vom Typ *Char* handelt. Eine Zuweisung der Form

```
st[0] := 5;
```

wird vom Compiler als fehlerhaft zurückgewiesen, weil die 5 nicht kompatibel zum Typ *Char* ist. Man muß die 5 explizit in eine *Char*-Variable umwandeln (sogenanntes **casting**). Dies wird erreicht, indem *Char* vor den umzuwandelnden Wert gesetzt wird, und der Wert selbst in runden Klammern dahinter. Das Ganze sieht aus wie ein Funktionsaufruf.

```
st[0] := Char(5);
```

Auch bei der Ausgabe der Zeichenkettenlänge muß explizit umgewandelt werden. Das Zeichen *st[0]* muß explizit in eine ganze Zahl, zum Beispiel vom Typ *Integer*, umgewandelt werden.

Möchte man eine Variable nicht explizit in einen ganz bestimmten Typ umwandeln, kann man auch nur ihren Ordinalwert über die Funktion *Ord* ermitteln.

Folgendes Beispiel zeigt eine mögliche, aber zugegebenermaßen nicht sehr sinnvolle Anwendung:

```
1     program String2;
2
3     (*  Zeigt die Verwendung des vordersten Elementes
4         einer Zeichenkette.  *)
5
6     var    st : String;
7
8     begin
9        st := 'Heute regnet es!';
10       WriteLn(st,' ist ',Integer(st[0]) ,
                ' Zeichen lang.');
11
12       (*  Es ist eine explizite Typumwandlung noetig,
13           weil st[0] vom Datentyp Char ist.  *)
14
15       st[0] := char(5);
16       WriteLn('Jetzt sieht st so aus: ',st,
                 ' und ist ',Integer(st[0]) ,' Zeichen lang.')
17
18    end.
```

Programm 2.8 Zeichenkettenmanipulation

Die Umwandlungen finden in den Zeilen 10, 15 und 16 statt. Gemäß dem obigen Hinweis kann man in den Zeilen 10 und 16 auch *Ord(st[0])* schreiben. Auch dann lautet die Ausgabe:

```
Heute regnet es! ist 16 Zeichen lang.
Jetzt sieht st so aus: Heute und ist 5 Zeichen lang.
```

Mit einem etwas sinnvolleren Beispiel können in einer Zeichenkette alle Klein- in die entsprechenden Großbuchstaben umgewandelt werden.

```
1    program Upcase;
2
3    const  TAB = #9;
4           CR  = #10;
5           DIFF_KLEIN_GROSS = Ord('a')-Ord('A');
6                                  (*  Im ASCII-Code = 32  *)
7    var    st : String;
8           i,temp  : Byte;
9
10   begin
11      Write(CR,TAB,'Zeichenkette: ');
12      ReadLn(st);
13
14      for i := 1 to Length(st) do
        (*  oder ..to Ord(st[0]  *)
15         if (st[i] >= 'a') AND (st[i] <= 'z') then
16            (*  Ist st[i] ein Kleinbuchstabe? *)
17         begin
18            temp := Ord(st[i]);
19            temp := temp - DIFF_KLEIN_GROSS;
20            st[i] := Char(temp)
21         end;
22
23      WriteLn(CR,TAB,'In Großbuchstaben: ',st)
24
25   end.      (*  Ende von Upcase  *)
```

Programm 2.9 Umwandlung von Klein- in Großbuchstaben

Das Programm fragt nach einer Zeichenkette und gibt sie in Großbuchstaben aus. Neu ist hier nur eines. In Zeile 5 wird eine Funktion innerhalb der Konstantendefinition aufgerufen. Die Konstante *DIFF_KLEIN_GROSS* erhält die Differenz im ASCII-Code zwischen einem Klein- und seinem zugehörigen Großbuchstaben. Diese Zahl ist zwischen allen Buchstaben gleich. Sie beträgt 32. Man hätte natürlich im Programm auch explizit die 32 verwenden können. So funktioniert das Programm jedoch auf Rechnern, die keinen ASCII-Code benutzen. Einzige Bedingung ist lediglich, daß die Buchstaben in der gleichen (alphabetischen) Reihenfolge codiert werden.

Falls Sie sich noch ein wenig mit Zeichenketten beschäftigen möchten, können Sie es jetzt Paul nachtun. Er schreibt gerade in Anlehnung an das Programm 2.9 eine Routine, die eine Zeichenkette umdreht. Aus *'hallo'* wird dabei zum Beispiel ein *'ollah'*, aus *'REGEN'* ein *'NEGER'*.

Neben Zeichenketten kennt *TURBO PASCAL 6.0* weitere Feldtypen. Auf diese wird im Kapitel 2.8 ab Seite 91 eingegangen. Jetzt wird zunächst das Thema Schleifen zu Ende geführt.

Ein Nachteil der *for*-Schleife ist ihr Charakter als reine Zählschleife. Sie ist darüberhinaus auch beim Zählen recht unflexibel, weil die Laufvariable immer nur um eins erhöht oder erniedrigt werden kann.

Selbstverständlich kann auch mit den beiden übrigen Schleifen, der *while*- und der *repeat*-Schleife gezählt werden. Meistens wird die Schleife jedoch nicht bei Erreichen eines Endwertes verlassen. Die Syntax der ***while*-Schleife** lautet:

while <Bedingung> *do*
<Anweisung (-sfolge)>

Ein erstes Beispiel wartet darauf, daß der Benutzer eine beliebige Taste drückt:

```
while keypressed = false do ; (*  ; als leere Anw.  *)
```

Solange wie die Bedingung *keypressed = false* erfüllt ist, der Benutzer also keine Taste drückt, wird die leere Anweisung *;* ausgeführt.

Um mit einer *while*-Schleife von 1 bis 100 zu zählen, schreibt man:

```
i := 1;
while i <= 100 do
begin
      WriteLn(i);
      i := i+1
end;
```

Man sieht, der Aufwand ist um einiges größer als auf Seite 68, wo mit der *for*-Schleife gezählt wurde. Anstelle der Zeile

```
i := i+1;
```

sollte, sofern das Programm nicht auf anderen Maschinen verwendet werden soll, die spezielle *TURBO PASCAL*-Prozedur ***Inc*** verwendet werden.

```
Inc(i);
```

Auch sie erhöht ihr Argument um eins. Sie arbeitet jedoch schneller als obige Zuweisung. Die Prozedur, die ihr Argument um eins vermindert, heißt *Dec*. Die Argumente müssen Ordinaltypen sein.

Im Rumpf einer *while*-Schleife kann die "Laufvariable" auf verschiedene Art verändert werden. Auch dadurch gewinnt man an Flexibilität. Ferner können verschiedene Bedingungen, die zum Abbruch der Schleife führen, formuliert werden.

```
Write('Bitte Ober- und Untergrenze eingeben: ');
ReadLn(ober, unter);
i := unter;  j := ober;
while i <= j do
begin
      ( . . . )
      Inc(i);
      Dec(j)
end;
```

Hier soll nicht interessieren, welche Anweisungen im Inneren der *while*-Schleife ausgeführt werden. Wichtig ist die Veränderung der Variablen *i* und *j*. Beide kontrollieren den Ablauf der Schleife.

Die *while*-Schleife wird häufig **kopfgesteuerte Schleife** genannt, weil in ihrem Kopf geprüft wird, ob sie ein weiteres Mal durchlaufen wird. Im Unterschied dazu ist die letzte der drei Schleifen **fußgesteuert** Ihre Syntax lautet:

repeat
<Anweisung (-sfolge)>
until <Bedingung>;

Als Beispiel kann beispielsweise ein Feld aus Zeichenketten gefüllt werden:

```
i := 1
repeat
      Write('Name: ');
      ReadLn(name[i]);
      Inc(i);
until i >= OBERGRENZE;
```

Hier werden **solange** Namen eingelesen **bis** die Konstante *OBERGRENZE* erreicht ist.

Auch mit der *repeat*-Schleife kann natürlich gezählt werden.

```
i := 1;
repeat
      WriteLn(i);
      i := i+1;    (* bzw. Inc(i); *)
until i > 100;
```

> **Im Unterschied zu allen anderen Schleifen und Kontrollstrukturen müssen bei der *repeat*-Schleife mehrere Anweisungen nicht durch *begin* und *end* zu einem Block zusammengefaßt werden.**

Außer in der Position der Abbruchbedingung unterscheiden sich die *while*- und die *repeat*-Schleife auch in deren Bedeutung. Die *while*-Schleife läuft **solange, WIE die Bedingung erfüllt ist**Die *repeat*-Schleife läuft dagegen **solange BIS die Bedingung erfüllt ist**Deshalb hieß die Bedingung beim Zählen mit der *while*-Schleife auch:

```
while i <= 100 do
```

Bei der *repeat*-Schleife lautete sie dagegen:

```
until i > 100;
```

Außerdem wird das Innere einer *repeat*-Schleife **mindestens einmal durchlaufen**, weil die Abbruchbedingung erst am Schleifenende überprüft wird. Deshalb werden Tests auf fehlerhafte Eingaben meistens mit *repeat*-Schleifen realisiert, weil so der Benutzer mindestens einmal zur Werteingabe aufgefordert wird, wie zum Beispiel:

```
repeat
      Write(' Bitte eine positive Zahl eingeben: ');
      ReadLn(zahl);
until zahl > 0;
```

Ansonsten verhalten sich beide Schleifen analog. Man kann sogar zeigen, daß jede *while*- durch eine *repeat*-Schleife ersetzbar ist, und umgekehrt. Allerdings sind meistens beim Ersetzen der einen Konstruktion durch die andere zusätzliche Anweisungen nötig Das Beispiel mit den zwei Kontrollvariablen *i* und *j* kann auch folgendermaßen formuliert werden:

```
Write('Bitte Ober- und Untergrenze eingeben: ');
ReadLn(ober, unter);
i := unter;  j := ober;
if i <= j then
      do
            ( . . . )
            Inc(i);
            Dec(j)
      until i > j;
```

Hier muß zusätzlich die *if*-Anweisung ergänzt werden, weil sonst die *repeat*-Schleife mindestens einmal ausgeführt wird.

Beachten Sie bitte, daß es gefährlich gewesen wäre statt

```
until i > j;
```

im Fuß der Schleife

```
until i = j;
```

zu schreiben. Gibt der Benutzer dann nämlich zwei gerade Zahlen ein, wird die Schleife niemals verlassen.

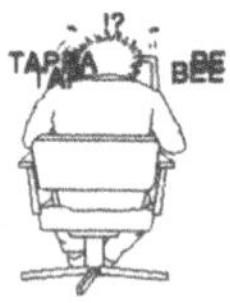

Probieren Sie dies ruhig einmal aus und vollziehen "von Hand" nach, was passiert, wenn der Benutzer die Zahlen 2 und 8 eingibt.

> **Abbruchbedingungen sollten nach Möglichkeit nicht nur mit = bzw. < > formuliert werden, weil sie sonst häufig zu Endlosschleifen führen, die nur durch einen Neustart des Rechners über die Tastenkombination [Ctrl] [Alt] [Del] abgebrochen werden können.**

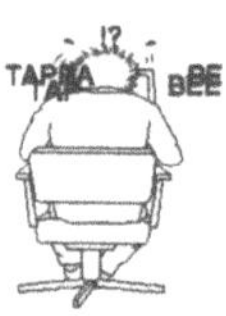

Als praktische Übung können Sie ein Programm schreiben, das Zahlen von der Tastatur einliest, aufsummiert, und nach Eingabe der Zahl 0 den Mittelwert der eingegebenen Zahlen berechnet.

2.6 Dateioperationen

Nehmen wir ein letztes Mal das Begrüssungsprogramm 2.1, 2.6 bzw. 2.7 vor. Den letzten Schliff erhält es nun dadurch, daß der Benutzer persönlich mit seinem Namen begrüßt wird. Dazu muß er nur einmal beim ersten Start des Programms den Namen eingeben. Das Programm speichert den Namen im aktuellen Dateiverzeichnis und liest ihn bei jedem weiteren Start ein.

```
program Begruessung4;

(*  Das Programm ermittelt die aktuelle Uhrzeit und gibt
    in Abhaengigkeit dieser Zeit einen Text aus.
    Diese vierte Fassung begruesst den Benutzer
    persoenlich mit seinem Namen.  *)

uses   DOS, CRT;

const  VERZOEGERUNG = 200;
       DATEINAME = 'BEGRUES.DAT';

var    stunde, minute, sekunde, sek100 : Word;
       ausgabe, name : String;
       i : Integer;
       datei : Text;

begin                                         (*  1. begin  *)

   Assign(datei, DATEINAME);
      (*  Zuordnen von DATEINAME an den
          Dateizeiger datei.  *)
   (*$I-*) Reset(datei);  (*I+*)
      (*  Automatische Prüfung von Ein-/Ausgaben
          einschalten.  *)
   if IOResult <> 0 then (* Datei existiert nicht? *)
   begin                                      (*  2. begin  *)
      WriteLn('Die Datei ',DATEINAME,
                  ' existiert noch nicht!');
      Write('Geben Sie bitte Ihren Vornamen ein: ');
      Read(name);
      Rewrite(datei);
      WriteLn(datei, name);
         (*  schreibt den Namen nach datei  *)
   end else                              (*  Ende 2. begin  *)
   begin                                      (*  3. begin  *)
      ReadLn(datei, name);
      GetTime(stunde, minute, sekunde, sek100);

      case stunde of
         0..4:     ausgabe := 'Guten Nacht';
         5..11:    ausgabe := 'Guten Morgen';
         12..13:   ausgabe := 'Mahlzeit';
         14..17:   ausgabe := 'Guten Tag';
         else      ausgabe := 'Guten Abend'
      end;

      ausgabe := ausgabe + ', ' + name + '!';
```

```
48
49              (*  Hier erfolgt die eigentliche Ausgabe.  *)
50
51            WriteLn;     (*  Erzeugen einer Leerzeile.  *)
52            for i := 1 to Length(ausgabe) do
53            begin                                   (*  4. begin  *)
54              Write(ausgabe[i]);
55              Delay(VERZOEGERUNG)
56            end                                 (*  Ende 4. begin  *)
57          end;                                  (*  Ende 3. begin  *)
58          Close(datei)     (*  Schliessen der Datei.  *)
59        end.                                    (*  Ende 1. begin  *)
```

Programm 2.10 Endgültige Fassung des Begrüssungsprogramms

Die Datei, in der der Name des Benutzers steht, heißt *BEGRUES.DAT*. Möchten Sie einen anderen Namen wählen oder vielleicht ein anderes Dateiverzeichnis angeben, in dem die Datei abgelegt werden soll, müssen Sie lediglich in Zeile 11 einen anderen Namen oder zusätzlich ein Verzeichnis angegeben. Es wird die DOS-übliche Schreibweise benutzt, also etwa *C:\BEGRUES.DAT*, wenn die Datei immer im Hauptverzeichnis der ersten Festplatte abgelegt werden soll.

Die wichtigsten Neuerungen spielen sich dann zwischen den Zeilen 20 und 36 ab. Hier wird zum ersten Mal nicht von der Tastatur eingelesen und auf den Bildschirm geschrieben.

Bevor man in eine Datei schreiben darf, müssen zwei Dinge geschehen. Zum einen muß der Name der Datei einer sogenannten **Dateivariablen** zugeordnet werden. Diese Variable ist in unserem Beispiel vom neuen Typ ***Text***. Der Typ *Text* wird für Dateien verwendet, deren Inhalt ASCII-Zeichen sind, sogenannte **Textdateien** Im Unterschied zu **typisierten** bzw. **untypisierten** Dateien. Typisierte werden verwendet, wenn in einer Datei nur ein ganz bestimmter Datentyp verwendet wird. Untypisierte benötigt man für Ausgaben auf unterer Betriebssystemebene.

Die Zuordnung erfolgt über die Prozedur ***Assign***. Als Argument erhält die Prozedur die Dateivariable und den Namen der Datei als Variable vom Typ *String*. Im Beispiel wird die Verbindung durch

```
Assign(datei, DATEINAME);
```

in Zeile 20 hergestellt. Hierbei findet noch keine Überprüfung statt, ob die Datei bereits existiert oder geschützt ist. Dies erledigt die nächste neue Prozedur ***Reset*** in Zeile 23. Es wird versucht, die Datei zum Lesen zu öffnen. Beim ersten Programmstart gibt es die Datei in der Regel noch nicht. Es kann also nichts zum Lesen geöffnet werden. Ein solcher Fehler führt normalerweise zu einem Laufzeitfehler. Dieser kann über eine sogenannte

Compiler-Optionabgefangen werden. Unter einer solchen Option kann man sich einen Schalter vorstellen, der dem Compiler signalisiert, wie er sich in bestimmten Situationen zu verhalten hat. Im Beispiel wird in Zeile 23 dem Compiler durch

```
(*$I-*)
```

mitgeteilt, daß er in den Programmtext eine Fehlerbehandlungsroutine einfügen soll, die auf kritische Dateioperationen reagiert.

> Compiler-Optionen werden immer in einen Kommentar eingeschlossen. Sie beginnen immer mit dem Dollar-Symbol (*$*). Zwischen dem Kommentarzeichen ((* bzw. { und *) bzw. }) darf **kein Leerzeichen**stehen.

Die Fehlerbehandlung sieht in unserm Fall so aus, daß eine spezielle Variable namens ***IOResult*** in das Programm eingefügt wird. Falls bei einer Dateioperation ein Fehler auftritt enthält diese Variable einen von Null verschiedenen Wert. Nach dem Öffnen wird die Compiler-Option sofort wieder auf den Standardwert *I+* zurückgesetzt. Die Variable *IOResult* bleibt dennoch erhalten und kann in der nächsten Zeile 26 kontrolliert werden.

```
if IOResult <> 0 then
```

Falls also ein Fehler beim Öffnen der Datei auftrat, wird der *then*-Zweig durchlaufen. Dort wird der Benutzer zunächst aufgefordert, seinen Vornamen einzugeben. Dieser Name wird in die Datei geschrieben. Dazu muß diese zunächst zum Schreiben geöffnet werden. Die Prozedur dazu heißt ***Rewrite*** und benötigt als Argument nur den Dateizeiger. Auch hier, in Zeile 31, könnte noch eine Fehlerbehandlung ergänzt werden. Unter DOS sind jedoch auch so keinerlei Schwierigkeiten zu erwarten.

> Man kann eine Textdatei unter *TURBO PASCAL 6.0* auf drei verschiedene Arten öffnen.
>
> 1. Zum Lesen durch die Prozedur *Reset*.
> 2. Zum Schreiben durch die Prozedur *Rewrite*.
> 3. Zum Anhängen an eine bestehende Datei durch die Prozedur *Append*.

Die folgende Prozedur wurde schon sehr oft verwendet. Gemeint ist das *WriteLn* in Zeile 32. Bisher haben wir jedoch nur einen Spezialfall betrachtet, nämlich den, daß *WriteLn* auf den Bildschirm ausgab. Gibt man der

Prozedur als erstes Argument einen Dateizeiger an, schreibt sie nicht auf den Bildschirm, sondern in die angegebene Datei.

Beachten Sie bitte, daß man nur in solche Dateien schreiben darf, die durch *Rewrite* oder *Append* zum Schreiben geöffnet wurden.

Durch

```
WriteLn(name, datei);
```

wird der Name, den der Benutzer zuvor eingab, in die Datei *BEGRUES.DAT* geschrieben. Beim nächsten Aufruf des Programms wird die Datei bereits existieren, und es wird in den *else*-Zweig ab Zeile 34 gesprungen. Dort wird wiederum eine Prozedur benutzt, mit der wir es schon mehrfach zu tun hatten, *ReadLn*. Auch hier kann als erstes Argument eine Textdatei übergeben werden, aus der *ReadLn* die Information holt.

ReadLn darf bei Textdateien nur dann angewendet werden, wenn sie zuvor durch *Reset* zum Lesen geöffnet wurden.

Der Rest des Programms ist nahezu unverändert. Lediglich in Zeile 47 wird der Ausgabestring verändert, in dem an den eigentlichen Begrüssungstext der Name des Benutzers angehangen wird.

In der vorletzten Zeile 58 wurde dann noch eine Dateioperation ergänzt, die nicht unbedingt sein muß. Die Prozedur *Close* schließt die als Argument übergebene Datei. Das Schließen ist deshalb notwendig, weil das Betriebssystem nur eine begrenzte Zahl gleichzeitig geöffneter Dateien verwalten kann. Wieviele dies genau sind, wird durch den Eintrag *FILES=* in der Datei *CONFIG.SYS* festgelegt. Das Schließen kann unter *TURBO PASCAL 6.0* allerdings fehlen, weil am Programmende automatisch alle noch offenen Dateien geschlossen werden. Als ordentlicher Programmierer sollte man seine Dateien jedoch immer "von Hand" durch *Close* schließen , weil nicht alle Compiler diesen Komfort bieten.

Als weiteres Beispiel soll noch das Programm vorgestellt werden, mit dem die Numerierung der Quelltexte in diesem Buch erstellt wurden. Es fragt zu Beginn nach den Namen der Ein- und der Ausgabedatei. Danach liest es die Eingabedatei zeilenweise ein und schreibt sie mit vorangestellten Nummern in die Ausgabedatei.

```
program Numerierte_Ausgabe;

const  TAB = #9;
       CR  = #10;

var    dateiname, zeile : String;
       in_file, out_file : Text;
       i : LongInt;

begin                                              (*  1. begin  *)
   Write(CR,'Bitte Eingabedatei eingeben: ');
   ReadLn(dateiname);

   Assign(in_file, dateiname);

   (*$I-*) Reset(in_file);  (*$I+*)

   if IOresult <> 0 then
      WriteLn(CR,TAB,TAB,
                  'FEHLER beim Oeffnen von ',dateiname,CR)
   else
   begin                                           (*  2.begin  *)
      Write(CR,'Bitte Ausgabedatei eingeben: ');
      ReadLn(dateiname);

      Assign(out_file, dateiname);

      (*$I-*)  Rewrite(out_file);  (*$I+*)

      if IOResult <> 0 then
      begin                                        (*  3. begin  *)
         WriteLn(CR,TAB,TAB,
                  'FEHLER beim Oeffnen von ',dateiname,CR);
         Close(in_file)
      end else                                  (*  Ende 3. begin  *)
      begin                                        (*  4. begin  *)
         i := 0;
         while NOT Eof(in_file) do
         begin                                     (*  5. begin  *)
            Inc(i);
            ReadLn(in_file, zeile);
            WriteLn(out_file,TAB,i,TAB,zeile)
         end;                                   (*  Ende 5. begin  *)
         Close(out_file); (*  Schliessen Eing.  *)
```

```
43             Close(in_file)      (* Schliessen Ausg.  *)
44          end                             (* Ende 4. begin  *)
45       end                                (* Ende 2. begin  *)
46    end.                                  (* Ende 1. begin  *)
```

Programm 2.11 Ausgabe mit nummerierten Zeilen

Hier wird die neue Funktion *Eof* (für **End Of File**) in Zeile 36 im Kopf der *while*-Schleife benutzt. Sie prüft, wie der Name bereits andeutet, ob das Dateiende der als Argument übergebenen Datei erreicht ist. Die Funktion liefert einen Wert vom Typ *Boolean* zurück. Dieser ist *true*, wenn das Dateiende erreicht ist und *false*, wenn die Datei noch weiterbearbeitet werden kann. Solange also das Dateiende noch nicht erreicht ist, wird das Innere der Schleife durchlaufen. In diesem Inneren wird zunächst der Zeilenzähler *i* erhöht und dann eine Zeile aus der Eingabedatei gelesen. Diese wird zusammen mit *i* in Zeile 40 ausgegeben.

Mit *WriteLn* kann nicht nur in normale Dateien, sondern beispielsweise auch auf einem Drucker ausgegeben werden. Dazu muß als Dateiname wie auf der DOS-Ebene ein *PRN* bzw. *LPT1*, *LPT2* usw. angegeben werden.

Benutzen Sie obigen Hinweis, um das Programm 2.11 so zu modifizieren, daß die Ausgabe immer auf einem Drucker erfolgt. Der Benutzer soll also gar nicht nach einer Ausgabedatei gefragt werden.

2.7 Wie im richtigen Leben

Nachdem das Programm zur Begrüßung des Benutzers zu einem glorreichen Abschluß gebracht wurde, soll nun ein sehr bekanntes Spiel programmiert werden. Das Spiel heißt *Leben* und ist sehr eng an Fortentwicklungszyklen, wie sie in der Natur tatsächlich vorkommen, angelehnt. Es dient hauptsächlich dazu, die Begriffe **Felder** und **Modularisierung** von Programmen vorzustellen. Bevor die Details erläutert werden, ein paar Erklärungen zu den Spielregeln.

Das Spielfeld ist ein acht mal acht Felder großes Brett, zum Beispiel ein Schachbrett. Die Größe spielt jedoch nur eine untergeordnete Rolle und kann leicht über eine Konstante geändert werden. Jedes der (im Beispiel) 64 Felder

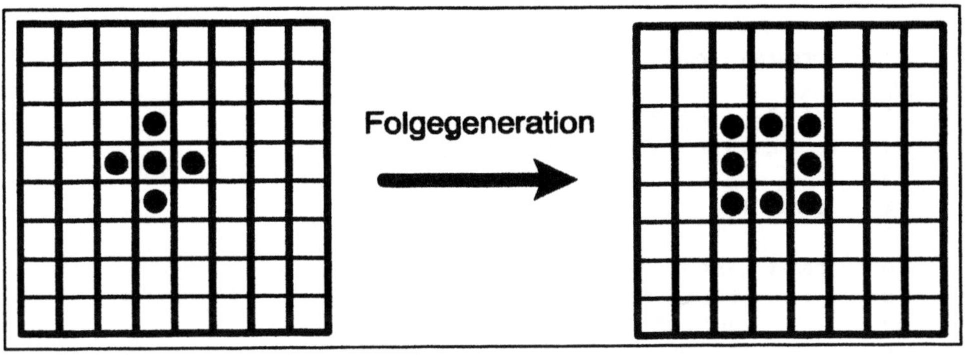

Abb. 2.7 Generationswechsel im Spiel Leben

kann mit einem Stein besetzt werden oder nicht. Befindet sich ein Stein auf einem Feld, so sagt man, dort "lebt" ein Individuum. Die leeren Felder sind analog als "tot" anzusehen. Die Vorbesetzung wird vom Benutzer übernommen; das heißt, er gibt zu Beginn ein, welche Felder "lebendig" sein sollen. Danach erzeugt das Programm die Folgegenerationen. Es benutzt folgende Regeln:

1. Ein Individuum "überlebt" (bleibt stehen), wenn auf seinen (höchstens acht) Nachbarfeldern insgesamt genau zwei oder drei Individuen leben.

2. Ein Individuum "stirbt" (wird entfernt), wenn es weniger als zwei oder mehr als drei Nachbarn hat ("Sterben an Isolierung oder an Überbevölkerung").

3. Ein neues Individuum wird auf einem Feld "geboren" (auf ein bisher leeres Feld gesetzt), wenn das Feld genau drei Nachbarn hat.

Die Veränderung der Felder in einer Generation erfolgt für alle gleichzeitig. Abb. 2.7 zeigt ein Beispiel für einen solchen Wechsel. Dort "stirbt" das Individuum in Zeile 4 und Spalte 3, weil es vier Nachbarn hat. Gleichzeitig entsteht überall dort neues Leben, wo zwei Nachbarn vorhanden sind.

Es ist relativ schwierig, "stabile" Ausgangssituationen zu finden, das heißt solche "Bevölkerungsverteilungen", die nicht über kurz oder lang wegen "Isolierung" oder "Überbevölkerung" aussterben.

```
program Leben1;

(*  Das Programm simuliert das Spiel "Leben",
    das Fortentwicklungszyklen nachbildet  *)

uses CRT;

const  VER = 1.0;
       LAENGE = 8;
       TOT = 0;
       LEBENDIG = 1;

type  FELDTYPE = array[0..(LAENGE+1),0..(LAENGE+1)]          of Byte;

var   i, j, x, y, nachbarn : Byte;
      gen : Word;
      feld, hilfsfeld : FELDTYPE;

begin                                           (*  1. begin  *)

   ClrScr;   (*  Bildschirm löschen  *)

   WriteLn('                               L E B E N');
   WriteLn('                               ---------');
   WriteLn;
   WriteLn;
   for i := 0 to (LAENGE+1) do
      for j := 0 to (LAENGE+1) do
      begin         (*  Initialisierung  *)
         feld[i,j] := TOT;
         hilfsfeld[i,j] := TOT
      end;

   WriteLn('     Geben Sie bitte die Startsituation ein
             (Ende mit 0,0)');
   i := 1;
   repeat
      WriteLn;
      Write('          ',i:3,'. x = ');
      ReadLn(x);
      Write('               y = ');
      ReadLn(y);
      if ((x = 0) AND (y = 0)) OR ((x in [1..LAENGE]) AND
          (y IN [1..LAENGE])) then
         if feld[x,y] = LEBENDIG then
            WriteLn('  Das Feld (', x, ',', y,') ist
                              bereits besetzt!')
         else
```

```
      begin                                   (*  2. begin  *)
        feld[x,y] := LEBENDIG;
        Inc(i);
      end                                (*  Ende 2. begin  *)
    else
        WriteLn('       Die Koordinate befindet sich
               im ungültigen Bereich!');
  until (x = 0) and (y = 0);

(*  Das Feld [0,0] muß wieder auf TOT gesetzt werden  *)
  feld[0,0] := TOT;

(*  Nun die Berechnung der Folgegeneration  *)
  gen := 0; (*  Zähler für die Generationen  *)
  repeat
    for x := 1 to LAENGE do
      for y := 1 to LAENGE do
      begin                                   (*  3. begin  *)
        nachbarn := 0;
(*  Ermitteln, wieviele Nachbarn ein jedes Feld hat  *)
        if feld[x-1,y-1]= LEBENDIG then Inc(nachbarn);
        if feld[x,y-1]  = LEBENDIG then Inc(nachbarn);
        if feld[x+1,y-1]= LEBENDIG then Inc(nachbarn);
        if feld[x-1,y]  = LEBENDIG then Inc(nachbarn);
        if feld[x+1,y]  = LEBENDIG then Inc(nachbarn);
        if feld[x-1,y+1]= LEBENDIG then Inc(nachbarn);
        if feld[x,y+1]  = LEBENDIG then Inc(nachbarn);
        if feld[x+1,y+1]= LEBENDIG then Inc(nachbarn);

        if feld[x,y] = LEBENDIG then
                                 (*  Stein vorhanden?  *)
          if (nachbarn = 2) or (nachbarn = 3) then
              hilfsfeld[x,y] := LEBENDIG
          else hilfsfeld[x,y] := TOT
        else                  (*  kein Stein vorhanden  *)
          if nachbarn = 3 then
            hilfsfeld[x,y] := LEBENDIG
          else hilfsfeld[x,y] := TOT
      end;                               (*  Ende 3. begin  *)
  (*  Ausgabe des Feldes mit gleichzeitigem
      Umkopieren des Hilfsfeldes  *)

    ClrScr;
    for j := 1 to 5 do WriteLn;  (*  5 Leerzeilen  *)
    i := 0;
```

```
89            for x := 1 to LAENGE do
90            begin                                         (*  4. begin  *)
91               WriteLn;
92               Write('                                  ');
93               for y := 1 to LAENGE do
94               begin                                      (*  5. begin  *)
95                  feld[x,y] := hilfsfeld[x,y];
96                  if feld[x,y] = LEBENDIG then
97                  begin                                   (*  6. begin  *)
98                     Inc(i);;
99                     Write('* ')
100                 end else                          (*  Ende 6. begin  *)
101                    Write('- ')
102              end                                  (*  Ende 5. begin  *)
103           end;                                    (*  Ende 4. begin  *)
104           for j := 1 to 5 do WriteLn;             (*  5 Leerzeilen   *)
105              Inc(gen);
106              Write('                      ',gen,
                        '. Generation, Bevölkerung: ',i);
107              Delay(500);
108        until (i <= 0) OR (KeyPressed = true);
109
110        WriteLn;
111        WriteLn;
112        WriteLn('        Copyrights by Axel Kotulla/01.1991');
113        Delay(2000)
114     end.                                          (*  Ende 1. begin  *)
```

Programm 2.12 Das Spiel Leben simuliert Fortentwicklungszyklen

Wenn Sie das Programm starten, werden Sie feststellen, daß hier zum ersten Mal die Ausgabe nicht mehr streng zeilenweise erfolgt, sondern mehrere Male der gesamte Bildschirm gelöscht wird. Dafür sorgt die Prozedur *ClrScr*. Sie ist in der Bibliothek *CRT* enthalten, die zu Beginn in Zeile 6 eingebunden wird. Sobald man Prozeduren oder Funktionen aus dieser Bibliothek verwendet, ist das Programm nur noch auf 100-prozentig IBM kompatiblen Rechnern lauffähig. Dort ist auch eine geänderte Prozedur *WriteLn* vorhanden, die benutzt werden muß, sobald mit einer Prozedur aus *CRT* direkt der Bildschirm beeinflußt wird. Normalerweise merkt man keinen Unterschied zur Standardprozedur *WriteLn*, die bisher immer verwendet wurde. Die Version aus *CRT* kennt jedoch keine Tabulatorsprünge durch *#9*. Deshalb wurde ganz auf Konstantendefinitionen zur Ausgabemanipulation verzichtet. Fünf Leerzeilen werden deshalb zum Beispiel in Zeile 87 durch

```
for i := 1 to 5 do WriteLn;
```

erzeugt. Denkbar wäre auch eine direkte Ansteuerung von bestimmten Bildschirmpositionen durch die Prozedur *GotoXY*. Mit dieser kann der Cursor exakt in eine Zeilen- und Spaltenposition gelenkt werden.

Das eigentlich Neue ist jedoch die Verwendung eines zweidimensionalen Feldes zum Abspeichern des Spielfeldes.

2.8 Felder

> Ein Feld (häufig auch Vektor genannt) ist ein Datentyp, der eine bestimmte Anzahl von Elementen eines Typs enthält.

Eine besondere Form von Feldern wurde bereits im Kapitel 2.6 vorgestellt. Dort hieß es, daß Zeichenketten Felder aus *Char*-Variablen sind. der spezielle Datentyp lautete *String*. Dieser Typ ist nichts anderes als eine neue Bezeichnung für ein normales Feld. In *TURBO PASCAL* heissen Felder auch **Arrays**. Man kann zu jedem Datentyp ein ganzes Feld definieren. So erzeugt man durch

```
var    int_feld : array [1..100] of Integer;
```

ein Feld aus 100 *Integer*-Variablen. Auf diese kann dann genau wie auf einzelne Zeichenketten über den Feldoperator (*[]*) zugegriffen werden. Die Konstruktion

```
for i := 1 to 100 do
       feld[i] := 0;
```

setzt beispielsweise alle Feldelemente auf den Wert 0. Eine Zeichenkette kann folglich auch durch

```
var    st : array[0..255] of Char;
```

definiert werden. Allerdings kann *st* dann doch nicht genauso behandelt werden wie eine Variable von Typ *String*, weil *TURBO PASCAL* nur bei "echten" *String*-Typen Zuweisungen der Form

```
st := 'Hallo!';
```

zuläßt, und auch nur dort im vordersten Element die Länge der Zeichenkette speichert.

Die Grenzen von Feldern müssen immer einen ordinalen Typen besitzen, daß heißt die Funktion *Ord* muß auf sie angewendt werden können. Ferner sind auch nur ordinale Indizes zugelassen. Sie dürfen im Unterschied zu anderen Programmiersprachen wie beispielsweise C in *TURBO PASCAL 6.0* auch negative Werte annehmen.

Felder können also aus beliebigen Datentypen gebildet werden. Hier sind einige Beispiele:

```
var   feld1[-10..10] of Integer;
      feld2['a'..'z'] of Boolean;
      feld3[0..1000] of Real;
      feld[false..true] of Char;
```

Wie obiges Beispiel zeigt, haben auch die logischen Werte *true* und *false* ordinale Werte. *Ord(true)* ergibt eine 1 und *Ord(false)* eine 0.

Wenn als Typ eines Feldes jeder Datentp zugelassen ist, gibt es doch sicherlich auch Felder aus Feldtypen. Die gibt es in der Tat, zum Beispiel in folgender Form:

```
var   feld : array[0..99] of array[0..49] of Byte;
```

Möchte man hier ein einzelnes Element ansprechen, schreibt man zum Beispiel:

```
feld[10][10] := 100;
```

Die Notation macht es schon deutlich. Es handelt sich um ein **zweidimensionales Feld** Wenn man nicht zweimal bei der Definition das Schlüsselwort *array* verwenden will, kann man auch

```
var   feld : array[0..99][0..49] of Byte;
```

oder noch kürzer

```
var   feld : array[0..99,0..49] of Byte;
```

schreiben. Genauso funktioniert es mit weiteren Dimensionen.

Beachten Sie, daß der Speicherbedarf mit jeder Dimension exponentiell wächst. So benötigt ein dreidimensionales Feld aus *Integer*-Variablen mit 100 Einträgen pro Dimension insgesamt 100*100*100*4 Byte also etwa vier Megabyte Speicher.

Häufig möchte man einem bestimmten Feldtyp einen markanten Namen geben. Im Beispiel heißt der Datentyp, der das Spielfeld darstellt, beispielsweise *FELDTYPE*. Dieser Typ wurde innerhalb der **Typdeklaration** erzeugt. Diese Deklaration findet immer im Programmkopf statt, also dort, wo auch Konstanten und Variablen definiert werden. Man benötigt das neue Schlüsselwort *type*. So heißt es in Zeile 13

```
type FELDTYPE = array[0..(LAENGE+1),0..(LAENGE+1)] of Byte;
```

Durch eine Typdeklaration gibt der Programmierer einem vorhandenen Datentyp einen neuen Namen. Meistens geschieht dies, um deutlich zu machen, welche Aufgabe Variablen diesen Typs haben und um zu verhindern, daß Variablen anderen Typs an den neu erzeugten Typ zugewiesen werden können (sogenanntes **strong type checking**).

Bei allen Formen der Deklaration wird keinerlei Speicherplatz reserviert. Sie teilen dem Compiler lediglich einen Namen für eine *TURBO PASCAL*-Konstruktion mit.

Man kann genausogut einem der Standardtypen einen neuen Namen geben. Nach

```
type   GROSSE_GANZE_ZAHL = LongInt;
```

kann man Variablen dieses Typs beispielsweise durch

```
var    x1, x2 : GROSSE_GANZE_ZAHL;
```

definieren. Obwohl der Zahlenbereich von Variablen des Typs *GROSSE_GANZE_ZAHL* gleich dem von Variablen des Typs *LongInt* ist, dürfen Variablen dieser beiden Typen nicht aneinander zugewiesen werden. Durch diese strenge Typkontrolle muß sich der Programmierer genau über die benutzten Variablen im klaren sein. Viele potentielle Fehler werden so bereits vom Compiler durch die Typüberprüfung erkannt.

Angenommen, *a* wäre eine Variable vom Typ *LongInt*, würde der Compiler eine Zeile der Form

```
x1 := a;
```

oder auch

```
a := x2;
```

nicht durchgehen lassen, weil eben die Datentypen verschieden sind.

☞ Bevor ein neuer Typ in der Variablendefinition verwendet wird, muß er bereits deklariert sein.

Im Programm 2.12 ist *FELDTYPE* nach der Zeile 13 ein spezieller Name für das Spielfeld. Vielleicht wundern Sie sich über die merkwürdigen Feldgrenzen *0..(LAENGE+1)*. Dadurch werden um das Spielfeld herum links und rechts sowie oben und unten zwei zusätzliche Reihen bzw. Spalten erzeugt. Diese werden im Programm immer auf *TOT* gesetzt. Das hat den Vorteil, daß die Überprüfung der Nachbarfelder in den Zeilen 66 bis 73 ohne Spezialfälle auskommt. Dort werden für jedes Feld alle acht um dieses herumliegende Felder überprüft und die Nachbarn gezählt. Hätte man nun die zusätzlichen Randfelder weggelassen, könnte bei den echten Randfeldern nicht ganz herum gezählt werden, weil sonst der gültige Indizesbereich verlassen würde. Das Feld links oben hätte dann zum Beispiel nur drei Nachbarn. Mit den zusätzlichen Feldern erhöht sich zwar etwas der Speicheraufwand, dafür kann aber jedes Feld gleich behandelt werden.

Bevor jedoch eine Folgegeneration erzeugt wird, muß das Spielfeld initialisiert werden, das heißt, alle Felder müssen "unbewohnt" gemacht werden. Dies geschieht in den Zeilen 27 bis 32 durch die beiden ineinander geschachtelten *for*-Schleifen. Beachten Sie bitte, daß das Spiel ein zweites Hilfsfeld benötigt, weil die Folgegeneration simultan, also für alle Felder gleichzeitig ermittelt wird. Deshalb kann man das Originalfeld erst verändern, wenn die Nachbarn aller Felder gezählt wurden. Nach der Initialisierung muß der Benutzer die Ausgangssituation eingeben. Dies geschieht in den Zeilen 34 bis 53. Innerhalb der *repeat*-Schleife werden solange Koordinaten eingelesen, bis der Benutzer zweimal *0* eingibt. Gleichzeitig wird im Inneren geprüft, ob gültige Felder eingegeben werden und ob versucht wird, ein Feld zweimal zu besetzen (Zeilen 42 bis 52). Hier begegnet uns eine weitere neue Konstruktion. In der Abfrage

```
if ((x = 0) AND (y = 0)) OR
   ((x in[1..LAENGE]) AND (y in [1..LAENGE)) then
```

ist der vordere Teil *((x = 0) AND (y = 0))* bekannt. Die Abfrage

```
x in [1..LAENGE]
```

bedarf jedoch der Erklärung. Die Schreibweise *[1..LAENGE]* bezeichnet eine **Menge**, ähnlich den Marken, die bei der *case*-Anweisung vorgestellt wurden. Die obige Bedingung ist genau dann wahr, wenn sich der Wert von *x* im Bereich von 1 bis einschließlich *LAENGE* befindet. Mengen können auch explizit angegeben werden. Will man beispielsweise prüfen, ob eine Variable den Wert 3, 5, oder 7 hat, schreibt man:

```
if zahl in [3,5,7] then
```

Wie bei der *case*-Anweisung können auch hier beide Schreibweisen gemischt werden.

```
if zahl in [3,5,7,10..20] then
```

prüft zusätzlich, ob sich *zahl* im Bereich zwischen 10 und 20 befindet.

Bei der Angabe von Mengen sind natürlich auch Variablen und Konstanten zugelassen. Man kann sogar Funktionsergebnisse verwenden.

Ab Zeile 58 beginnt dann der eigentliche Hauptteil des Programms. Es werden in einer *repeat*-Schleife solange Folgegenerationen ermittelt bis entweder alles Leben ausgestorben ist oder der Benutzer irgendeine Taste drückt. Das Zählen der noch vorhandenen Individuen wird in den Zeilen 96 bis 99 gleichzeitig mit der Ausgabe erledigt. Ist ein Feld "lebendig", wird ein Sternchen (*) gesetzt und der Zähler für die besetzten Felder um eins erhöht. Steht dieser Zähler in Zeile 108 auf 0 ist klar, daß kein einziges Feld besetzt wurde und so das Spiel beendet ist. Falls jedoch eine stabile Situation erreicht wird, muß das Spiel auch auf eine andere Art abgebrochen werden können. Dazu wird in Zeile 108 die Standardfunktion *KeyPressed* überprüft. Sie liefert den Wert *true*, wenn sich ein Zeichen im Tastaturpuffer befindet, das heißt wenn eine Taste gedrückt aber noch nicht verarbeitet wurde. Wie *ClrScr* ist sie ebenfalls in der Bibliothek *CRT* definiert.

Unter Umständen muß auf Ihrem Rechner die vorhergehende Zeile 107 verändert werden. Die Prozedur *Delay* hält den Programmablauf hier um 500 Millisekunden = 0,5 Sekunden an, weil sonst die Ausgabe zu schnell hintereinander erfolgen würde. Falls ihnen diese Wartezeit zu lang ist, können Sie einen kleineren Wert einsetzen.

Bevor jedoch überhaupt etwas ausgeben wird, muß die Folgegeneration berechnet werden. Dies geschieht in den Zeilen 61 bis 82. Durch die beiden *for*-Schleifen in Zeile 61 und 62 wird jedes Feld einzeln behandelt. Es wurde bereits gesagt, daß für die Randfelder keine Spezialfälle nötig sind, weil um das Spielfeld herum Felder ergänzt wurden, die immer unbewohnt sind. In

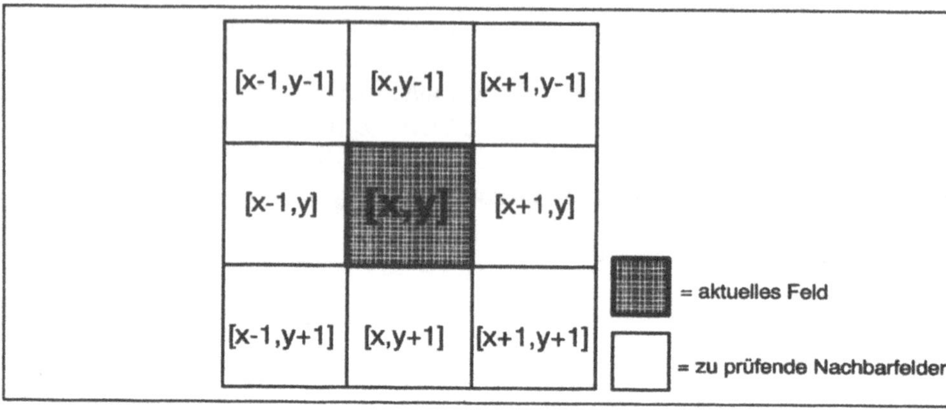

Abb. 2.8 Indizierung der acht Nachbarfelder von feld[x,y]

den Zeilen 66 bis 73 wird ermittelt, wieviele Nachbarn jedes Feld hat. Die Indizierung wird durch Abb. 2.8 verdeutlicht.

Nachdem die Anzahl der Nachbarn ermittelt wurde, wird im Hilfsfeld gemäß den Spielregeln festgelegt, ob auf der aktuellen Position ein neues Individuum "geboren" wird (Zeilen 79 bis 81), ein vorhandenes "überlebt" (Zeilen 75 bis 77) oder "stirbt" (Zeile 78).

Dieser Vorgang wiederholt sich für jedes Feld. Danach wird das Hilfsfeld zurück in das Originalfeld kopiert und gleichzeitig ausgegeben (Zeilen 86 bis 103). "Unbewohnte" Felder werden durch einen Bindestrich (-) und "bewohnte" Felder durch ein Sternchen (*) dargestellt.

Man sieht deutlich, daß sich das Programm aus mehreren Teilen zusammensetzt. Erst wird initialisiert, dann eingelesen und schließlich die Folgegenerationen ermittelt und ausgegeben. Im Programm ist diese Unterteilung allenfalls durch Kommentare sichtbar zu machen. Sinnvoll wäre es, wenn *TURBO PASCAL* von sich aus Sprachkonstrukte böte, mit denen das Programm eingeteilt werden könnte. Jeder Programmteil sollte eine bestimmte Aufgabe übernehmen. In vielen Programmiersprachen heißen solche Teile **Unterprogramme** In *TURBO PASCAL 6.0* werden Unterprogramme durch eigene Prozeduren und Funktionen realisiert. Damit wären wir auch schon beim Thema.

2.9 Eigene Prozeduren und Funktionen (Unterprogramme)

Stellen Sie sich vor, in Ihrem Programm taucht an mehreren Stellen immer wieder dieselbe Aufgabe auf, beispielsweise soll der Benutzer durch einen Text dazu aufgefordert werden, eine beliebige Taste zu drücken. Er kann natürlich jedesmal die Zeilen

```
Write('        Bitte eine Taste druecken! ');
repeat
until KeyPressed = true;
```

eingeben. Man kann sich jedoch viel Arbeit sparen, indem man einmal ein eigene Prozedur schreibt und diese fortan immer aufruft.

```
program Procdemo;

uses   CRT;

      procedure WaitForKey;
      begin
            Write(' Bitte irgendeine Taste druecken! ');
            repeat
            until keypressed
      end;   (*  Ende der Prozedur WaitForKey  *)

const  ( . . . )
type   ( . . . )
var    ( . . . )


begin
      ( . . . )

      WaitForKey;      (*  Prozeduraufruf  *)

      ( . . . )

      WaitForKey;      (*  Prozeduraufruf  *)

      ( . . . )
end.
```

Der Vorteil ist offensichtlich. Es muß viel weniger geschrieben werden. Außerdem sind Änderungen viel leichter - weil nur einmal - durchzuführen und Fehler schneller zu lokalisieren. Ein kleiner Nachteil ist der etwas langsamere Ablauf eines Prozeduraufrufes im Gegensatz zum direkten Einfügen des Textes. Es muß beim Aufruf immer festgehalten werden, welchen Wert die aktuellen Variablen gerade besaßen und wohin am Prozedurende zurückgesprungen werden soll.

Der einzige Unterschied zwischen Prozeduren und Funktionen ist auch hier wieder der, daß Funktionen einen Wert zurückgeben. Angenommen, man möchte in einer Funktion eine ganze Zahl einlesen und diese im Hauptprogramm verwenden.

```
function GetDigit : Integer;

var    zahl : Integer;      (*  lokale Variable zahl  *)

begin
       Write('Bitte eine ganze Zahl eingeben: ');
       ReadLn(zahl);
       GetDigit := zahl
end;          (*  Ende der Funktion GetDigit  *)
```

Nach einer Zeile der Form

```
x := GetDigit
```

im Hauptprogramm wird automatisch zur Funktion *GetDigit* verzweigt und eine ganze Zahl von der Tastatur eingelesen. Die Funktion erhält ihren Rückgabewert durch die Zuweisung

```
GetDigit := zahl;       (*  links Funktionsname,
                            rechts Variable  *)
```

Der Name einer Funktion darf nicht wie eine gewöhnliche Variable behandelt werden. Er sollte innerhalb der Funktion nur auf der linken Seite von Zuweisungen stehen. Andernfalls entsteht eine sogenante Rekursion, die beim Programmieranfänger häufig zu unverständlichen Ergebnissen, wenn nicht sogar zu Programmabstürzen, führt.

> In Prozeduren und Funktionen können ebenfalls Konstanten und Variablen definiert und sogar neue Typen deklariert werden. Sie sind dann nur innerhalb der Prozedur bzw. Funktion bekannt. Aus anderen Programmteilen kann nicht auf sie zugegriffen werden. Man sagt auch, sie sind **lokal**.

Im obigen Beispiel ist die Variable *zahl* eine lokale. Würde man versuchen, beispielsweise aus dem Hauptprogramm oder einer anderen Prozedur oder Funktion auf sie zuzugreifen, würde der Compiler diesen Versuch bereits während der Übersetzung erkennen und eine Fehlermeldung ausgeben.

Diese Unterscheidung von Konstanten, Variablen und Typen ist durchaus sinnvoll. So muß man sich beispielsweise bei lokalen Variablen keinerlei Gedanken über die Namen machen. Selbst wenn an anderen Stellen im Programm, Variablen mit gleichem Namen verwendet werden, hat dies keinerlei Einfluß auf andere lokale.

Manchmal hat man jedoch den Wunsch, in mehreren Prozeduren und Funktionen auf eine Konstante, Variable oder Typ zuzugreifen. Dann muß man sie als **global** definieren. Man erreicht dies, indem man sie außerhalb des Rumpfes definiert. Nehmen wir folgendes Beispiel:

```
program Vardemo;

const  MAX = 1000;      (*  globale Konstante  *)
var    ganz_global : Word;
       x : Real;        (*  globale Variablen  *)

   procedure P1;
   var    a,b  : Integer;

      procedure P1_1;
      var    x, y : Byte;
      begin                    (*  Anfang von procedure P1_1  *)

         x := 10;
         a := 5;
         y := a;
         WriteLn('  In P1_1 gilt: a = ',a,'  x = ',
                    x,'  y = ',y)

      end;                     (*  Ende von procedure P1_1  *)


```

```
        function F1_1 : Real;
        var    x : Real;

        begin                      (*  Anfang von function F1_1  *)

           x := 20;
           WriteLn('  In F1_1 gilt: a = ',a,
                   '  x = ',x:2:1);
           F1_1 := x;   (*  Rueckgabewert  *)
           ganz_global := 888
        end;                       (*  Ende von function F1_1  *)


     type  SPIELFELD = array[1..10,1..20] of Byte;
     begin                         (*  Anfang von procedure P1  *)

        b := 0;
        P1_1;          (*  Aufruf von Procedure P1_1  *)
        x := F1_1;     (*  Aufruf von Function F1_1  *)

        WriteLn('  In P1 gilt: a = ',a,'  b = ',b,
                '  x = ',x:2:1)
        end;                          (*  Ende von procedure P1  *)


  var    local_main : ShortInt; (*  Lokale Variable fuer
                                       das Hauptprogramm  *)
  begin                        (*  Anfang des Hauptprogramms  *)

     local_main := 111;
     P1;    (*  Aufruf von procedure P1  *)
     WriteLn('  Im Hauptprogramm gilt: ganz_global = ',
              ganz_global,'  x = ',x:2:1,
              '  local_main = ',local_main)

  end.                                (*  Ende von Vardemo  *)
```

Programm 2.13 Beispiel für die Verwendung lokaler und globaler Variablen

Welche Variablen sind nun in den einzelnen Teilen bekannt? Die globale Konstante *MAX* und die globalen Variable *ganz_global* bzw. *x* können in jeder Prozedur und Funktion angesprochen werden. In der Prozedur *P1* kommen zusätzlich zwei lokale Variablen *a* und *b* hinzu. Diese beiden sind ebenfalls in der in *P1* eingeschachtelten Prozedur *P1_1* bzw. der Funktion *F1_1* bekannt. Zusätzlich wurde für *P1* ein lokaler Typ *SPIELFELD* deklariert. Er ist ausschließlich in *P1* bekannt, weil er unterhalb der Prozedur *P1_1* und der Funktion *F1_1* deklariert wurde. Interessant ist nun, daß sowohl in *P1_1* als auch in *F1_1* wiederum eine Variable mit Namen *x* definiert wird, obwohl es doch bereits eine globale Variable mit diesem Namen gibt.

> Wird auf einer tieferen Ebene eine Konstante oder Variable mit einem Namen definiert, der auf einer übergeordneten Ebene bereits benutzt wurde, so ist auf der tieferen Ebene nur die lokale Variable bekannt. Sie hat keinen Einfluß auf die übergeordnete Konstante bzw. Variable. Gleiches gilt für die Deklaration von Datentypen.

Für das Hauptprogramm wird auch noch eine dort lokale Variable *main_local* definiert. Auch auf sie kann von keiner anderen Stelle zugegriffen werden. Fassen wir zusammen:

Name der Prozedur/Funktion	**gültige Variablen/Konst./Typen**
procedure P1	*ganz_global*, *x* (global!), *a*, *b*, *SPIELFELD*, *MAX*
procedure P1_1	*ganz_global*, *x* (lokal!), *y*, *MAX*
function F1_1	*ganz_global*, *x* (lokal!), *MAX*
Hauptprogramm	*ganz_global*, *x* (global!), *local_main*, *MAX*

Die Ausgabe des Programms lautet folgendermaßen:

```
In P1_1 gilt: a = 5  x = 10  y = 5
In F1_1 gilt: a = 5  x = 20.0
In P1 gilt: a = 5  b = 0  x = 20.0
Im Hauptprogramm gilt: ganz_global = 888  x = 20.0
local_main = 111
```

Auch wenn es nicht besonders spannend ist, sollten Sie die obige Ausgabe im Kopf nachvollziehen und sie exakt überprüfen.

Nach diesen Vorbemerkungen kann das Programm 2.12 von Seite **on** the verschiedene Prozeduren und Funktionen aufgespalten werden.

```
program Leben2;

   (*  Das Programm simuliert das bekannte Spiel Leben,
       das Fortentwicklungszyklen nachbildet.

       Diese zweite Version ist modular aufgebaut, das
       heisst, in mehrere Prozeduren und Funktionen
       aufgespalten. *)
uses    CRT;

const   VER = 2.0;
        LAENGE = 8;
        TOT = 0;
        LEBENDIG = 1;

type   FELDTYPE = array[0..(LAENGE+1),0..(LAENGE+1)] of Byte;


   procedure Init(var feld : FELDTYPE);

   var    x, y : Byte;

   begin            (*  Anfang Init  *)          (*  1. begin  *)
      ClrScr;   (*  Bildschirm löschen  *)
      WriteLn('                                     L E B E N');
      WriteLn('                                     ---------');
      WriteLn;
      WriteLn;
      for x := 0 to (LAENGE+1) do
         for y := 0 to (LAENGE+1) do
            feld[x,y] := TOT
   end;                                      (*  Ende 1. begin  *)


   procedure Input(var feld : FELDTYPE);
         (*  Eingabe der Ausgangssituation  *)

   var x, y, i : ShortInt;

   begin            (*  Anfang Input  *)          (*  2. begin  *)

      WriteLn('     Geben Sie bitte die Startsituation
                 ein (Ende mit 0,0)');
      i := 1;
```

```
        repeat
           WriteLn;
           Write('             ',i:3,'. x = ');
           ReadLn(x);
           Write('                        y = ');
           ReadLn(y);
           if ((x = 0) and (y = 0)) OR  ((x IN [1..LAENGE])
              AND (y IN [1..LAENGE])) then
                 if feld[x,y] = LEBENDIG then
                    WriteLn('        Das Feld (', x, ',', y,
                                ') ist bereits besetzt!')
              else
              begin
                 feld[x,y] := LEBENDIG;
                 Inc(i)
              end
           else
              WriteLn('        Die Koordinate befindet sich
                          im ungültigen Bereich!');
        until (x = 0) and (y = 0);

   (*  Das Feld [0,0] muß wieder auf TOT gesetzt werden  *)

        feld[0,0] := TOT

     end;                                  (*  Ende 2. begin  *)


     procedure NextGen(var feld : FELDTYPE);
           (*  Berechnung der Folgegeneration  *)

        var    hilfsfeld : FELDTYPE;
               nachbarn, x, y : Shortint;


        procedure FieldCopy(var h, f : FELDTYPE);
           (*  Kopieren von hilfsfeld nach feld  *)

        varx, y : Shortint;

        begin     (*  Anfang FieldCopy  *)         (*  3. begin  *)
           for x := 1 to LAENGE do
              for y := 1 to LAENGE do
                 f[x,y] := h[x,y]

        end;                                   (*  Ende 3. begin  *)


```

```
begin          (*  Anfang NextGen  *)          (*  4. begin  *)
   for x := 1 to LAENGE do
      for y := 1 to LAENGE do
      begin                                     (*  5. begin  *)
         nachbarn := 0;
(*  Ermitteln, wieviele Nachbarn jedes Feld hat  *)
         if feld[x-1,y-1]= LEBENDIG then Inc(nachbarn);
         if feld[x,y-1]  = LEBENDIG then Inc(nachbarn);
         if feld[x+1,y-1]= LEBENDIG then Inc(nachbarn);
         if feld[x-1,y]  = LEBENDIG then Inc(nachbarn);
         if feld[x+1,y]  = LEBENDIG then Inc(nachbarn);
         if feld[x-1,y+1]= LEBENDIG then Inc(nachbarn);
         if feld[x,y+1]  = LEBENDIG then Inc(nachbarn);
         if feld[x+1,y+1]= LEBENDIG then Inc(nachbarn);

         if feld[x,y] = LEBENDIG then
               (*  Stein vorhanden?  *)
            if (nachbarn = 2) OR (nachbarn = 3) then
               hilfsfeld[x,y] := LEBENDIG
            else hilfsfeld[x,y] := TOT
         else  (*  kein Stein vorhanden  *)
            if nachbarn = 3 then
               hilfsfeld[x,y] := LEBENDIG
            else hilfsfeld[x,y] := TOT
      end;                                   (*  Ende 5. begin  *)

   FieldCopy(hilfsfeld, feld);

end;                                         (*  Ende 4. begin  *)


function Display(nr_gen : Integer; feld : FELDTYPE) : Integer;
      (*  Bildschirmausgabe  *)

var   x, y : Byte;
      i : Integer;

begin          (*  Anfang Display  *)          (*  6. begin  *)
   ClrScr;
   for x := 1 to 5 do WriteLn;               (*  5 Leerzeilen  *)
   i := 0;
   for x := 1 to LAENGE do
```

```
        begin                                      (*  7. begin  *)
          WriteLn;
          Write('                                   ');
          for y := 1 to LAENGE do
          begin                                    (*  8. begin  *)
            if feld[x,y] = LEBENDIG then
            begin                                  (*  9. begin  *)
              Inc(i);
              write('* ')
            end else                         (*  Ende 9. begin  *)
              write('- ')
          end                                (*  Ende 8. begin  *)
        end;                                 (*  Ende 7. begin  *)
        for x := 1 to 5 do WriteLn;  (*  5 Leerzeilen  *)
        Write('                    ',nr_gen, '. Generation,
            Bevölkerung: ',i);
        Delay(500);  (*  500 Millisek. Verzoegerung  *)

        Display := i (*  Rueckgabewert := Anzahl Indiv.  *)
      end;                                   (*  Ende 6. begin  *)

    (*  ---  Ab hier das eigentliche Hauptprogramm  ---  *)

    var   gen : Integer;
          feld : FELDTYPE;

    begin    (*  Anfang Hauptprogramm  *)              (*  7. begin  *)

      gen := 1;  (*  Zähler für Generationen initialis.  *)
      Init(feld);
      Input(feld);
      if Display(gen, feld) <> 0 then

    (* Hier startet die Berechnung der Folgegenerationen *)

      repeat
        Inc(gen);
        NextGen(feld);

      until (Display(gen, feld)=0) OR (KeyPressed=true);

      WriteLn;
      WriteLn;
      WriteLn('       Copyrights by Axel Kotulla/01.1991');
      Delay(2000)
    end.                                     (*  Ende 7. begin  *)
```

Programm 2.14 Modulare Version des Spiels Leben

Wegen der zahlreichen Prozedur- und Funktionsköpfe ist das Programm um einige Zeilen länger geworden. Dafür sieht man jetzt direkt, was die einzelnen Teile tun. Änderungen sind leichter durchzuführen. Im nächsten Abschnitt wird das Programm beispielsweise so umgeändert, daß die Ausgabe nicht mehr auf dem Text- sondern auf dem Grafikbildschirm erfolgt. Es müssen dann "nur" die Prozeduren *Init* und *Input* und die Funktion *Display* geändert werden. Das Errechnen der Folgegeneration bleibt vollkommen unverändert.

☞ Es soll nicht unerwähnt bleiben, daß auch andere Zusammenfassungen möglich sind. Oben wurde funktional gegliedert; das heißt, es wurden vor allem die Aktionen des Programms betrachtet. Im nächsten Abschnitt werden sie unter der Überschrift "objektorientierte Programmierung" sehen, daß auch nach anderen Gesichtspunkten gegliedert werden kann.

Fangen wir mit der Erklärung am Ende an. Das Hauptprogramm ab Zeile 150 steuert nur noch den Programmablauf. In Zeile 157 wird ein Zähler für die Anzahl der Generationen mit 1 vorbesetzt. Danach wird die Prozedur *Init* zum Vorbesetzen des Spielfeldes aufgerufen. Diese Prozedur gibt ab Zeile 19 eine Überschrift aus und setzt alle Felder auf *TOT*. Nach dem Rücksprung in das Hauptprogramm wird dort sofort in Zeile 159 die Prozedur *Input* gestartet. Diese erfragt ab Zeile 35 vom Benutzer die Ausgangssituation. Die eigentlichen Anweisungen innerhalb der Prozeduren sind nahezu identisch zu denen in der ersten Version des Programms. Dort mußte man sich jedoch um alle Aufgaben gleichzeitig kümmern. Jetzt kann zunächst das Hauptprogramm abgeschlossen werden. Der Programmierer kümmert sich erst später um die Erstellung (zuweilen auch **Implementation** genannt) der Prozeduren und Funktionen. Während er das Hauptprogramm erstellt überlegt er sich nur, welche Prozeduren bzw. Funktionen er benötigt. Er macht sich keine Gedanken darüber, wie deren tatsächliche Realisierung aussieht. Er kann sich so ganz auf das Hauptprogramm konzentrieren und muß nicht immer das gesamte Programm mit allen Details im Auge behalten. Ähnlich ist es später bei der Implementation der Prozeduren und Funktionen. Dort muß er sich nur um die eng begrenzte Aufgabe der gerade bearbeiteten Prozedur bzw. Funktion kümmern. Welche Auswirkungen sie auf den Rest des Programms hat, ist zu diesem Zeitpunkt uninteressant. Es gibt theoretische Betrachtungen, die eindeutig belegen, daß der Mensch maximal sieben Dinge gleichzeitig im Auge behalten kann. Will man ein ganzes Projekt in einem Hauptprogramm erledigen, wird diese Grenze bei weitem überschritten.

Doch nicht nur einem einzelnen Programmierer hilft die Aufspaltung in viele Teilaufgaben. In der Praxis arbeiten meistens mehrere Personen an einem Projekt. Jeder erhält die Aufgabe, eine oder mehrere Prozeduren bzw.

Funktionen zu erstellen, ohne dabei ständig das Gesamtprojekt im Kopf haben zu müssen.

> Prozeduren und Funktionen spalten ein großes schwer überschaubares Problem in viele kleine übersichtliche Teilaufgaben. Sie erleichtern dadurch auch die Zusammenarbeit mehrerer Programmierer an einem Projekt.

Als Faustregel gilt: Jede Prozedur bzw. Funktion sollte im Durchschnitt eine DIN-A4 Seite Quelltext (ca. 60-70 Zeilen) lang sein. So bleibt sie leicht überschaubar. Die Obergrenze liegt beim doppelten Umfang, also zwei DIN-A4 Seiten.

Doch zurück zum Beispielprogramm. Nach den Vorarbeiten wird in Zeile 164 eine *repeat*-Schleife gestartet. In dieser wird solange die Prozedur *NextGen*, zum Erzeugen von Folgegenerationen, aufgerufen bis die Funktion *Display* den Wert 0 zurückliefert oder der Benutzer eine Taste drückt (Zeile 168). Beachten Sie bitte, daß die Funktion *Display* innerhalb der Steuerung der *repeat*-Schleife aufgerufen wird. Sie kann wie eine normale Variable behandelt werden. So könnte sie auch als Argument in einer Textausgabe mit *WriteLn* vorkommen, zum Beispiel:

```
WriteLn('Display liefert: ', Display(gen,feld));
```

Fassen wir die Prozeduren und Funktionen zusammen:

Prozedur/Funktion	Aufgabe
Hauptprogramm	Steuert den Programmablauf. Hier werden die einzelnen Prozeduren und Funktionen gestartet.
procedure Init	Gibt eine Überschrift aus und initialisiert das Spielfeld.
procedure Input	Liest die Ausgangssituation von der Tastatur ein.
procedure NextGen	Erzeugt aus einer gegebenen Situation die Folgegeneration. Ruft dabei zum Umkopieren des Hilfsfeldes die Prozedur *FieldCopy* auf.
procedure FieldCopy	Kopiert das Hilfsfeld, in dem die Folgegeneration steht, in das Originalfeld.

function Display	Gibt das aktuelle Spielfeld aus und ermittelt dabei, wieviele Individuen sich noch auf dem Spielfeld befinden.

Eine Neuheit wurde bisher stillschweigend übergangen. Die eigenen Prozeduren und Funktionen wurden so, wie das bisher nur von Bibliotheksroutinen bekannt war, mit **Argumenten** aufgerufen. So heißt es beispielsweise in Zeile 158:

```
Init(feld);
```

Die Prozedur *Init* wird mit dem Argument *feld* aufgerufen. Im Programmtext (Definition) der Prozedur *Init* muß dieses Argument verarbeitet werden. Betrachten wir dazu den Kopf dieser Prozedur in Zeile 19

```
procedure Init(var feld : FELDTYPE);
```

Nach dem Prozedurnamen steht hier die sogenannte **Parameterliste** In ihr wird angegeben, mit welcher Art von Argumenten die Prozedur aufgerufen wird. In unserem Beispiel gibt es nur ein Argument, das den Datentyp *FELDTYP*, also *array[0..(LAENGE+1),0..(LAENGE+1)]*, besitzen muß. In unserem Fall ist die Bedingung erfüllt, weil beim Aufruf genau ein Argument dieses Typs übergeben wurde.

Innerhalb der Prozedur *Init* kann nun mit dem Argument *feld* wie mit einer normalen Variablen gearbeitet werden.

Die Namen der Argumente beim Aufruf einer Prozedur oder Funktion müssen nicht mit den Namen der Parameter innerhalb der Parameterliste übereinstimmen.

Man hätte in Zeile 19 also genausogut

```
procedure Init(var spielfeld : FELDTYPE);
```

schreiben können. Innerhalb der Prozedur müßte es dann überall, wo jetzt *feld* steht, *spielfeld* heißen. Ansonsten änderte sich überhaupt nichts.

Die Werte, mit denen eine Prozedur oder Funktion aufgerufen wird, heißen **aktuelle Parameter** Die Variablen in der Parameterliste nennt man **formale Parameter**.

Alle Änderungen an der Variablen *feld* innerhalb der Prozedur *Init* verändern auch die Variable *feld* im Hauptprogramm, obwohl *feld* eine im Hauptprogramm lokale Variable ist. (Zur Erinnerung: Variablen sind nur dann global, wenn sie vor allen Prozeduren und Funktionen definiert werden.). Durch die Angabe *var* zu Beginn der Parameterliste der Prozedur *Init* wird festgelegt, daß *feld* dort eine sogenannte Referenz auf die Variable des aufrufenden Programms ist. Nur durch diese Angabe handelt es sich letztlich um dieselbe Variable. Man sagt auch, *feld* wird **"by reference"** übergeben. Im Unterschied dazu werden beide Argumente der Funktion *Display* durch **"by value"** übergeben. Der Aufruf dieser Funktion in Zeile 168

```
Display(gen, feld)
```

kopiert die Werte der Variablen *gen* und *feld* in die Variablen der Parameterliste *nr_gen* und *feld* in Zeile 119. Würden jetzt innerhalb der Funktion *Display* Änderungen an *nr_gen* oder *feld* vorgenommen, hätte dies keinerlei Auswirkungen auf die Aufrufvariablen des Hauptprogramms *gen* bzw. *feld*.

In *TURBO PASCAL 6.0* gibt es zwei Möglichkeiten der Argumentübergabe an Prozeduren und Funktionen. Beim sogenannten **"call by value"** (Wertparameter) wird lediglich der Wert der Argumente in die Variablen der Prozedur oder Funktion kopiert. Änderungen in der Prozedur oder der Funktion haben keine Auswirkung auf die Argumente, mit denen sie aufgerufen wurde.

Beim sogenannten **"call by reference"** (Referenzparameter) wird die Adresse (Referenz) der Argumente übergeben. Die Prozedur bzw. Funktion arbeitet dann mit denselben Speicherstellen (eventuell unter anderem Namen). Änderungen wirken auch auf die Variablen der Aufrufargumente.

Die Namen der formalen Parameter und der (lokalen) Variablen einer Prozedur bzw. Funktion dürfen keinesfalls übereinstimmen.

Falls also im Kopf (den runden Klammern) einer Prozedur oder Funktion eine Variable mit Namen *counter* auftaucht, darf dieser Name nicht innerhalb der lokalen Variablendefinition hinter dem Schlüsselwort *var* auftauchen.

Der aktuelle Parameter, also die Variable im Kopf einer Prozedur bzw. Funktion, kann eine Variable oder eine Konstante sein, wenn "by value" aufgerufen wurde. Erfolgt die Übergabe "by reference", das heißt im Kopf taucht das Schlüsselwort *var* auf, so dürfen nur Variablen übergeben werden.

Man sollte "call by reference" nur dann anwenden, wenn es unbedingt nötig ist, weil dadurch eine Kapselung der Variablen eingeschränkt wird und sogenannte **Seiteneffekte** auftreten können. Damit sind unbeabsichtigte Veränderungen an Variablen gemeint, die der Programmierer nicht beabsichtigt. Folgendes Beispiel macht das Problem deutlich:

```
program Callef;

const  MAX = 1000;

type  ZAHLENFELD = array[1..MAX] of Real;

   procedure Print_Field(feld : ZAHLENFELD;
                            var anzahl : Word);

   begin

      while anzahl > 0 do
      begin
         WriteLn(anzahl:5,'.: ',feld[anzahl]:8:2);
         Dec(anzahl)  (*  FUEHRT ZUM FEHLER!  *)
      end
   end;  (*  Ende von Print_Field  *)


var   eingabe : ZAHLENFELD;
      n : Word;

begin
   WriteLn('Geben Sie bitte maximal ',MAX,
            ' Zahlen ein (Ende mit 0)!');
   n := 1;
   repeat
      Write(n,'. Zahl: ');
      ReadLn(eingabe[n]);
      Inc(n);
   until (eingabe[n-1] = 0) OR (n > MAX);

(*  Man mache sich an einem Beispiel klar, dass n
    zweimal vermindert werden muss, wenn weniger als
    MAX Elemente eingegeben wurden. Bei MAX Elementen
    muss man nur einmal vermindern.  *)

   if eingabe[n-1] = 0 then Dec(n);
      (*  weniger als MAX Elemente?  *)
      Dec(n);

   (*  Nun wird die Ausgabeprozedur aufgerufen  *)
```

```
40
41        WriteLn(n);
42        Print_Field(eingabe, n);
43
44        WriteLn('Das Feld hat jetzt ',n,' Elemente!')
45
46     end.
```

Programm 2.15 Fehlerhafte Verwendung von "call by reference"

Egal, wieviele Zahlen man eingibt, das Programm behauptet in Zeile 44 immer, das Feld habe 0 Elemente. Der Fehler liegt im Kopf der Prozedur *Print_Field* in Zeile 7. Dort wird durch das Schlüsselwort *var* vor dem zweiten Parameter *anzahl* festgelegt, daß dieser "call by reference" aufgerufen wird. Dies ist hier völlig überflüssig, weil lediglich das Feld ausgegeben aber an ihm nichts verändert werden soll. Innerhalb der *repeat*-Schleife in Zeile 14 wird jedoch die Variable *anzahl* vermindert. Das hat zur Folge, daß auch das *n* aus dem Hauptprogramm vermindert wird. Die Schleife ist beendet, sobald *anzahl* den Wert 0 erreicht hat. Damit ist auch die Variable *n* in jedem Fall 0. Hätte man dagegen *anzahl* genau wie *feld* als Wertparameter definiert, wäre alles in Ordnung gewesen.

```
procedure Print_Field(feld : ZAHLENFELD; anzahl : Word);
```

Wert- und Referenzparameter können in der Parameterliste beliebig gemischt werden. Allerdings muß vor jedem Referenzparameter das Schlüsselwort *var* stehen.

Damit Sie sehen, daß mit Feldern und Prozeduren bzw. Funktionen nicht nur das Spiel *Leben* sinnvoll programmiert werden kann, sollten Sie jetzt als Übung ein Programm schreiben, das im Hauptprogramm maximal 1000 ganze Zahlen in ein Feld einliest und dieses an eine Prozedur übergibt, die es aufsteigend sortiert.

Verwenden Sie in obiger Übung zum Sortieren beispielsweise folgenden Algorithmus:

```
for i := 1 to anzahl_elemente-1 do
       for j := i+1 to anzahl_elemente do
              if element[i] > element[j] then
                     Vertausche(element[i], element[j])
```

Es handelt sich um den bekannten Sortieralgorithmus **Bubblesort** Es ist durchaus sinnvoll, mit diesem Algorithmus einige kleine Felder "von Hand" zu sortieren, um seine Funktionsweise zu verstehen. der Algorithmus trägt einene Namen, weil bei der Sortierung die einzelnen Elemente wie Blasen "aufsteigen", das heißt sortiert werden..

2.10 Records

Das letzte Kapitel des ersten Abschnitts beschäftigt sich mit einem weiteren wesentlichen Merkmal von *TURBO PASCAL 6.0*, dem Erzeugen eigener Datentypen durch **Records**. Im vorigen Kapitel wurde erklärt, wie und warum es sinnvoll ist, ein großes Problem in viele kleine zu zerlegen. Jetzt soll es darum gehen, mehrere Datentypen zu einem neuen zusammenzufassen.

Zu programmieren sei beispielsweise eine Adressverwaltung. In den einzelnen Datensätzen sollen der Name, der Vorname, die Strasse, die Hausnummer, die Postleitzahl und der Wohnort einer Person eingetragen werden. Maximal soll das Programm 100 dieser Datensätze bearbeiten können.

Ohne Records würde man das Problem etwa folgendermaßen angehen:

```
const MAX = 100;

var   name, ort, strasse : array[1..MAX] of String[20];
      vorname: array[1..MAX] of String[12];
      hausnr, plz : array[1..MAX] of Word;
```

Vor allem, wenn mehrere Felder mit gleichen Indexgrenzen definiert werden, empfiehlt es sich, zumindest die Obergrenze durch eine Konstante, wie oben *MAX*, festzulegen. Bei einer eventuellen Änderung muß dann nur die Konstante korrigiert werden.

Normalerweise werden für eine Variable vom Typ *String* 255 Zeichen zur Verfügung gestellt. Weiß man jedoch genau, daß eine Zeichenkette eine bestimmte Größe nicht überschreitet, kann eine Obergrenze in eckigen Klammern (*[]*) angefügt werden, wie oben zum Beispiel *String[20]*. Vor allem bei Feldern aus Zeichenketten spart man so enorm viel Speicherplatz. Größere Zeichenkette sind leider nicht zugelassen. Möchte man mehr als 255 Zeichen in einem Feld unterbringen, muß man es explizit als *array[1..OBERGRENZE] of Char* definieren.

Nirgendwo ist zu erkennen, daß die einzelnen Variablen zusammengehören. Möchte man beispielsweise einen Datensatz an eine Prozedur oder Funktion übergeben oder lediglich einen in einen anderen kopieren, müssen alle sechs Argumente übergeben werden, bzw. sechs Zuweisungen erfolgen. Mit Records kann man die Variablen zusammenfassen, sodaß sie durch einen Namen ansprechbar sind. Die Syntax eines solchen Records ist denkbar einfach:

record
<Komponentenname ...> : Datentyp_1;
<Komponentenname ...> : Datentyp_2;

(. . .)

end;

Durch das neue Schlüsselwort *record* und ein abschließendes *end* werden normale Typdefinitionen eingeschlossen. Die Anzahl der Komponenten ist lediglich durch den Hauptspeicher Ihres Rechners begrenzt. Im Gegensatz zum Feld kam man hier Komponenten verschiedener Datentypen zusammenfassen:

In den meisten Fällen werden Variablen nicht direkt mit Recordtypen definiert, sondern es wird zunächst mit *type* ein neuer Name für den Record-Typ geschaffen. Das hat den Vorteil, daß ein Record-Typ mehrfach in einem Programm verwendet werden kann, ohne jedesmal die komplette Deklaration wiederholen zu müssen.

```
const  MAX = 100;

type  KUNDE =  record
                  vorname : String[12];
                  name, strasse, ort : String[20];
                  hausnr, plz : Word
               end;

      KARTEI = array[1..MAX] of KUNDE;
```

Der Record alleine enthält die fünf Datensätze zur Speicherung einer Person. Benötigt man im Hauptprogramm nur einen solchen Datensatz, schreibt man beispielsweise:

```
var   ein_kunde : KUNDE;
```

Erst hier wird tatsächlich Speicherplatz für einen Datensatz reserviert. Anstelle von *KUNDE* hätte man auch die komplette Record-Deklaration wiederholen können. Dies ist jedoch sehr aufwendig, wenn der Datentyp mehr als einmal verwendet wird.

Im Beispiel soll jedoch nicht nur ein einziger Kunde, sondern maximal 100 gespeichert werden. Deshalb wird der soeben neu geschaffene Record-Typ in einer weiteren Typdeklaration benutzt. Durch

```
KARTEI = array[1..MAX] of KUNDE;
```

erzeugt man einen Datentyp, der nach einer Variablendefinition Speicherplatz für 100 Datensätze vom Record-Typ *KUNDE* bereitstellt. Die einzelnen Komponenten eines Records werden im Programm genau wie normale Variablen behandelt. Möchte man beispielsweise bei der Variablen *ein_kunde* von oben einen Namen eintragen, schreibt man:

```
ein_künde.name := 'Mueller';
```

Genauso kann man den Namen mit *ReadLn* einlesen:

```
ReadLn(ein_kunde.name);
```

> Die Komponenten eines Records werden genau wie "normale" Variablen behandelt. Man spricht sie an mit dem Variablennamen des Records, unmittelbar gefolgt von einem Punkt (.), dem sogenannten **Recordoperator**, und dem Namen der Komponente.

Das folgende Beispielprogramm liest maximal 100 Datensätze ein und gibt sie sofort wieder aus.

```
program Record_Demo;

const   MAX = 100;

type   KUNDE = record
                    vorname : String[12];
                    name, strasse, ort : String[20];
                    hausnr, plz : Word
                 end;

KARTEI = array[1..MAX] of KUNDE;

   function Eingabe(var kunden : KARTEI) : Word;

   var    n : Word; (*  Zaehler fuer Anzahl  *)

   begin
      WriteLn;
      WriteLn('                    EINGABE (Ende mit
                 <RETURN> als Vorname!');
      WriteLn;
      n := 0;
      repeat
         Inc(n);
         WriteLn('Bitte geben Sie den ', n:5,
                    '. Kunden ein: ');
         Write('   Vorname: ');
         ReadLn(kunden[n].vorname);
         if Length(kunden[n].vorname) > 1 then
         begin     (*  Abbruch, wenn Vorname leer  *)
            Write('   Nachname: ');
            ReadLn(kunden[n].name);
            Write('   Strasse: ');
            Read(kunden[n].strasse);
            Write('   Hausnummer: ');
            ReadLn(kunden[n].hausnr);
            Write('   Postleitzahl: ');
            ReadLn(kunden[n].plz);
            Write('   Ort: ');
            ReadLn(kunden[n].ort)
         end

      until   (Length(kunden[n].vorname) < 1) OR
              (n >= MAX);
      if n < MAX then Dec(n);
```

```
                        (* Der Datensatz Nr. n interessiert
                           nicht, weil bei ihm abgebrochen
                           wurde. *)
            Eingabe := n    (* Rueckgabewert = Anzahl
                               eingelesener Datensaetze *)

      end;  (* Ende von Eingabe *)

      procedure Ausgabe(kunden : KARTEI; anzahl : Word);

      var    i : Word;

      begin
         WriteLn;
         WriteLn('                      A U S G A B E');
         WriteLn;
         for i := 1 to anzahl do
            WriteLn(kunden[i].vorname,' ',
                    kunden[i].name,', ',
                    kunden[i].strasse,' ',
                    kunden[i].hausnr,', ',
                    kunden[i].plz,' ',
                    kunden[i].ort);
            WriteLn
      end;  (* Ende von Ausgabe *)

   var    anzahl : Word;
          kundenkartei : KARTEI;

   begin     (* Anfang des Hauptprogramms *)

      anzahl := Eingabe(kundenkartei);
      Ausgabe(kundenkartei, anzahl)

   end.      (* Ende des Hauptprogramms *)
```

Programm 2.16 Beispiel für die Ein- und Ausgabe von Datensätzen

Auch in diesem Beispiel ist wieder konsequent an der Regel festgehalten worden, daß das Hauptprogramm nur den Ablauf steuert und keine sonstigen Aufgaben hat. Es startet zunächst die Funktion *Eingabe*, in der die Datensätze eingelesen werden. Als Ergebnis wird die Anzahl der Sätze zurückgegeben.

Mit dieser Anzahl und dem Feld aus den Records *kundenkartei* (dieses Mal jedoch als Wertparameter) wird danach die Prozedur *Ausgabe* aufgerufen, in der alle Datensätze auf den Bildschirm geschrieben werden.

Natürlich kann das Programm an zahlreichen Stellen verbessert werden. So wäre es zum Beispiel sinnvoll, die Postleitzahl auf ihre Gültigkeit zu überprüfen. Auch für Kunden aus den neuen Bundesländern ist die Codierung der Postleitzahl als Variable vom Typ *Word* noch nicht sinnvoll. Wenn in absehbarer Zeit auf ein fünfstelliges Postleitzahlensystem umgestellt wird, sollte für *plz* der Datentyp *LongInt* verwendet werden. Weiterhin sollte es das Programm erlauben, die Datensätze auf einer Festplatte abzulegen und von dort einzulesen.

Eine Erweiterung soll noch vorgestellt werden, und zwar die Sortierung der Datensätze nach ihrem Nachnamen. Dazu kann das Programm 2.16 komplett übernommen werden. Lediglich zwischen den Zeilen 74 und 75 wird der Aufruf einer Sortierprozedur

```
Sort(kundenkartei, anzahl);
```

eingefügt. Diese Prozedur kann dann beispielsweise hinter der Definition von *Ausgabe* eingefügt werden.

```
procedure Sort(var feld : KARTEI; n : Word);

    procedure Tausche(var x,y : KUNDE);
    var    temp : KUNDE;
    begin
           temp := x; x := y; y := temp
    end;


var    i, j : Word;
begin
       for i := 1 to n-1 do
              for j := i+1 to n do
                 if feld[i].name > feld[j].name then
                    Tausche(feld[i], feld[j])
end;   (*  Ende von Sort  *)
```

Es wird derselbe Sortieralgorithmus Bubblesort verwendet, der auch bereits als Übung auf Seite 111 vorgestellt wurde. Einzig die Datentypen sind zu verändern. Hier werden keine Feldelemente vom Typ *Word* sondern vom Typ *KARTEI* sortiert. Der Algorithmus durchläuft in zwei *for*-Schleifen die gesamte Kartei. Er greift auf einen Datensatz zu (Laufindex *i*) und vergleicht dessen Nachnamen mit allen dahinter liegenden (*for j = i+1 ...*). Beachten Sie bitte, daß in *TURBO PASCAL 6.0* Zeichenketten genau wie numerische Variablen (Typ *Byte*, *Word* etc.) verglichen werden können. Es wird buchstabenweise anhand des ASCII-Codes geprüft. *Mueller* ist also "größer" als *Maier*, weil das *u* im Alphabet (und damit auch im ASCII-Code) hinter *a* steht. Ist der Nachname des Datensatzes *feld[j]* größer als *feld[i]*, werden beide vertauscht. Da eine Veränderung am Feld unternommen werden soll, müssen die beiden Datensätze "by reference" an die Prozedur *Tausche* übergeben werden. Dort erweist es sich als sinnvoll, daß die Typdeklaration schrittweise erfolgte. In *Tausche* werden nicht das gesamte Feld sondern genau zwei Elemente des Record-Typs *KUNDE* benötigt. Nach dem ersten Durchlauf der inneren (*for j := i+1...*)-Schleife steht der Datensatz mit dem "kleinsten" Nachnamen am Anfang des Feldes, nach dem zweiten Durchgang der "zweitkleinste" an der zweiten Position bis schließlich alle Elemente richtig sortiert sind.

Vervollständigen Sie als Übung das auf Seite 116 vorgestellte Programm 2.16, indem Sie neben der Sortierprozedur *Sort* zwei weitere Routinen zum Lesen von bzw. Schreiben auf eine Festplatte ergänzen. Dort sollen bei Programmbeginn die Datensätze eingelesen und am Programmende weggeschrieben werden.

Falls Sie Spaß am Spielen gefunden haben, sind Sie jetzt auch in der Lage, das bekannte Spiel **TIC-TAC-TOE** zu programmieren. Es läuft nach folgenden Regeln:

1. Das Spielfeld besteht aus einem 3 x 3 Kästchen großen Feld.

2. Zwei Spieler (hier also der Computer und Sie) machen abwechselnd Punkte und Kreuze in die Kästchen.

3. Ziel des Spieles ist es, drei Punkte bzw. Kreuze in einer Spalte, Zeile oder Diagonalen zu erreichen.

Das Spielfeld wird sinnvollerweise als zweidimensionales Feld der Form *array[1..3,1..3] of Byte* implementiert. Zu Beginn müssen alle Felder geräumt werden (zum Beispiel, indem sie auf Null gesetzt werden). Es ist möglich, den Computer so geschickt spielen zu lassen, daß gegen ihn maximal ein Unentschieden möglich ist.

Spielen Sie vor dem Beginn der Programmierung ruhig ein paar Partien mit einem "menschlichen" Gegner, um ein Gefühl für die Sache zu bekommen.

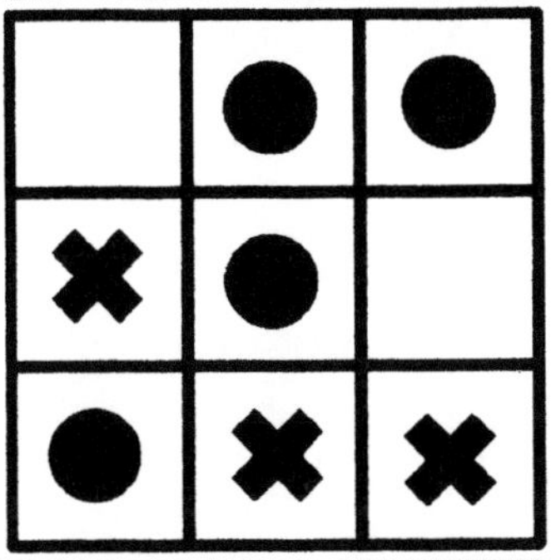

Abb. 2.9 Sieg für den Spieler mit den Punkten beim TIC-TAC-TOE

Abschnitt 3: TURBO PASCAL 6.0 durch und durch

Im vorangegangenen Abschnitt haben Sie die elementaren Sprachkonstruktionen unter *TURBO PASCAL 6.0* kennengelernt. Der Umgang mit Bedingungen, Schleifen, Feldern und Records soll nun weiter vertieft und um einige interessante Anwendungen erweitert werden. Sie werden lernen, wie man Programme mit Grafik schreibt. Die Verwendung von Zeigern wird vorgeführt und schließlich erfahren Sie, was es mit dem neuen Schlagwort **Turbo Vision** auf sich hat. Dazu ist es notwendig, daß man mit den elementaren Begriffen der objektorientierten Programmierung vertraut ist, weshalb vor der eigentlichen Programmierung mit Turbo Vision eine allgemeine Einführung in diese Begriffswelt steht.

Zunächst kommen wir jedoch noch einmal zurück zum Spiel *Leben* aus dem vorigen Abschnitt.

3.1 Vom Text zur Grafik

Alle IBM- (kompatiblen) Computer - mit Ausnahme ganz früher Modelle - kennen zwei Darstellungsarten. Bisher arbeiteten unsere Programme immer im sogenannten **Textmodus**. Dort können nur Zeichen des ASCII-Codes dargestellt werden und zwar in der Regel 80 Zeichen pro Zeile bei insgesamt 25 Zeilen. Dies wird sich nun ändern. Es werden Linien und Kreise auf den Bildschirm gezeichnet. Leider gibt es keinen einheitlichen Grafikstandard. Man kann unter diversen Grafikkarten in nahezu allen Preislagen wählen. Teurere Karten bieten meistens eine höhere Auflösung (es können mehr Punkte in horizontaler und vertikaler Richtung dargestellt werden) und sind in der Lage, mehrere Farben darzustellen. Bei der Beschreibung Ihres Rechners sollte auch die eingebaute Grafikkarte erwähnt sein. Heutzutage ist meistens eine der vier folgenden Grafikkarten eingebaut:

1. **CGA** (Colour Graphics Adapter)
2. **EGA** (Enhanced Graphics Adapter)
3. **Hercules** (nach dem Namen der Herstellerfirma)
4. **VGA** (Video Graphics Array)

Bis auf die Hercules-Karte können alle Karten Farben darstellen. Zum Glück müssen Sie sich bei der Grafikprogrammierung meistens nicht um Details kümmern. Zu *TURBO PASCAL 6.0* gehört das sogenannte **BGI** (**B**orland **G**raphics **I**nterface)-Paket, das in nahezu allen Fällen automatisch die verwendete Grafikkarte erkennt und die optimale Auflösung wählt. Ganz moderne sogenannte **Super-VGA**-Karten werden vom BGI leider noch nicht unterstützt. Zahlreiche Firmen bieten jedoch bereits Treiberdateien für noch höhere Auflösungen und Farbvielfalt an, die zu Preisen um die 50 DM erhältlich sind.

Wir wollen uns jetzt nicht lange mit theoretischen Betrachtungen über die Fähigkeiten der einzelnen Karten aufhalten, sondern direkt an einem Beispiel ausprobieren, welche Einstellung *TURBO PASCAL 6.0* für ihre Karte auswählt.

```
program TestGrafik;

uses GRAPH;

const  BGI_PFAD = 'D:\TP60\BGI';       (* Pfad zu den
                                          BGI-Dateien *)

var    grafiktreiber, grafikmodus, grafikfehler : Integer;
       max_x, max_y : Integer;

begin
   grafiktreiber := Detect;         (* Automatische Erkennung
                                       der vorhandenen Grafik-
                                       karte *)
   InitGraph(grafiktreiber, grafikmodus, BGI_PFAD);

   if GraphResult <> 0 then
   begin
      WriteLn('  Grafikfehler Nr. ', grafikfehler);
      WriteLn('  Bitte <RETURN> druecken ...');
      ReadLn;
      Halt(1)      (* Programmende mit Fehlercode *)
   end;

   max_x := GetMaxX+1;         (* max. Anzahl an Bildpunkten
                                  in horizontaler Richtung *)
   max_y := GetMaxY+1;         (* max. Anzahl an Bildpunkten
                                  in vertikaler Richtung *)
      (* Es muss 1 addiert werden, weil die erste
         Koordinate der Punkt (0,0) ist. *)
   CloseGraph;  (* Grafikmodus verlassen und zurueck-
                   schalten in den Textmodus *)
```

```
33        WriteLn('Verwendeter Grafiktreiber Nr. ',
                     grafiktreiber, ', Name: ', GetDriverName);
34        WriteLn('Gewaehlter Grafikmodus: ', grafikmodus);
35        WriteLn('Max. Punkte in horiz. Richtung: ', max_x);
36        WriteLn('Max. Punkte in vertik. Richtung: ', max_y)
37     end.
```

Programm 3.1 Automatische Erkennung der verwendeten Grafikkarte

Zunächst muß bei allen Grafikprogrammen die Bibliothek *GRAPH.TPU* durch

```
uses  GRAPH;
```

eingebunden werden. In ihr stehen alle Prozeduren und Funktionen, die den Grafikbildschirm bearbeiten. Im Programm selbst wird in Zeile 15 vom Text- in den Grafikmodus umgeschaltet. Die Prozedur *InitGraph* benötigt dazu drei Argumente. Das erste ist ein Wertparameter, der in Zeile 12 eingetragen wurde. Hier erhält er den Wert *Detect*. Diese Variable ist auch in *GRAPH.TPU* definiert und zeigt an, daß die Grafikkarte automatisch erkannt werden soll. Man kann hier auch einen der folgenden Werte vorgeben:

Cga, Mcga, Ega, Ega64, EgaMono, Ibm8514, HercMono, Att400, Vga, Pc3270

Dadurch würde *InitGraph* gezwungen, einen sogenannten **Treiber** für die angegebene Karte zu laden. Der Treiber ist eine Datei, die die eigentliche Anpassung an die Grafikkarte vornimmt. Er "übersetzt" die allgemein gehaltenen Befehle in genau die Kommandos, mit denen Ihre Garfikkarte etwas anfangen kann. Lassen Sie jedoch beispielsweise ein Programm auf einem Rechner mit einer EGA-Karte laufen und notieren vor dem Umschalten

```
grafiktreiber := Mcga;
```

kann nicht in den Grafikmodus geschaltet werden. In diesem Fall wird eine Funktion namens *GraphResult* aus der Bibliothek *GRAPH.TPU* auf einen von Null verschiedenen Wert gesetzt. Sie enthält dann eine Nummer, die Auskunft über den aufgetretenen Fehler gibt.

Eine feste Vorgabe des auszuwählenden Grafiktreibers ist nur dann sinnvoll, wenn das Programm auf einen speziellen Grafikmodus zugeschnitten ist.

Man sollte nach Möglichkeit immer *Detect* wählen, damit das Programm auf allen irgendwie grafikfähigen Rechnern laufen kann.

Als zweites Argument erhält die Prozedur *InitGraph* einen Referenz-Parameter, der im obigen Beispiel *grafikmodus* heißt. Hier trägt die Prozedur einen Wert ein, der darüber Auskunft gibt, welche Auflösung gewählt wurde. Dies ist nötig, weil fast alle Grafikkarten verschiedene Auflösungen darstellen können.

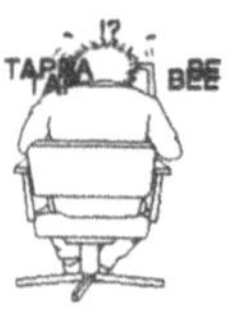

Wenn Sie wissen möchten, welches die niedrigste und welches die höchste mögliche Auflösung auf Ihrer Grafikkarte ist, können Sie als Übung zunächst die Hilfe zum Stichwort *GetModeRange* wählen. Dort wird an einem Beispiel erklärt, wie die Prozedur arbeitet. Danach bauen Sie sie so in das Programm 3.1, daß die niedrigste und höchste mögliche Auflösung ausgegeben wird.

Im obigen Beispiel wird nach der Initialisierung in Zeile 17 überprüft, ob ein Fehler aufgetreten ist. Dies kann eigentlich nur dann sein, wenn Ihr Rechner über keine Garfikkarte verfügt. Man benutzt für den Test die schon erwähnte Funktion *GraphError*. Nur wenn sie den Wert 0 hat, wurde korrekt umgeschaltet. Trat jedoch ein Fehler auf, so wird die Fehlernummer ausgegeben und das Programm wird durch die Prozedur *Halt* abgebrochen. Gibt man ihr wie im Beispiel ein Argument mit, so spricht man von einem **Fehler-Code**, den das Betriebssystem beispielsweise in einer sogenannten **Batch-Datei** abfragen kann. An diesem Punkt muß jedoch auf Einführungsbücher zum Thema DOS verwiesen werden. Allgemein kann man sagen:

> Endet ein Programm mit einem von Null verschiedenen Fehler-Code, so wurde die Ausführung nicht korrekt beendet.

Die *1* in *Halt(1)* zeigt also dem Betriebssystem, daß nicht ordnungsgemäß in den Garfikmodus geschaltet werden konnte. Es ist allerdings Aufgabe des Programmierers innerhalb des Betriebssystems eine entsprechende Abfrage durch das DOS-Kommando *Errorlevel* einzufügen.

Als drittes und letztes Argument erhält *InitGraph* die Angabe, in welchem Verzeichnis die BGI-Treiber zu finden sind. Im Beispiel ist dies *D:\TP60\BGI*. Dies wurde zu Beginn in Zeile 5 festgelegt. Befinden sich die BGI-Dateien auf Ihrem Rechner in einem anderen Verzeichnis, so muß die Zeile 5 entsprechend geändert werden.

☞ Auch das kompilierte, ausführbare Programm benötigt die BGI-Treiber. Falls Sie also ein Grafikprogramm, das mit *TURBO PASCAL 6.0* entwickelt wurde, verkaufen wollen, müssen Sie die Treiber mitliefern. Dies wird von Borland ausdrücklich gestattet.

Falls die Initialisierung klappte, wird in den Zeilen 25 und 27 die maximale Anzahl von Bildpunkten in horizontaler und in vertikaler Richtung ermittelt. Man muß jeweils 1 addieren, weil die Funktionen *GetMaxX* bzw. *GetMaxY* die größtmögliche Koordinate liefern. Dies ist beispielsweise auf einer VGA-Karte eine 639 für die x- (Horizontale) und eine 479 für die y- (Vertikale) Richtung. Der erste Bildpunkt in der linken oberen Bildschirmecke ist jedoch der Punkt (0,0). Deshalb gibt es insgesamt 640*480 Bildpunkte (sogenannte Pixel).

Danach wird über die Funktion *CloseGraph* in Zeile 31 zurück in den Textmodus geschaltet. Dort werden die ermittelten Daten ausgegeben. Interessant ist vor allem die Funktion *GetDriverName*, die in Zeile 33 innerhalb der *WriteLn*-Prozedur aufgerufen wird. Sie liefert als Zeichenkette den Namen des gewählten Grafiktreibers, zum Beispiel *HERCMONO*.

Damit wurde zum ersten Mal der Grafikmodus aktiviert. Es wurde jedoch noch nichts in ihm ausgegeben. Bisher haben wir nur einige seiner Daten ermittelt und diese im Textmodus ausgegeben. Als nächstes soll das Programm zum Spiel *Leben* aus dem vorangegangenen Abschnitt vom Text- in den Grafikmodus übertragen werden. Dabei kann der modulare Aufbau der zweiten Version benutzt werden. Es müssen "nur" die Prozeduren *Init* zum Initialisieren des Spielfeldes, *Input* zum Einlesen der Ausgangssituation und *Display* zur Ausgabe der Folgegenerationen, verändert werden. Der Rest bleibt bis auf eine geringfügige Änderung im Hauptprogramm identisch. Dort wird lediglich die abschließende Textausgabe entfernt.

```
program Leben3;

   (*  Das Programm simuliert das bekannte Spiel Leben,
       das Fortentwicklungszyklen nachbildet.

       Die dritte Version verwendet einen beliebigen
       Grafikbildschirm.  *)


uses   CRT, GRAPH;

const  VER = 3.0;  (*  nun mit Grafikunterstuetzung  *)
       LAENGE = 8;
       TOT = 0;
       LEBENDIG = 1;
       BGI_PFAD = 'D:\TP60\BGI';    (*  Pfad zu den BGI-
                                          Treiberdateien  *)

type   FELDTYPE = array[0..(LAENGE+1),0..(LAENGE+1)] of Byte;

var    max_x, max_y : Word;       (*  globale Variablen fuer
                                      die maximalen Bildschirm-
                                      koordinaten.  *)


   procedure Init(var feld : FELDTYPE);

   (*  Hier muss nun einiges geaendert werden, weil zur
       Ausgabe nicht mehr die Standardprozeduren Write
       bzw. WriteLn verwendet werden koennen.  *)

   var    x, y : Byte;
          grafiktreiber, grafikmodus : Integer;
          fehlercode : Word;

   begin                                       (*  1. begin  *)
      (*  Zunaechst die Ueberschrift und die
          Initialisierung des Spielfeldes  *)

      grafiktreiber := detect;
         (*  automatische Erkennung der
             verwendeten Grafikkarte  *)
      InitGraph(grafiktreiber, grafikmodus, BGI_PFAD);
         (*  Grafikpaket initialisieren  *)

      fehlercode := GraphResult;
      if fehlercode <> 0 then
```

```
      begin
         WriteLn('  Grafik-Fehler: ',
                        GraphErrorMsg(fehlercode));
         Write('  Entweder ist Ihr Rechner nicht
                      grafikfähig oder ');
         WriteLn('  die BGI-Dateien können nicht in');
         WriteLn(BGI_PFAD, ' gefunden werden.');
         Halt(1)   (*  Fehlercode fuer DOS, Abbruch  *)
      end;

      (*  Ab hier befindet man sich im Grafikmodus  *)

      SetGraphMode(grafikmodus);

      max_x := GetMaxX;   (*  Max. Bildschirmhoehe  *)
      max_y := GetMaxY;   (*  Max. Bildschirmbreite  *)
      SetBkColor(Blue);   (*  akt. Hintergrundfarbe,
                                auch bei monochr. Karte  *)
      SetColor(Yellow);   (*  akt. Vordergrundfarbe  *)

      SetTextStyle(TriplexFont, HorizDir, 3);
              (*  Textausrichtung festelegen  *)
      SetTextJustify(CenterText, CenterText);
      OutTextXY(max_x DIV 2, max_y DIV 10, 'L E B E N');
              (*  Textausgabe  *)

      for x := 0 to (LAENGE+1) do   (*  Initialisierung  *)
         for y := 0 to (LAENGE+1) do
            feld[x,y] := TOT
   end;                                  (*  Ende 1. begin  *)


   procedure Input(var feld : FELDTYPE);
         (*  Eingabe der Ausgangssituation  *)

   var    i, x,y, x_kord, y_kord, x_asp, y_asp, x_laenge,
          y_laenge : Word;
   text : String;

   begin                                        (*  2. begin  *)

      SetColor(Red);  (*  andere Vordergrundfarbe  *)

      SetTextStyle(SmallFont, HorizDir, 5);
      OutTextXY(max_x DIV 2, max_y DIV 5, 'Geben Sie
                     bitte die Ausgangssituation ein');
      i := 1;
      SetFillStyle(EmptyFill, Blue);
```

```
      repeat
        (*  Flaeche raeumen  *)
        Bar(0,max_y DIV 5 + 20, max_x, max_y);
        SetTextJustify(LeftText, CenterText);
            (*  Textausrichtung jetzt links am Cursor  *)

        SetColor(White);
        Str(i, text);(*  Umwandlung Zahl i
                                 -> Zeichenkette text  *)

        text := text + '. Element:';
        OutTextXY(max_x DIV 3, max_y DIV 3, text);
        OutTextXY(max_x DIV 3, Trunc(max_y / 2.5),
                      'x = ');
        x := Ord(ReadKey)-Ord('0');
              (*  Einlesen x-Koordinate  *)
        if x in [0..LAENGE] then
        begin                                 (*  3. begin  *)
          Str(x, text);
          OutTextXY(Trunc(max_x / 2.5),
                        Trunc(max_y / 2.5), text);
          OutTextXY(max_x DIV 3, Trunc(max_y / 2.25),
                        'y = ');
          y := Ord(ReadKey) - Ord('0');
              (*  Einlesen der y-Koordinate  *)
          if y in [0..LAENGE] then
          begin                               (*  4. begin  *)
            Str(y, text);
            OutTextXY(Trunc(max_x / 2.5),
                          Trunc(max_y / 2.25), text)
          end                         (*  Ende 4. begin  *)
        end;                            (*  Ende 3. begin  *)

        if (((x <> 0) XOR (y <> 0)) OR
           (NOT ((x in [0..LAENGE]) AND
           (y in [0..LAENGE]))) OR
           (feld[x,y] = LEBENDIG)) then

        begin                                 (*  5. begin  *)
          Sound(440);      (*  Kurzes Piepen  *)
          Delay(100);
          NoSound;
          SetTextJustify(CenterText, TopText);
          OutTextXY(max_x DIV 2, Trunc(max_y / 1.75),
                      'FALSCHE KOORDINATE !');
          Delay(1000)
        end else                        (*  Ende 5. begin  *)
```

```
          begin                                     (*  6. begin  *)
             Delay(250);
             feld[x,y] := LEBENDIG;
             Inc(i)
          end;                                (*  Ende 6. begin  *)

       until (x = 0) AND (y = 0);

       (*  Spielfeldaufbau  *)
       GetAspectRatio(x_asp, y_asp);
       x_laenge := max_x DIV 3;
       y_laenge := Round((x_asp/y_asp) * x_laenge);

       Bar(0,max_y DIV 6, max_x, max_y);
       SetFillStyle(SolidFill, LightMagenta);
       for x := 0 to LAENGE do
            (*  weil es LAENGE+1 horizontale
                und vertikale Liniene im Spiel-
                feld gibt.  *)
       begin                                        (*  7. begin  *)
          x_kord := max_x DIV 3+Round(x_laenge/LAENGE*x);
          y_kord := max_y DIV 3;
          Bar(x_kord, y_kord, x_kord+4, y_kord+y_laenge)
       end;                                   (*  Ende 7. begin  *)

       for y := 0 to LAENGE do
       begin                                        (*  8. begin  *)
          x_kord := max_x DIV 3;
          y_kord := max_y DIV 3+Round(y_laenge/LAENGE*y);
          Bar(x_kord, y_kord, x_kord+x_laenge+4,
              y_kord+4*Round(x_asp/y_asp));
       end;                                   (*  Ende 8. begin  *)

    end;                                      (*  Ende 2. begin  *)


    procedure NextGen(var feld : FELDTYPE);
          (*  Berechnung der Folgegeneration  *)

       (*  wie zuvor in Leben2 *)

    end;                                      (*  Ende 11. begin  *)


```

```
    function Display(gen : Integer; feld : FELDTYPE) :
                                                          Integer;
        (*  Bildschirmausgabe  *)

    var    x, y : Byte;
        i, x_kord, y_kord : Integer;
        x_asp, y_asp, x_laenge, y_laenge : Word;
        text_gen, text_i : String[10];
        text : String;

    begin                                           (*  13. begin  *)
      i := 0;

      (*  Hilfsvariablen fuer Koordinaten  *)
      GetAspectRatio(x_asp, y_asp);
      x_laenge := max_x DIV 3;
      y_laenge := Round((x_asp/y_asp) * x_laenge);

      for x := 1 to LAENGE do
        for y := 1 to LAENGE do
        begin                                       (*  14. begin  *)
          if feld[x,y] = LEBENDIG then
          begin                                     (*  15. begin  *)
            SetFillStyle(SolidFill, Red);
            Inc(i)
          end else                        (*  Ende 15. begin  *)
            SetFillStyle(EmptyFill, Blue);

            x_kord := max_x DIV 3 +
                         Round((x_laenge/LAENGE)*x) -
                         Round(x_laenge/(2*LAENGE)) - 3;
            y_kord := max_y DIV 3 +
                         Round((y_laenge/LAENGE)*y) -
                         Round(y_laenge/(2*LAENGE)) -
                         3*Round(x_asp/y_asp);

            Bar(x_kord, y_kord, x_kord+10,
                y_kord+10*Round(x_asp/y_asp));

        end;                                 (*  Ende 14. begin  *)


      Str(gen, text_gen);  Str(i, text_i);

      text := text_gen + '. Generation, Bevoelkerung: '
                + text_i;

      SetFillStyle(EmptyFill, Blue);
                (*  letzte Zeile raeumen  *)
      Bar(0, Round(max_y*0.9)-6, max_x, max_y);
```

```
            SetColor(White);
            SetTextJustify(CenterText, CenterText);
            OutTextXY(max_x DIV 2, Round(max_y * 0.9), text);
            Delay(500);

            Display := i (*  Rueckgabewert  *)
         end;                                     (*  Ende 13. begin  *)


   (*  ---  Ab hier das eigentliche Hauptprogramm  ---  *)

   var   gen : Integer;
         feld : FELDTYPE;

   begin                                          (*  16. begin  *)
      (*  Hauptprogramm  *)
      gen := 1; (*  Zähler für Generat. init.  *)
      Init(feld);
      Input(feld);
      if Display(gen, feld) <> 0 then

      (*  Hier startet die Berechnung der Folgegenerat.  *)

         repeat
            Inc(gen);
            NextGen(feld);

         until (Display(gen, feld) = 0) OR
                  (KeyPressed = true);

   end.                                           (*  Ende 16. begin  *)
```

Programm 3.2 Grafikversion des Spiels Leben

Man sieht, daß einiger Aufwand nötig ist, um im Grafikmodus zu arbeiten. Dies hat im wesentlichen zwei Gründe. Zum einen können zur Textausgabe nicht die Prozeduren *Write* bzw. *WriteLn* verwendet werden. Stattdessen wird *OutText* bzw. *OutTextXY* verwendet. Die beiden Prozeduren unterscheiden sich nur dadurch, daß bei *OutTextXY* genau angegeben werden kann, ab welcher Pixel-Position der Text ausgegeben werden soll.

Zum anderen muß auf die unterschiedlichen Auflösungen der verschiedenenen Grafikkarten Rücksicht genommen werden. Das Pixel (160,100) befindet sich im CGA-Modus beispielsweise genau in der Mitte des Bildschirms. Auf einer VGA-Karte mit 640*400 Punkten ist es dagegen relativ weit in der linken oberen Ecke des Bildschirms. Das 8*8 Kästchen große Spielfeld soll sich jedoch immer genau in der Mitte befinden. Außerdem sollen die Linien imer in etwa die gleiche Dicke haben und Texte sollen übersichtlich angeordnet werden. Man darf also keine absoluten Pixel-Werte verwenden, sondern muß sie in Abhängigkeit von der gewählten Auflösung setzen.

Betrachten wir zunächst die modifizierte Prozedur *Init* ab Zeile 26. Die ersten Zeilen bis 61 sollten vom vorhergehenden ersten Demonstrationsprogramm bekannt sein. Dort wird in den Grafikmodus umgeschaltet. In den Zeilen 64 und 66 werden die Ausgabefarben beeinflußt. Durch

```
SetColor(Yellow);
```

erfolgen alle nachfolgenden Ausgaben in gelber Vordergrundfarbe (sofern diese Farbe auf Ihrer Karte zur Verfügung steht). Die Angabe

```
SetBkColor(Blue);
```

bewirkt, daß der Bildschirmhintergrund nicht länger schwarz sondern blau gezeichnet wird. Bei *Yellow* und *Blue* handelt es sich um Konstanten, die in *GRAPH.TPU* definiert sind. Dadurch ist der Benutzer nicht gezwungen, ständig nachzuschlagen, welcher Zahlenwert welcher Farbe entspricht. Möchten Sie erfahren, welche anderen Farben von *TURBO PASCAL 6.0* unterstützt werden, erfahren Sie dies unter dem Index-Stichwort *Color*. Das zugehörige Hilfsfenster ist in Abb. 3.1 dargestellt.

Die Angaben zu *Color* beziehen sich zwar auf die Darstellung im Textmodus. Im Grafikmodus werden jedoch dieselben Konstanten verwendet. Allerdings ist dort keine blinkende Darstellung möglich.

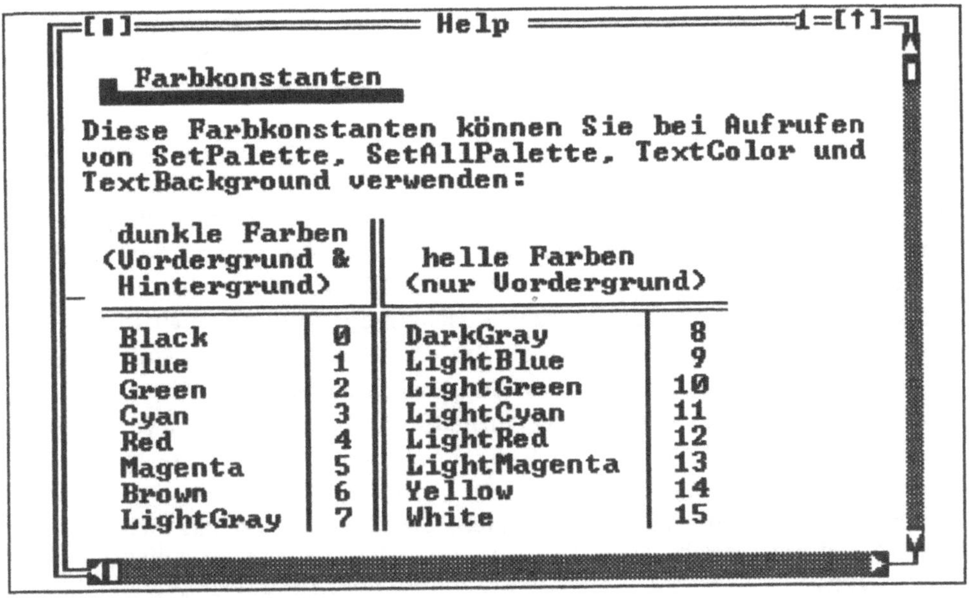
Help

Farbkonstanten

Diese Farbkonstanten können Sie bei Aufrufen von SetPalette, SetAllPalette, TextColor und TextBackground verwenden:

dunkle Farben (Vordergrund & Hintergrund)		helle Farben (nur Vordergrund)	
Black	0	DarkGray	8
Blue	1	LightBlue	9
Green	2	LightGreen	10
Cyan	3	LightCyan	11
Red	4	LightRed	12
Magenta	5	LightMagenta	13
Brown	6	Yellow	14
LightGray	7	White	15

Abb. 3.1 Hilfsfenster zum Index-Stichwort Color

Nach der farblichen Gestaltung soll der erste Text auf dem Grafikbildschirm ausgegeben werden. Dazu wird in Zeile 66 zunächst durch die Prozedur *SetTextStyle* festgelegt, in welchem Zeichensatz und in welcher Ausrichtung die Ausgabe erfolgen soll. Die Angabe

```
SetTextStyle(TriplexFont, HorizDir, 5);
```

bewirkt, daß der Zeichensatz **Triplex** in einer horizontalen Ausrichtung verwendet wird. Horizontal heißt, daß die auszugebenden Zeichen, wie allgemein üblich, von links nach rechts angezeigt werden. Als Alternative kann ein *VertDir* angegeben werden. Danach würden die Zeichen nicht neben- sondern untereinander ausgegeben. Genau wie *HorizDir* und *VertDir* ist auch *TriplexFont* eine Konstante aus *GRAPH.TPU*. Als weitere Zeichensätze stehen dort über die Konstanten *SmallFont*, *SansSerifFont*, *GothicFont* und *DefaultFont* die Zeichensätze **Small**, **SansSerif**, **Gothic** sowie ein Standard-Zeichensatz, der dem normalen Textzeichensatz sehr ähnlich sieht, zur Verfügung. Die Hilfe zum Index-Stichwort *SetTextStyle* zeigt ein weiteres Beispiel für die Verwendung.

Man sollte in einem Programm maximal zwei verschiedene Zeichensätze verwenden, weil sonst ein unruhiger Gesamteindruck entsteht. Weniger ist also auch hier oft mehr.

Als letztes Argument benötigt *SetTextStyle* eine Größenangabe, in der der Zeichensatz dargestellt werden soll.

☞ Über die Prozedur *InstallUserFonts* kann der Benutzer eigene Fonts definieren und in seine Programme einbinden.

Die nachfolgende Prozedur *SetTextJustify* in Zeile 68 gibt immer noch keinen Text aus, sondern legt fest, wie er ausgerichtet werden soll. Der Programmierer gibt bei der anschließenden Textausgabe einen Punkt an, an dem der Text ausgerichtet werden soll. Duch den Aufruf von *SetTextJustify* mit den Argumenten *CenterText* richtet *TURBO PASCAL* den Text so aus, daß der Punkt, den der Benutzer als Ausrichtung festlegt, genau in der Mitte des Textes liegt. Weitere Konstante für das erste Argument sind *LeftText*, wodurch der Text linksbündig am Ausgabebildpunkt ausgerichtet wird, und *RightText*, wodurch rechtsbündig formatiert wird. Analog kann durch die Konstanten *BottomText* und *TopText* als zweitem Argument festgelegt werden, daß die Textausgabe oberhalb bzw. unterhalb des gewünschten Bildpunktes erfolgt. Dieser mehrfach erwähnte Bildpunkt wird in der Prozedur *OutTextXY* in Zeile 69 als erstes und zweites Argument übergeben. Die Angabe

```
OutTextXY(max_x DIV 2, max_y DIV 10, 'L E B E N');
```

ist folgendermaßen zu verstehen. *max_x DIV 2* ist die sogenannte **x-Koordinate**. Sie gibt an, in der wievielten Spalte von links ausgegeben werden soll. Es wurde bereits erwähnt, daß hier keine absolute Zahl stehen darf, wenn verschiedene Auflösungen berücksichtigt werden sollen und der Text überall an der gleichen Stelle stehen soll. Die Angabe *max_x DIV 2* sorgt dafür, daß genau die mittlere Bildschirmspalte benutzt wird. In *max_x* steht die maximal mögliche Angabe in x-Richtung (Horizontale). Teilt man diese Angabe durch zwei, erhält man folglich die mittlere Spalte. Ganz ähnlich verhält es sich mit der Zeilenposition *max_y DIV 10*. Hier wird jedoch nicht in der Mitte, sondern im oberen Zehntel ausgegeben. Der eigentliche Text ist das dritte Argument. Diese Zeichenkette steht genau wie bei *Write* bzw. *WriteLn* in einfachen Hochkommas.

☞ Die Grafikzeichensätze von *TURBO PASCAL 6.0* kennen zur Zeit noch keine deutschen Umlaute.

Der Rest von *Init* hat nichts mit Grafikausgabe zu tun und ist bereits aus dem zweiten Abschnitt bekannt. In den Zeilen 72 bis 74 wird das Spielfeld initialisiert.

Noch aufwendiger wird die Eingaberoutine *Input* ab Zeile 78. Hier wird zunächst die Ausgabefarbe durch

```
SetColor(Red);
```

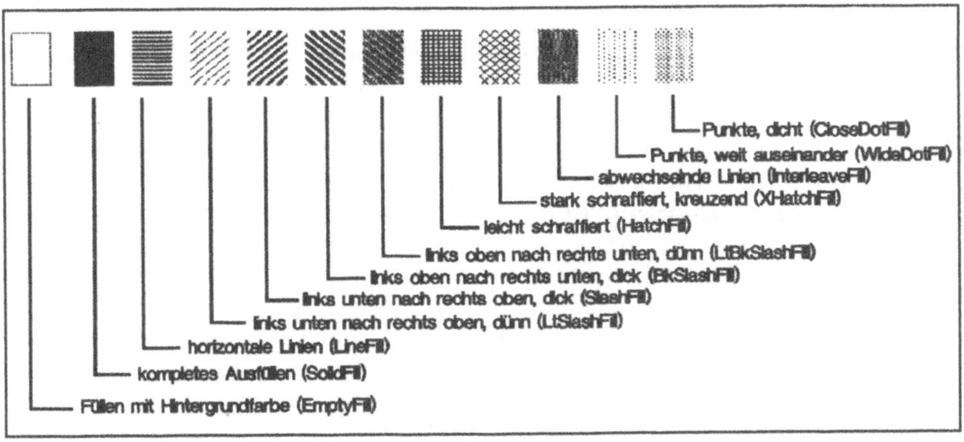

Abb. 3.2 Füllmuster für Flächen unter TURBO PASCAL 6.0

von gelb nach rot verändert. Danach wird der Zeichensatz in *SmallFont* verändert. In Zeile 91 wird dann bestimmt, in welcher Art und Weise ganze Flächen ausgefüllt werden. Der Aufruf

```
SetFillStyle(EmptyFill, Blue);
```

sorgt dafür, daß die Prozedur *Bar* in der anschließenden *repeat*-Schleife den dort angegebenen Bereich in blauer Farbe füllt. Anstelle von *EmptyFill* hätte hier jedes beliebige Füllmuster angegeben werden können, da Vorder- und Hintergrundfarbe übereinstimmen.

Welche Muster noch zur Verfügung stehen, zeigt Abb. 3.2. Zusätzlich existiert das Muster *UserFill*, das der Programmierer durch die Prozedur *SetFillPattern* selbst definieren kann.

Danach beginnt in Zeile 92 die *repeat*-Schleife, die den Benutzer nach der Ausgangssituation fragt. Zunächst wird die Fläche ab den Koordinaten *0* in x-Richtung und *max_y DIV 5* in y-Richtung leergeräumt. Dazu wird die Prozedur *Bar* verwendet, die ein ausgefülltes Rechteck in der durch *SetUserFill* festgelegten Farbe und dem dort auch angegebenen Muster zeichnet. In den folgenden Zeilen 95 bis 98 werden die Vorgaben für die Textausgabe verändert. Sie erfolgt jetzt in weißer Farbe und nicht mehr zentriert, sondern linksbündig, wegen der Angabe *LeftText* in der Prozedur *SetTextJustify*. In Zeile 99 zeigt sich dann eine weitere Schwierigkeit im Umgang mit grafischen Ausgaben. Konnte man bei *Write* bzw. *WriteLn* Zahlen, Konstanten und Variablen ohne Probleme als Argumente übergeben, so verkraftet *OutTextXY* ausschließlich eine Zeichenkette. Aus diesem Grund muß der Wert der Variablen *i*, die angibt, das wievielte Feld gerade belegt wird, in eine Zeichenkette umgewandelt werden. Zum Glück bietet *TURBO PASCAL 6.0* dafür die Prozedur *Str*. Sie erhält als erstes Argument den umzuwandelnden Wert und als zweites die Zeichenkette, in die der Wert eingetragen wird.

Die Prozedur *Str* ist das Gegenstück zu *Val*. Sie wandelt eine Zahl vom Typ *Integer* oder *Real* in eine Zeichenkette um, die die entsprechenden Ziffern enthält.

Es soll jedoch nicht bloß die Zahl *i*, sondern auch ein erklärender Text ausgegeben werden. Deshalb wird die Zeichenkette *text* in Zeile 102 durch

```
text := text + '. Element: ';
```

erweitert. Danach erfolgt die Textausgabe, wobei wiederum eine Position berechnet wird, die dafür sorgt, daß der Text zentral auf dem Grafikbildschirm erscheint.

So setzt sich die Schleife fort. Die Schwierigkeit besteht wie erwähnt nur darin, den Text sinnvoll zu positionieren und nur Zeichenketten ausgeben zu dürfen. Es bleibt noch übrig, die Zeilen 105 und 111 zu erklären. Dort werden die Werte der Feldkoordinaten eingelesen. Bisher konnten wir dazu die Prozeduren *Read* bzw. *ReadLn* verwenden. Auch dies ist im Grafikmodus nicht möglich, weil die eingegebenen Zahlen nicht dargestellt werden können.

Genau wie die Prozeduren *Write* bzw. *WriteLn* können *Read* und *ReadLn* nur im Textmodus verwendet werden. Im Grafikmodus wird mit *OutText* bzw. *OutTextXY* ausgegeben und über die Funktion *ReadKey* direkt die Tastatur abgefragt. Dabei erscheinen die Eingaben jedoch nicht auf dem Bildschirm. Dies muß der Programmierer zusätzlich implementieren.

Die Funktion *ReadKey* liefert einen Wert vom Typ *Char*. Um diesen Wert in eine Zahl umzuwandeln, muß vom Ergebnis von *ReadKey* der ordinale Wert des Zeichens '0' durch *Ord('0')* abgezogen werden. *Ord(ReadKey)* liefert den Wert des gedrückten Zeichens im ASCII-Code. *Ord('0')* liefert immer den Wert 48. Gibt man beispielsweise das Zeichen '5' ein, so enthält die Variable *x* nach der Zuweisung

```
x := Ord(ReadKey) - Ord('0');
```

den Wert 5, da der ASCII-Code von '5' der Zahlenwert 53 ist (53 - 48 = 5). Nach dieser Umwandlung kann *x* genauso überprüft werden wie nach einem Einlesen mit *Read* bzw. *ReadLn*.

An einigen Stellen der Textausgabe wird die Funktion *Trunc* benötigt. Sie ist nötig, weil als Koordinaten nur ganze Zahlen zugelassen sind. In Zeile 109 wird als Koordinate jedoch beispielsweise *max_x / 2.5* angeben. Die

Funktion *Trunc* schneidet alle bei der Division entstehenden Nachkommastellen ab, sodaß *OutTextXY* die geforderte ganze Zahl erhält.

Nach dem Einlesen wird in der Prozedur *Input* ab Zeile 138 das Spielfeld aufgebaut. Im Unterschied zur Textmodus-Version werden nicht nur die Felder ausgegeben, sondern es wird ein richtiges Feld aus neun waagerechten und senkrechten Linien gezeichnet. Ziel ist es, das Feld möglichst quadratisch erscheinen zu lassen. Bei den verschiedenen Grafikkarten ist das Verhältnis von horizontalen zu vertikalen Punkten jedoch nicht überall gleich. So hat eine VGA-Karte beispielsweise 640 horizontale und 480 vertikale Bildpunkte, während eine Hercules-Karte mit 720*384 Punkten arbeitet. Ein Rechteck mit 100 Punkten in waagerechter und 75 Punkten in senkrechter Richtung ist also auf der VGA-Karte ein exaktes Quadrat, während es auf der Hercules-Karte eher wie eine Säule aussieht. Auch hier sind also wieder keine absoluten Angaben möglich.

Abhilfe schafft die Prozedur *GetAspectRatio* in Zeile 139. Wie der Name andeutet, liefert sie das Seitenverhälnis auf der benutzten Grafikkarte. Durch

```
x_laenge := max_x DIV 3;
```

wird festgelegt, daß das Spielfeld etwa ein Drittel der maximalen Bildschirmbreite einnehmen soll. Um daraus ein Quadrat zu machen, wird die Länge in y-Richtung durch

```
y_laenge := Round((x_asp/y_asp) * x_laenge);
```

bestimmt. Die Funktion *Round* sorgt dafür, daß *y_laenge* ganzzahlig ist. Im Unterschied zum weiter oben verwendeten *Trunc* wird hier gerundet und nicht abgeschnitten. Ein 1.5 wird also beispielsweise zu 2, während 1.4 auf 1 gerundet wird.

Damit sind alle zur Grafikausgabe benutzten Prozeduren und Funktionen vorgestellt. Sie sollten sich jetzt die Funktion *Display* ab Zeile 214 ansehen. Auch dort besteht das größte Problem im Ansteuern der unterschiedlichen Grafikkarten. Neues gibt es nicht.

Neben der grafischen Ausgabe wird an relativ unscheinbarer Stelle ein weiterer Sinn angesprochen, der Hörsinn. Auch dies ist mit *TURBO PASCAL 6.0* möglich. Die Prozedur *Sound* sorgt in Zeile 123 dafür, daß der Lautsprecher Ihres Rechners ertönt. Als Argument erhält sie eine Angabe in Hertz, die die Tonhöhe festlegt. Das menschliche Ohr ist in der Lage, Töne von 20 Hertz bis 16 Kilohertz wahrzunehemen. Der hier angegebene Wert 440 ist also noch verhältnismäßig tief. Er entspricht dem Kammerton a.

Die bereits mehrfach an anderer Stelle verwendete Prozedur *Delay* verzögert in Zeile 124 den Programmablauf um eine Zehntel Sekunde. Danach wird der Ton durch die Prozedur *NoSound* abgeschaltet. Ohne diesen Aufruf würde das Programm mit eingeschaltetem Lautsprecher weiterlaufen, was ziemlich nervtötend ist.

Testen Sie als Übung ruhig Ihren Rechner (und Ihr Gehör), indem Sie eine *for-Schleife* programmieren, die alle Töne von 20 bis 20000 Hertz ausgibt.

Als umfangreichere Übung können Sie das im vorigen Abschnitt als Übung vorgestellte Spiel TIC-TAC-TOE an den Grafikbildschirm anpassen. Wenn Sie geschickt programmiert haben, daß heißt eine separate Prozedur zur Ein- und Ausgabe, halten sich die Änderungen im Rahmen.

3.2 Etwas Bewegung bitte

Wir wollen noch ein wenig bei der Grafikprogrammierung verweilen. Das Spiel *Leben* ist bei geschickter Wahl der Ausgangssituation schon relativ interessant. Man kann jedoch nicht davon sprechen, daß es ein tatsächlich bewegtes Spiel ist. Es werden Punkte auf dem Bildschirm gezeichnet und gelöscht. Auf schnellen Rechnern mag sogar der Eindruck von fließenden Bewegungen entstehen. Auch diese sind jedoch sehr ruckartig. Das nächste Ziel soll es nun sein, tatsächlich fließend bewegte (man sagt auch animierte) Grafiken zu erzeugen. Um Ihren eigenen Experimenten nicht zuviel vorweg zu nehmen (und um vor allem den Quelltext überschaubar zu halten), beschränkt sich das im folgenden vorgestellte Programm darauf, einen Ball über den Bildschirm hopsen zu lassen.

```
program BouncingBall;

(*  Das Programm laesst einen Ball kreuz und quer ueber
    den Bildschirm hopsen  *)

uses  CRT, GRAPH;

const  BGI_PFAD = 'D:\TP60\BGI';             (*  Pfad zu den
                                                 BGI-Dateien  *)
       RADIUS = 30;

var    max_x, max_y : Integer;        (*  globale Variablen  *)


    function GetSpeed : Byte;
       (*  fragt nach der Geschwindigkeit, mit der
           der Ball fliegen soll  *)

    var    speed, code : Integer;
           text : String;

    begin
       repeat
          Write('  Bitte Geschwindigkeit des Balles
                     eingeben: ');
          ReadLn(text);
          Val(text, speed, code);
          if (code <> 0) OR (NOT (speed in [1..10])) then
             WriteLn('  Die Geschwinidkeit muss zwischen
                            1 und 10 liegen!');
       until (code = 0) AND (speed in [1..10]);

       GetSpeed := Byte(speed)        (*  explizite
                                          Typumwandlung  *)

    end;  (*  Ende von GetSpeed  *)


    procedure Bounce(speed : Byte);
       (*  steuert den gesamten Vorgang bis der
           Benutzer eine Taste drueckt.  *)

    type   CORDS = record
                      x, y, x_old, y_old : Word;
                   end;

    GRAD   = -360..360;     (*  TEILBEREICHSTYP  *)

```

```
      var   average_x, average_y : Integer;
            p : Pointer;
            size : Word;
            dir : GRAD;


         procedure ClearAndShow(pos : CORDS);
            (*  Loescht den Ball an der alten Position
                und setzt ihn an der neuen  *)

         begin
            PutImage(pos.x_old - average_x,
                       pos.y_old - average_y, p^, XorPut);
               (*  Loeschen an alter Position  *)

            PutImage(pos.x - average_x,
                       pos.y - average_y, p^, XorPut);
               (*  Setzen an neuer Position  *)

         end;      (* Ende von ClearAndShow  *)


         procedure NextPos(var pos : CORDS; speed : Byte);

            function Collision_X : BOOLEAN;
               (*  Testet, ob der Ball an den linken
                   oder rechten Bildschirmrand stoesst. *)
            begin
               if (pos.x - 2*average_x < 0) OR
                  (pos.x + 2*average_x > max_x) then
                  Collision_X :=  true
               else
                  Collision_X := false

            end;  (* Ende von Collision_X  *)


            function Collision_Y : BOOLEAN;
               (*  Testet, ob der Ball an den oberen
                   oder unteren Bildschirmrand stoesst. *)
            begin
               if (pos.y - 2*average_y < 0) OR
                  (pos.y + 2*average_y > max_y) then
                  Collision_Y := true
               else
                  Collision_Y := false
            end;     (*  Ende von Collision_Y  *)
```

```
   begin

      if Collision_Y = true then
      begin
         Sound(220);
         dir := 180 - dir
      end else
         if Collision_X = true then
         begin
            Sound(220);
            dir := 360 - dir
         end;

      pos.x_old := pos.x;
      pos.y_old := pos.y;

      pos.x := pos.x+Round(sin(dir * (PI/180))*speed);
      pos.y := pos.y+Round(cos(dir * (PI/180))*speed);

      NoSound;

   end;      (*  Ende von NextPos  *)


var   pos : CORDS;
      x_asp, y_asp : Word;

begin
   (*  Startposition festlegen  *)
   pos.x := max_x DIV 2;
   pos.y := max_y DIV 2;
   pos.x_old := pos.x;
   pos.y_old := pos.y;
   SetFillStyle(WideDotFill, Red);
   SetBkColor(Black);
   SetColor(White);
   GetAspectRatio(x_asp, y_asp);
   average_x := max_x DIV RADIUS;
   average_y := average_x * Round(x_asp/y_asp);

   FillEllipse(pos.x, pos.y,average_x, average_y);

   GetMem(p, ImageSize(0,0,2*average_x+1, 2*average_y+1));
      (*  Speicherplatz reservieren, in den der
          Bildausschnitt fuer ClearAndShow kopiert
          wird.  *)
   GetImage(pos.x - average_x,
             pos.y - average_y,
             pos.x + average_x,
             pos.x + average_y, p^);
```

```
            (*  Kopieren des Auschnittes  *)
         Randomize;   (*  Initialisieren des Zufallsgenerat.  *)
         dir := Random(360); (*  Zuf. zw. 0 und 360  *)

         repeat
            (*  Dies ist die wichtigste Schleife, in der
                die Prozeduren zur Darstellung und zur
                Errechnung der naechsten Position aufge-
                rufen werden  *)

            NextPos(pos, speed);
            ClearAndShow(pos);
         until KeyPressed = true;

   end;      (*  Ende von Bounce  *)


   (*  Hauptprogramm  *)

   var   grafiktreiber, grafikmodus, grafikfehler : Integer;
         speed : Byte;

   begin
      ClrScr;       (*  Bildschirm loeschen  *)
      speed := GetSpeed;
      grafiktreiber := Detect;          (*  Automatische Erkennung
                                            der vorhandenen Grafik-
                                            karte  *)
      InitGraph(grafiktreiber, grafikmodus, BGI_PFAD);

      if GraphResult <> 0 then
      begin
         WriteLn('  Grafikfehler Nr. ', grafikfehler);
         WriteLn('  Bitte <RETURN> druecken ...');
         ReadLn;
         Halt(1)
      end;

      max_x := GetMaxX;       (*  max. Anzahl an Bildpunkten
                                  in horizontaler Richtung  *)
      max_y := GetMaxY;       (*  max. Anzahl an Bildpunkten
                                  in vertikaler Richtung  *)
      SetTextJustify(CenterText, CenterText);
      SetColor(Yellow);
      SetTextStyle(SansSerifFont, HorizDir, 4);
      OutTextXY(max_x DIV 2, max_y DIV 6,
                'B O U N C I N G   D E M O');
      SetTextStyle(SansSerifFont, HorizDir, 2);
```

```
193        OutTextXY(max_x DIV 2, max_y DIV 3,
                     'aus Effektiv Starten mit TURBO PASCAL 6.0');
194
195        Bounce(Speed);
196        CloseGraph;
197     end.      (*  Ende von BouncingBall  *)
```

Programm 3.3 Ein springender Ball

Die entscheidenen Neuerungen finden sich in der Prozedur *ClearAndShow* und zu Beginn der Prozedur *Bounce*. Fangen wir jedoch vorne an. Die Konstante *BGI_PFAD* legt wieder fest, in welchem Verzeichnis die Treiber für das *TURBO PASCAL* Grafikpaket abgelegt sind. Die zweite Konstante *RADIUS*, die in Zeile 10 auf den Wert 10 gesetzt wird, gibt an, wie groß der Ball ist, der da über den Bildschirm hopsen soll. Man muß bedenken, daß sich sowohl in der Darstellung, als auch im Verhalten beim Abprallen von den Bildschirmseiten etwas ändert, wenn der Ball vergrößert oder verkleinert wird. Alle Routinen, die sich mit diesen beiden Aufgaben beschäftigen, sind direkt von *RADIUS* abhängig, so daß nur dort Änderungen erforderlich werden. Die globalen Variablen *max_x* und *max_y*, die in Zeile 12 definiert werden, geben genau wie im vorigen Kapitel an, welches die maximalen Bildschirmkoordinaten in x- bzw. in y-Richtung sind.

Das Hauptprogramm beginnt ab Zeile 168. Es wird wieder der Grundsatz verfolgt, daß hier nur die Programmsteuerung abläuft. Zunächst wird durch *ClrScr* der (Text-) Bildschirm gelöscht. Danach wird die Funktion *GetSpeed* aufgerufen. Diese fragt den Benutzer ab Zeile 15, mit welcher Geschwindigkeit sich der Ball bewegen soll. Der Wert wird in Zeile 25 zunächst in die Stringvariable *text* eingelesen und danach durch die Prozedur *Val* in eine Zahl umgewandelt. Dieses Verfahren wurde bereits im ersten Abschnitt angewendet, um zu verhindern, daß das Programm bei einer fehlerhaften Eingabe mit einem Laufzeitfehler abbricht. Hier wird solange eingelesen, bis der Benutzer einen vernünftigen Zahlenwert zwischen 1 und 10 eingibt. Dabei ist 1 die niedrigste und 10 die höchste Geschwindigkeit des Balles.

Nach der Rückkehr in das Hauptprogramm wird dort in Zeile 174 versucht, in den Grafikmodus umzuschalten. Die Angabe *Detect* in Zeile 171 sorgt wieder für eine automatische Erkennung der benutzten Grafikkarte. Bei einem Fehler wird der Benutzer ab Zeile 177 darauf aufmerksam gemacht, daß nicht in den Grafikmodus geschaltet werden kann. In diesem Fall endet das Programm nach der Fehlermeldung. Ging alles klar, werden über die Funktionen *GetMaxX* und *GetMaxY* die maximalen Bildschirmkoordinaten ermittelt und in gelber Farbe ein Text auf den Schirm geschrieben. Der Text ist wichtig, weil daran sehr schön zu erkennen ist, wie der Ball über ihn hinweg zu "fliegen" scheint, ohne daß etwas gelöscht wird.

Das Springen des Balles wird durch den Aufruf der Prozedur *Bounce* in Zeile 195 ausgelöst. Sie erhält als Argument, die gewünschte Geschwindigkeit. Nach dem Ende von Bounce, bleibt dem Hauptprogramm nur noch übrig, durch *CloseGraph* den Grafikmodus zu beenden und so in den Textmodus zurückzuschalten.

Die eigentliche Action spielt sich in *Bounce* ab. Dort wird in den Zeilen 40 bis 42 zunächst ein neuer Datentyp definiert. *CORDS* ist ein Record, der vier Angaben enthält: Die x- und y-Koordinaten der alten und der neuen Ballposition. Dies ist sinnvoll, weil die sich anschließende Prozedur *ClearAndShow* genau diese Informationen braucht, um den Ball an der alten Position zu löschen und an der neuen darzustellen. Außerdem kann die Prozedur *NextPos* aus der alten eine neue Position berechnen und in einem Record vom Typ *CORDS* ablegen. Neben *CORDS* wird ein weiterer neuer Typ definiert. Es handelt sich um einen sogenannten **Teilbereichstyp** Dadurch wird festgelegt, daß eine Variable dieses Typs nur Werte aus dem angegebenen Bereich annehmen darf. So kann teilweise schon der Compiler prüfen, ob eine Variable sich in einem zulässigen Bereich befindet.

Der Typ

```
GRAD = -360..360;
```

in Zeile 44 legt also fest, daß alle Variablen dieses Typs (im Beispiel ist es die Variable *dir* in Zeile 49) nur Werte zwischen -360 und +360 annehmen darf. Es wird auch der negative Bereich zugelassen, weil die Richtungsänderung in den Zeilen 100 und 105 so mit nur einer Subtraktion zu berechnen ist.

☞ Teilbereichstypen sind nur für ganzzahlige (ordinale) Datentypen zugelassen. Dazu zählt auch der Typ *Char*.

Die eigentliche Prozedur *Bounce* beginnt erst ab Zeile 123. Als Startposition für den Ball wird dort zu Beginn die Mitte des Bildschirms festgelegt. Die Prozeduren *SetFillStyle*, *SetBkColor* und *SetColor* sorgen dafür, daß ein rot gepunkteter Ball mit weißem Rand über einen schwarzen Bildschirm springt. *GetAspectRatio* ermittelt dann das Verhältnis von x- zu y-Richtung. Die beiden sich anschließenden Zuweisungen in den Zeilen 133 und 134 sind wichtig. Dort erhält *average_x* den tatsächlichen Radius in x- und *average_y* den in y-Richtung. Die Konstante *RADIUS* ist unabhängig von der benutzten Grafikkarte. Erst in *average_x* und *average_y* stehen die kartenspezifischen Werte. Dabei kann die Ausdehnung in x- und y-Richtung nicht gleich sein, weil sonst kein Ball, sondern ein mehr oder weniger plattes Ei über den Bildschirm springen würde.

Der Ball wird in Zeile 136 gezeichnet. Die Prozedur

```
FillEllipse(pos.x, pos.y, average_x, average_y);
```

zeichnet an den Koordinaten *pos.x* und *pos.y* (der Mitte des Bildschirms) eine Ellipse mit den Radien *average_x* und *average_y*. Da wir die beiden Radien zuvor an das Seiten- und Höhenverhältnis des Bildschirms angepaßt haben, entsteht ein ziemlich exakter, ausgefüllter Kreis.

Fall Sie sich schon ein wenig mit *TURBO PASCAL 6.0* auskennen, fragen Sie sich vielleicht, warum nicht die Prozedur *Circle* verwendet wurde, die direkt einen Kreis zeichnet, ohne daß man sich um Seiten- und Höhenverhältnisse kümmern muß. Der Grund liegt darin, daß unser Ball mit einem Muster gefüllt werden soll und *Circle* nur "leere" Kreise zeichnen kann.

Um die beiden folgenden Anweisungen in den Zeilen 138 und 142 zu verstehen, ist eine Vorabbemerkung nötig. Um den Eindruck eines springenden Balles zu erzielen, gibt es grundsätzlich zwei Möglichkeiten. Zum einen kann man mit Hilfe der Prozedur *FillEllipse* den Ball an sich ständig verändernden Positionen zeichnen und die alte Position entweder durch einen schwarzen Kreis auf schwarzem Grund oder ein entsprechend großes Rechteck löschen. Der Nachteil dieser Vorgehensweise liegt jedoch darin, daß der hier erforderliche ständige Aufruf der Prozeduren *SetColor* und *SetFillStyle* relativ viel Zeit in Anspruch nimmt und die Bewegungen somit ruckartig werden. Außerdem wird die Schrift im Hintergrund des Bildschirms über kurz oder lang gelöscht, weil nichts überlagert, sondern einfach alles übermalt wird. Sinnvoller erscheint es, jweils nur die Punkte zu löschen, die tatsächlich zum Ball gehören und auch nur solche Punkte zu setzen, die zu ihm gehören. Beides scheint recht kompliziert, ist es aber nicht, da *TURBO PASCAL 6.0* uns die meiste Arbeit abnimmt. Zunächst muß ein Speicherbereich festgelegt werden, in den das Bild des Balles kopiert werden kann. Der Aufruf

```
GetMem(p, ImageSize(0, 0, 2*average_x+1, 2*average_y+1));
```

in Zeile 138 leistet das Gewünschte. Das erste Argument *p* ist eine Variable vom Typ *Pointer*. Dieser Typ ist neu. Er speichert ganz allgemein Speicheradressen eines Computers. Eine solche Adresse ist mit einer Hausnummer vergleichbar. Das Programm weiß, ab welcher Hausnummer es die Bilddaten des Balles ablegen kann. Man nennt *p* auch eine **Zeigervariable** Mehr zum Thema Zeiger bringt das folgende Kapitel 3.3 ab Seite 151. Neben der genauen Position im Speicher legt *GetMem* noch fest, wie groß der reservierte Bereich ist. Dazu wird als zweites Argument die Funktion *ImageSize* aufgerufen. Sie erhält als Argument die Koordinaten des

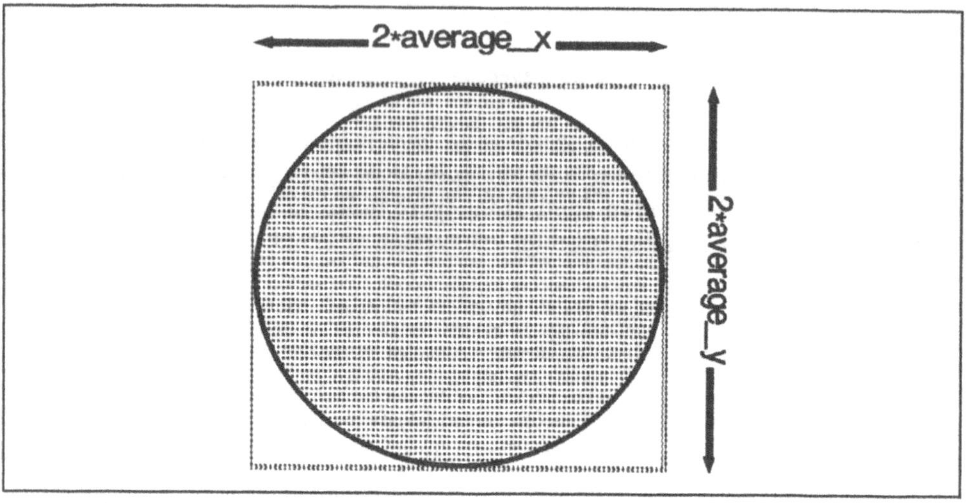

Abb. 3.3 Der Ball wird durch ein Rechteck eingeschlossen und kopiert

auszuschneidenden Rechteckes. Es wird also nicht genau der Ball in den Speicher kopiert, sondern das ihn umschließende Rechteck. Das ist zwar etwas mehr als unbedingt nötig, aber nicht zu umgehen. Abb. 3.3 zeigt genau, welcher Bildbereich ausgeschnitten wird.

Der zu reservierende Bereich muß in beide Richtungen um eins größer sein als das zu kopierende Rechteck, weil vier Bytes zusätzlich zur Speicherung der Breite und der Höhe benötigt werden.

☞ Der kopierte Bildbereich darf insgesamt nicht größer als 64 Kilobyte sein.

Nachdem der Speicherplatz zur Aufnahme des Rechtecks um den Ball ordnungsgemäß reserviert wurde, können die Bilddaten dort abgelegt werden. Dies erledigt die Prozedur *GetImage* in Zeile 142. Die Koordinaten *pos.x* und *pos.y* bestimmen den Mittelpunkt des Balles. Zieht man davon den Radius in x- und in y-Richtung ab, landet man in der linken oberen Ecke des umschließenden Rechtecks (*pos.x-average_x*, *pos.y-average_y*). Analog findet man durch Addition der Radien die rechte untere Ecke. Genau diese vier Koordinaten benötigt *GetImage*. Zusätzlich muß die Prozedur wissen, in welchen Speicherbereich sie die Bilddaten schreiben soll. Hier taucht wieder die Zeigervariable *p* auf. Die Schreibweise *p^* deutet an, daß an den Speicherbereich, auf den *p* zeigt etwas geschrieben werden soll. Falls Sie noch nie mit Zeigern zu tun hatten, nehmen Sie die Notation jetzt am besten einfach hin und warten bis zum nächsten Kapitel auf die exakte Einführung in die Zeigerterminologie. Halten wir also fest, daß ab der Speicherzelle (Hausnummer), auf die *p* zeigt, der Bildausschnitt mit unserem Ball abgelegt wurde.

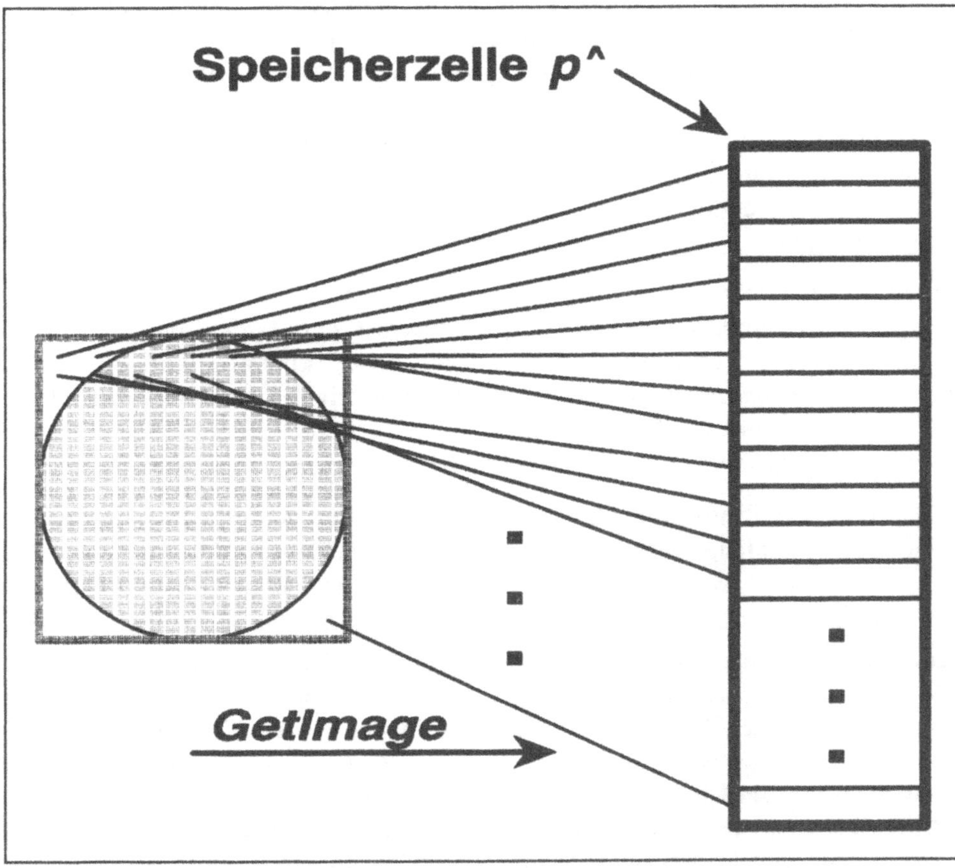

Abb. 3.4 Kopieren eines recheckigen Bildbereiches in den Speicher

Nach dieser relativ komplizierten Operation, wird es wieder einfacher. In den Zeilen 147 und 148 wird die Ausgangsrichtung festgelegt, in die der Ball sich beim Start bewegen soll. Die Wahl erfolgt dabei zufällig unter Verwendung der **Zufallsfunktion***Random*. Diese liefert eine zufällige Zahl zwischen 0 und dem als Argument übergebenen Wert, hier also zwischen 0 und 360. Die Beschreibung Zufallsfunktion trifft den Sachverhalt allerdings nicht ganz exakt. Da in keinen Rechner ein Würfel oder ein Lotto-Ziehungsgerät eingebaut ist, muß auch der Zufall durch die Mathematik ermittelt werden. Innerhalb dieser Disziplin, genauer im Bereich der Wahrscheinlichkeitsrechnung, gibt es den Begriff der **Zufallsverteilung**. Diese gibt an, wann beliebige Zahlenwerte einer realen zufälligen Auswahl nahekommen. Die Funktion *Random* simuliert eine solche Zufallsverteilung. Sie liefert eine Folge von Zahlen, wie sie beispielsweise beim Würfeln auftreten **können**. Beachten Sie jedoch bitte, daß *Random* zunächst immer dieselbe Folge von Zufallszahlen ermittelt. Dies ist für unser Problem unbefriedigend, weil es ja gerade darauf ankommt, bei jedem Start mit einer anderen Richtung zu beginnen. Deshalb muß *Random* mitgeteilt werden, daß es beim ersten Aufruf nicht automatisch den ersten Wert der Zufallsfolge liefert. Genau dies leistet die Prozedur *Randomize*. Sie initialisiert den Zufallsgenerator oder besser die Zufallsfolge, das heißt, sie teilt *Random* mit, mit welchem Wert der Folge es beginnen soll. Dabei stellt sich die Frage, wie *Randomize* hier einen zufälligen Anfangswert bestimmt. Keine Angst, wir drehen uns nicht im Kreis. *Randomize* verwendet die aktuelle Uhrzeit zur Bestimmung eines Startwertes für *Random*. Da hierbei die Sekunden seit dem 1.1.1980 zugrunde liegen, ist es nahezu unmöglich, den Startwert vorauszusagen.

> Die Funktion *Random* liefert Werte einer Zahlenfolge, die einer echten Zufallsverteilung sehr nahe kommt. Die Prozedur *Randomize* sorgt dafür, daß *Random* nicht immer mit demselben Startwert der Folge beginnt.

Nach dem Ermitteln einer Anfangsrichtung startet in Zeile 150 eine *repeat*-Schleife, die solange läuft, bis die Funktion *KeyPressed* den logischen Wert *true* liefert. Das ist der Fall, wenn der Benutzer irgendeine Taste drückt.

Im Inneren der Schleife werden die Prozeduren *NextPos* und *ClearAndShow* aufgerufen. Letztere tut zwei Dinge. Zunächst wird der Ball an seiner alten Position (*pos.x_old*, *pos.y_old*) gelöscht. Wie oben erwähnt, ist es nicht sinnvoll, mit der Prozedur *Bar* ein Rechteck in der Hintergrundfarbe zu zeichnen, weil es zu lange dauert und der Hintergrund überschrieben wird. Stattdessen wird die Prozedur *PutImage* verwendet. Diese kopiert den Bildausschnitt, der zuvor in Zeile 142 durch *GetImage* in den Speicher geschrieben wurde, an die Position der ersten beiden Argumente zurück auf den Bildschirm. Wir befinden uns mit *pos.x_old* und *pos.yold* an den Koordinaten, an denen der Ball bereits gezeichnet wurde. Es scheint zunächst so, als würde er ein weiteres Mal an dieselbe Position gemalt. Dem ist nicht so, da *PutImage* als letztes Argument die Konstante *XorPut* erhält. Der Begriff *XOR* ist bereits im Zusammenhang mit booleschen Ausdrücken im Kapitel zum Thema Schleifen und zusammengesetzten Bedingungen gefallen. Dort hieß es, daß eine mit *XOR* zusammengesetzte Bedingung genau dann wahr ist, wenn genau eine der Teilbedingungen zutrifft. Beim Setzen von Bildpunkten verhält es sich ganz ähnlich. Der Bildausschnitt mit dem Ball befindet sich bereits an der Position, an der er jetzt ein zweites Mal gezeichnet werden soll. Es treffen also immer zwei gleiche Bildpunkte aufeinander. Bei *XorPut* wird jedoch nur dann ein Pixel gesetzt, wenn zwei verschiedene Pixel aufeinander treffen, ansonsten wird das Pixel gelöscht. Alle Punkte des Balles stimmen jedoch mit dem bereits gezeichneten überein, sodaß genau seine Fläche gelöscht wird. Nicht gelöscht wird dagegen ein eventuell vorhandener Hintergrund.

Der zweite Aufruf von *PutImage* bereitet jetzt kaum noch Schwierigkeiten. Hier wird der Bildausschnitt mit dem Ball an seiner neuen Position

Folgende Konstanten stehen unter *TURBO PASCAL 6.0* für die Prozedur *PutImage* zur Verfügung:	
CopyPut bzw. *NormalPut*	Überschreiben des Hintergrundbildes.
XorPut	*XOR*-Operation mit dem Hintergrundbild. Gleiche Pixel werden gelöscht.
OrPut	*OR*-Operation mit dem Hintergrundbild. Es wird ein Pixel gesetzt, wenn entweder eines im Hintergrund oder im Rechteck von *PutImage* vorhanden ist.
AndPut	*AND*-Operation mit dem Hintergrundbild. Es wird nur dann ein Pixel gesetzt, wenn im Hintergrund und im Rechteck von *PutImage* eines vorhanden ist.
NotPut	*NOT*-Operation mit dem Hintergrundbild. Der Hintergrund wird mit dem invertierten Bild aus dem Speicherbereich zu *PutImage* überschrieben.

gezeichnet. Es wird wiederum *XorPut* als Argument verwendet, damit kein Hintergrund übermalt wird.

Kommen wir zur Steuerung des Balles in der Prozedur *NextPos*. Dort wird zunächst in den Zeilen 96 und 101 getestet, ob der Ball in y-Richtung, das heißt an den oberen oder unteren Bildschirmrand, bzw. in x-Richtung, das heißt an die linke oder rechte Bildschirmseite, angestoßen hat. Dazu werden die Funktionen *Collision_Y* bzw. *Collision_X* aufgerufen. Diese liefern *true*, wenn der Rand des Balles an den Rand des Bildschirms gelangt. Hierbei wird großzügig verfahren, weil die Steuerung so ausgelegt ist, daß der Ball bei hohen Geschwindigkeiten mehrere Punkte auf einmal überspringt. Würde er erst exakt bei Erreichen der Bildschirmgrenze abtitschen, verließe er manchmal bereits den darstellbaren Bereich und ginge so ganz verloren. Die Angaben

```
if (pos.y-2*average_y < 0) OR (pos.y+2*average_y < 0)
```

bzw.

```
if (pos.x-2*average_x < 0) OR (pos.x+2*average_x < 0)
```

in den Zeilen 74 und 87, sorgen dafür, daß der Ball auch bei der höchsten Geschwindigkeit (10) niemals den Bildschirm verläßt, weil ein *average_x* bzw. *average_y* breiter "Sicherheitsstreifen" in alle vier Richtungen eingebaut wurde. Bei einer Kollision ertönt in den Zeilen 98 bzw. 103 ein tiefer Ton aus dem Lautsprecher, der das Abprallen untermalen soll. Die Unterscheidung zwischen einem Aufprall auf den oberen bzw. unteren und den linken bzw. rechten Rand ist notwendig, weil sich die Richtung des zurückspringenden Balles jeweils unterschiedlich errechnet. Beim Abprallen in x-Richtung (horizontal) ergibt sich die neue Richtung als

```
dir := 360 - dir;
```

Trifft der Ball also beispielsweise im 90 Grad Winkel (nach Osten zeigend) auf die linke Bildschirmseite, ergibt sich als neue Richtung 360 - 90 = 270 Grad, also fliegt der Ball dann nach Westen. Das Abprallen in y-Richtung verläuft ganz ähnlich:

```
dir := 180 - dir;
```

Trifft der Ball beispielsweise im Winkel von 190 Grad auf den unteren Bildschirmrand, so prallt er in einem Winkel von (180 - 190) = -10 Grad ab. -10 Grad entspricht dabei +350 Grad.

Nachdem eventuell eine neue Richtung berechnet wurde, muß die alte Ballposition gesichert werden, bevor eine neue errechnet werden kann. Dies geschieht in den Zeilen 110 und 111. Um die nächste Position zu berechnen, ist leider etwas Schulmathematik nötig. Vielleicht errinnern Sie sich an die Kreisfunktionen Sinus und Cosinus. Hier wird ausgenutzt, daß der Sinus im Bereich von 0 bis +180 Grad (bzw. -360 bis -180 Grad) positiv und im Bereich zwischen +180 und +360 Grad (bzw. -180 bis 0 Grad) negativ ist. Der Cosinus dagegen ist zwischen +90 und +270 Grad (bzw. -270 bis -90 Grad) negativ und sonst positiv. Die Werte der beiden Funktionen liegen immer zwischen -1 und +1.

Der Sinus bzw. der Cosinus von *dir* wird mit der vom Benutzer angegebenen Geschwindigkeit *speed* multipliziert und ergibt so die nächste Koordinatenposition. Leider arbeitet die in *TURBO PASCAL 6.0* "eingebaute" Sinus- bzw. Cosinus-Funktion nicht mit Angaben in Grad sondern im sogenannten **Bogenmaß** Deshalb muß in den Zeilen 113 und 114 die Richtung zuerst an das Bogenmaß angepaßt werden. Dies wird durch den Faktor *PI/180* erreicht, wobei *PI* die bekannte Kreiszahl ist (ca. 3.141593).

Zur Umrechnung von Grad- in Bogenmaß wird die Gradzahl mit *(PI/180)* multipliziert. Umgekehrt wird eine Winkelangabe im Bogenmaß durch Multiplikation mit dem Faktor *(180/PI)* in eine Angabe im Gradmaß umgerechnet.

Zum Abschluß der Prozedur *NextPos* wird der Lautsprecher abgeschaltet, der aktiviert wurde, wenn der Ball abprallte. Es wurde keine Zeitverzögerung durch *Delay* eingebaut, weil dies die fließende Bewegung des Balles unterbrochen hätte.

Bewegte Grafiken sind sehr zeitkritisch. Deshalb sollten soviele Rechenoperationen wie möglich im voraus, das heißt, bevor die eigentliche Aktion stattfindet, durchgeführt werden. Hier braucht nicht mit Variablen gespart zu werden.

Sie sollten jetzt als Übung etwas mit dem Programm 3.3 experimentieren. Tolle Effekte lassen sich beispielsweise erzielen, wenn das Löschen des Balles an der alten Position in den Zeilen 57 und 58 unterbleibt. Außerdem können Sie eventuell einige andere Überlagerungskonstanten anstelle von *XorPut* ausprobieren.

Als umfangreichere Übung können Sie das Programm so erweitern, daß es mit zwei oder noch mehr Bällen arbeitet. Interessant ist es auch, wenn auf dem Bildschirm "Hindernisse" angebracht werden, an denen Bälle abprallen können.

3.3 Zeiger und ihre Folgen

Nach dem kurzen Ausflug in die bunte Welt der Grafik kehren wir zurück in den Textmodus. Bereits im vorigen Kapitel fiel im Zusammenhang mit der Prozedur *GetMem* auf Seite 146 der Begriff des Zeigers. Dort wurde erläutert, daß ein Zeiger Speicheradressen aufnimmt.

Ein Zeiger ist eine Variable, die als Inhalt die Adresse einer anderen Variablen enthält.

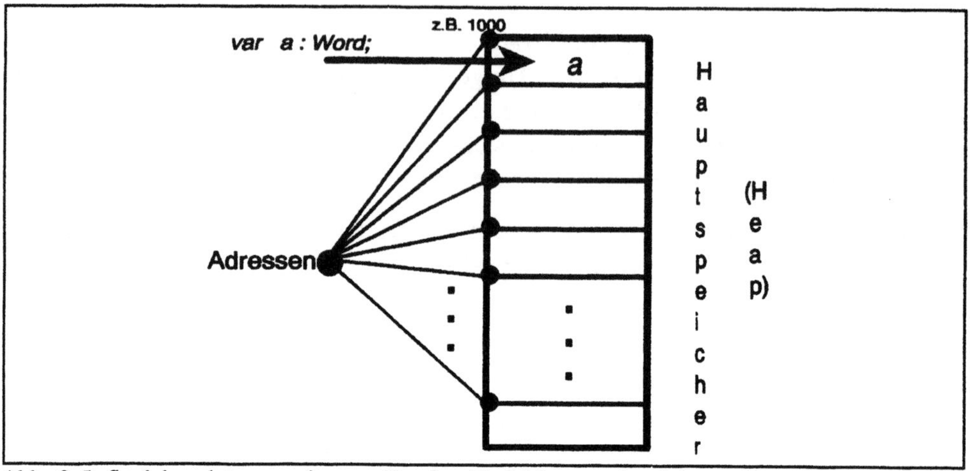

Abb. 3.5 Speicherplatzreservierung für eine Variable a an der Adresse Nr. 1000

Neben dem Begriff des Zeigers taucht unweigerlich die Adresse auf. Stellen Sie sich den Hauptspeicher Ihres Computers als eine Ansammlung sehr vieler Speicherzellen vor. Wenn Ihr PC beispielsweise über 1 Megabyte RAM verfügt, so enthält er über 8 Millionen einzelne Speicherzellen, da gilt: 1 Megabyte = 1024 Kilobytes = 1024 * 1024 Bytes = 8 Millionen Bits. Jede dieser Speicherzellen kann die Werte 0 oder 1 enthalten. Um zu ermitteln, welche Speicherzelle welche Variable enthält, werden jeweils 16 Bits zu einer Adresse zusammengefaßt.

☞ Tatsächlich steht dem Programmierer nur ein kleiner Teil des Hauptspeichers, der sogenannte Heap, für Variablendefinitionen zur Verfügung, Die Größe des Heaps kann im Menü *Options/Compiler* geändert werden.

Nach einer Variablendefinition der Form

```
var   a : Word;
```

ermittelt der Rechner die Adresse, an der Speicherplatz für die Variable *a* reserviert werden soll. In Abb. 3 wurde die Variable *a* beispielsweise an der Adresse Nr. 1000 abgelegt. Stellen Sie sich unter einer Adresse ruhig so etwas vor wie eine Hausnummer, unter der eine Variable "wohnt".

Der Benutzer braucht sich glücklicherweise überhaupt nicht darum zu kümmern, wo der Speicherplatz für *a* gefunden wurde. Sollte es dem Programm einmal nicht möglich sein, freie Speicherstellen für eine Variablendefinition zu finden, gibt der Compiler bereits während der Übersetzung eine Fehlermeldung aus. Dieser Fall tritt in der Regel nicht bei einzelnen Variablen, sondern nur bei der Definition sehr großer Felder auf.

Wozu sind Zeiger eigentlich nötig? Zum einen wurde bereits festgestellt, daß bestimmte Prozeduren und Funktionen als Argument eine Speicheradresse benötigen. Im Programm 3.3 hieß es beispielsweise ab den Zeilen 138 und 142:

```
GetMem(p, ImageSize(0,0,2*average_x+1,2*average_y+1));
GetImage( ... , p^);
```

Die Variable *p* war vom Typ *Pointer*. Dieser Typ wird verwendet, wenn eine Speicheradresse abgelegt werden soll und man sich keine weiteren Gedanken um den Inhalt dieser Speicheradresse machen möchte. In der Prozedur *GetMem* ist *p* ein *var*-Parameter, das heißt, *p* wird "by reference" übergeben. Die Prozedur ermittelt einen Speicherbereich der Größe, die das zweite Argument angibt. Die Funktion *ImageSize* errechnet, wieviele Bytes nötig sind, um einen rechteckigen Bildausschnitt zu speichern. Abb. 3.4 auf Seite 147 macht den Sachverhalt deutlich.

Nach dem Aufruf von *GetMem* steht in *p* also die Anfangsadresse des Speicherbereichs, in dem der rechteckige Bildausschnitt abgelegt werden soll. Man sagt auch, *p* zeigt auf die Anfangsadresse. Das eigentliche Kopieren übernimmt die Prozedur *GetImage*. Hier taucht ein Punkt auf, der bei Anfängern (und auch bei erfahreneren Programmierern) oft zu Verständnisschwierigkeiten führt.

Nur das Reservieren und Freigeben von Speicherplatz, auf den eine Zeigervariable verweist, wird direkt mit dem Zeiger durchgeführt. Alle anderen Zugriffe auf ihn erfolgen über den **Referenz-Operator(^)**.

Aus diesem Grund steht in der Prozedur *GetImage* nicht die eigentliche Zeigervariable sondern ihre Referenz *p*^.

Auch wenn die Unterscheidung durch ^ zunächst schwer einzusehen ist, so ist sie dennoch sinnvoll, weil so deutlich normale und Zeigervariablen unterschieden werden können.

Neben dem allgemeinen Typ *Pointer* kennt *TURBO PASCAL 6.0* auch Zeiger auf Speicherstellen, die eine Variable ganz bestimmten Typs enthalten. Dies ist vor allem bei Records wichtig, weil dort exakt feststehen muß, an welcher Speicherstelle eine Komponente abgelegt wird. Zuvor soll jedoch erst einmal gezeigt werden, wie man mit einer "normalen" Zeigervariablen umgeht.

```
1     program Zeiger_Demo;
2
3     var    pa: ^Integer;(*  Zeiger auf Integer  *)
4            s : String;
5            pst : ^String;   (*  Zeiger auf String  *)
6
7     begin
8
9        New(pa);       (*  Reserviert Speicherplatz fuer
10                          ein Element, aud das p zeigt.  *)
11
12       pa^ := 100;
13       WriteLn('  pa^ = ', pa^);
14
15       Write('  Bitte eine Zeichenkette: ');
16       ReadLn(s);
17
18       New(pst);
19       pst^ := s;
20
21       WriteLn('  In s und pst^ steht: ',pst^);
22
23       Dispose(pa);         (*  Explizites Freigeben des
24                                reservierten Speicherplatzes  *)
25       Dispose(pst);
26    end.
```

Programm 3.4 Ein erstes Beispiel zum Erzeugen und Löschen von Zeigervariablen

In den Zeilen 3 und 5 werden zwei Zeigervariablen definiert. Dieses Mal ist es jedoch nicht gleichgültig, was die Speicherstellen, auf die sie zeigen, enthalten. Deshalb wird als Typ nicht *Pointer*, sondern *Integer* bzw. *String* angegeben. Die Variable *pa* ist also ein Zeiger auf eine *Integer*- und die Variable *pst* auf eine *String*-Variable.

> Soll eine Zeigervariable auf eine Speicherstelle zeigen, die einen bestimmten Typ enthält, definiert man sie als Zeiger auf diesen Typ, indem man den Referenzoperator (^) voranstellt.

Nach der Definition steht lediglich Speicherplatz für die Zeiger zur Verfügung. Zur Erinnerung: Zeiger speichern Adressen. Es wurde also beispielsweise durch

```
pst : ^String;
```

kein Speicherplatz für eine ganze Zeichenkette sondern nur für eine Adresse definiert. Im Unterschied dazu werden durch die bekannte Definition

```
st : String;
```

tatsächlich 256 Bytes für eine Zeichenkette zur Verfügung gestellt. Der Speicherplatz, auf den die Zeigervariablen *pa* bzw. *pst* zeigt, muß erst noch freigemacht werden. Im Programm 3.3 wurde dazu *GetMem* benutzt. Jetzt verwenden wir die Prozedur *New*. Sie hat den Vorteil, daß sie kein zusätzliches Argument für die Größe des zu reservierenden Speicherbereichs benötigt. Sie kann deshalb auch nur bei solchen Zeigervariablen verwendet werden, die auf einen genau vorgegebenen Datentyp zeigen. Das ist hier der Fall; *pa* zeigt auf *Integer*- und *pst* auf *String*-Variablen. Die Anweisung

```
New(pa);
```

reserviert demnach genug Speicherplatz (genau sind es zwei Bytes), um dort eine *Integer*-Variable abzulegen. In den Speicherbereich, auf den *pa* zeigt, wird dann in Zeile 12 durch

```
pa^ := 100;
```

der Wert 100 geschrieben.

Greift man über den Referenz-Operator (^) auf einen Speicherbereich zu, bevor dieser durch die Prozedur *New* reserviert wurde, stürzt der Rechner sehr häufig ab und läßt sich nur durch die Tastenkombination [Ctrl] [Alt] [Del] oder sogar ein komplettes Aus- und Wiedereinschalten (**Hardware-Reset**) zur Weiterarbeit bewegen.

> Bevor man über den Referenz-Operator (^) auf den Inhalt einer Speicherstelle zugreift, muß der entsprechende Speicherplatz durch *New* reserviert worden sein.

Vollkommen analog wird in Zeile 18 Speicherplatz zur Aufnahme einer Zeichenkette reserviert. Dieser wird dann in der folgenden Zeile durch

```
pst^:= st;
```

mit Zeichen gefüllt. Abb. 3.6 zeigt, wie man sich die Speicherverteilung vorstellen kann. Es wird angenommen, daß ab der Adresse Nr. 1000 Speicherplatz für den Zeiger auf die *String*-Variable *pst* reserviert wurde.

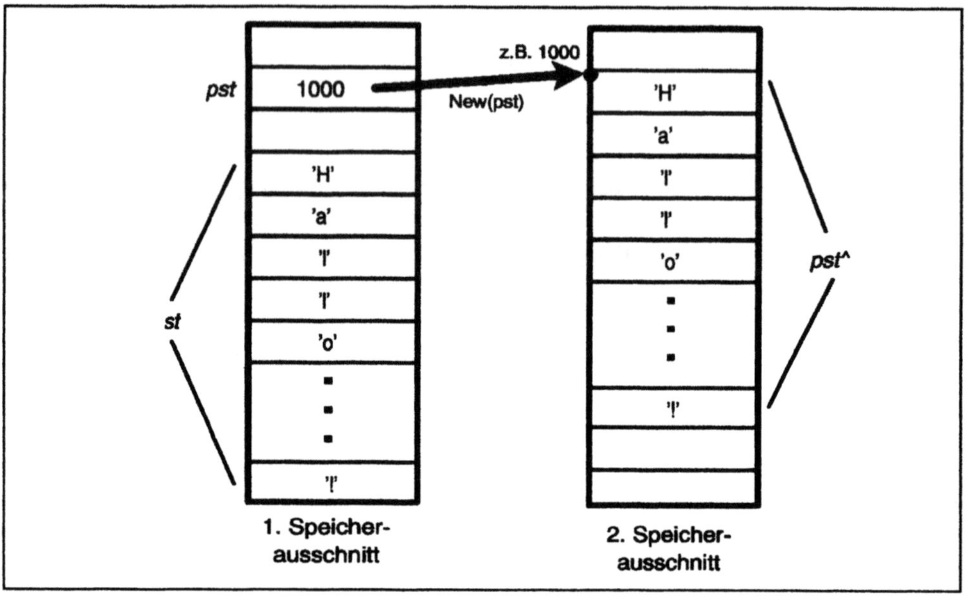

Abb. 3.6 Beispiel für eine Speicherverteilung mit Zeigervariablen

☞ Ein Nachteil der Speicherplatzreservierung durch *New* ist die Tatsache, daß der Compiler nicht mehr während der Übersetzung feststellen kann, ob noch ausreichend Platz vorhanden ist. Im folgenden Kapitel wird deshalb eine Fehlerabfrage ergänzt. Obiges Beispiel ist so kurz, daß es zu keinerlei Problemen kommen kann.

☞ Normalerweise werden Adressen nicht wie oben dezimal, sondern hexadezimal dargestellt. Im sogenannten Hexadezimalsystem wird als Basis nicht die Zahl 10, sondern die 16 verwendet. Um die Werte 10 bis 15 darzustellen, werden die Buchstaben A (=10) bis F (=15) benutzt. Die dezimale Zahl 1000 entspricht hexadezimal dem Wert $3E8. Dabei ist das Dollarzeichen ($) ein Symbol, das anzeigt, daß man sich im Hexadezimalsystem befindet.

Nach der Ausgabe des Inhaltes, auf den die beiden Zeigervariablen verweisen, wird dieser Speicherplatz in den Zeilen 23 und 25 explizit durch die Prozedur *Dispose* gelöscht. Im vorliegenden Fall ist das Löschen nicht unbedingt notwendig, weil am Ende eines *TURBO PASCAL 6.0*-Programms automatisch aller reservierter Speicher freigegeben wird. Es wird jedoch der Fall eintreten, wo es vor dem Programmende sinnvoll ist, nicht mehr benötigten Speicherplatz zur allgemeinen Verfügung zu stellen. Deshalb sollte man sich die Rückgabe von Speicherplatz, der durch *New* angefordert wurde, möglichst früh angewöhnen.

> Die Prozedur *Dispose* ist das Gegenstück zu *New*. Letztere reserviert Speicherplatz und erstere gibt ihn wieder frei.

Aus welchem Grund macht man sich die Mühe, Speicherplatz über Zeigervariablen zu reservieren? Bisher sind keine Vorteile zu erkennen. In den folgenden Kapiteln sind Zeiger jedoch unbedingt nötig. Vor allem, wenn Sie den neuen Stern am *TURBO PASCAL*-Himmel, die Turbo Vision, benutzen wollen, kommen Sie um den Zeiger nicht herum. Bevor dies erklärt wird, folgt eine andere, überaus nützliche Anwendung von Zeigern.

3.4 Vom Zeiger zur Liste

Nach Zeigern auf vordefinierte Datentypen wie *Integer* oder *String* werden jetzt Zeiger auf selbstdefinierte Datentypen - insbesondere Records - erzeugt. Ziel des Ganzen ist es, von festen Grenzen bei der Definition von Variablenfeldern wegzukommen. Angenommen, es soll ein Adressenverwaltungsprogramm geschrieben werden. Dabei stellt sich als erstes die Frage, wieviele Adressen maximal verwaltet werden sollen. Geht es um Ihren Skat- oder Kegelclub, sind 100 Einträge sicher genug, wahrscheinlich sogar schon viel zu viel. Sollen Sie jedoch die Mitarbeiter einer mittleren Firma erfassen, reichen 100 Datensätze vielleicht schon nicht mehr aus und es wird von vornherein Speicherplatz für 1000 Datensätze reserviert. Was nun, wenn die Firma expandiert und auch 1000 Datensätze nicht mehr ausreichen? Das Programm muß geändert und neu kompiliert werden. Falls der Quelltext jedoch nicht vorliegt, weil das Programm nicht von Ihnen erstellt, sondern irgendwo gekauft wurde, kann man diese Änderung nicht vornehmen. Die Definition eines Arrays aus den Records mit den Adressen scheint also nicht sehr praktikabel. Entweder reserviert man viel zu viel (teuren) Speicherplatz, oder man stellt nach kurzer Zeit fest, daß der gewählte Rahmen zu eng ist. Ein Ausweg ist die Verwaltung der Adressen in einer Datei. Dort können nahezu beliebig viele Datensätze abgelegt werden. Hier entsteht jedoch der Nachteil, daß auf Dateien nur sequentiell, das heißt hintereinander, zugegriffen werden kann. Um in einer Datei einen Datensatz zu suchen, muß die gesamte Datei Eintrag für Eintrag abgesucht werden.

☞ Auch die Prozeduren *Seek* und *FilePos* schaffen hier nur wenig Abhilfe.

Noch aufwendiger und zeitraubender ist das Sortieren von Adressen in einer Datei oder das Einfügen eines neuen Datensatzes in der Datei. Die Lösung (wenn auch nicht das Allheilmittel gegen Wartezeiten) heißt **dynamische Speicherverwaltung**. Mit diesem Schlagwort ist es möglich, immer nur genau soviel Speicherplatz zu reservieren, wie das Programm gerade benötigt.

Schauen wir uns zunächst an, welche Daten in die einzelnen Sätze eingetragen werden sollen.

```
type  EINTRAG_1 =     record
                         name   :  String[20];
                         vorname   :  String[12];
                         strasse   :  String[20];
                         plz:  1000..9999;
                         ort:  String[20]
                      end;
```

Eventuell kann auch noch eine Telefonnummer oder das Geburtsdatum ergänzt werden. Da es jedoch nicht um Records geht, sei obige einfache Struktur gewählt. Mit Ausnahme der Komponenten *plz* für die Postleitzahl der zugehörigen Person haben wir es nur mit Zeichenketten unterschiedlicher Länge zu tun. Als Postleitzahlen werden nur vierstellige Werte zugelassen.

Um nun einen Zeiger auf eine solche Record-Variable zu erzeugen, geht man genau wie bei vordefinierten Datentypen vor, also zum Beispiel:

```
var   elem   :  ^EINTRAG_1;
```

Nach dieser Definition kann man im Programm über

```
New(elem);
```

Speicherplatz für die Zeigervariable anfordern und dazu übergehen, die einzelnen Komponenten zu füllen.

```
Write('  Name: ');
ReadLn(elem^.name);
Write('  Vorname: ');
ReadLn(elem^.vorname);

         ( . . . )
```

Dadurch wird ein Datensatz gefüllt. Um jetzt einen weiteren Datensatz speichern zu können, hätte man in der Variablendefinition eine weitere Zeigervariable definieren müssen, also etwa:

```
var   elem, elem2  :  ^EINTRAG_1;
```

Auch hier müßte der Programmierer bereits vor der Ausführung des Programmes wissen, wieviele Sätze bearbeitet werden sollen. Von dynamischer Speicherverwaltung ist auch hier noch nichts zu sehen. Dorthin ist es jedoch nur noch ein ganz kleiner Schritt. Es wird lediglich eine Zeile in der Typdeklaration des Records verändert und ein eigener Typ für die Zeigervariable erzeugt.

```
type  EINTRAGZEIGER = ^EINTRAG;
      EINTRAG   =  record
                        name  :  String[20];
                        vorname  :  String[12];
                        strasse  :  String[20];
                        plz :  1000..9999;
                        ort :  String[20];
                        next  :  EINTRAGZEIGER  (* ! *)
                   end;
```

Was auf den ersten Blick relativ harmlos erscheint, erfordert einige Überlegung. Durch

```
EINTRAGZEIGER = ^EINTRAG;
```

deklarieren wir *EINTRAGZEIGER* als Zeigervariable auf den Typ *EINTRAG*. Der Typ *EINTRAG* ist zu diesem Zeitpunkt im Programm noch gar nicht bekannt. Diese Ausnahme ist nur bei Zeigervariablen möglich. Nur dort darf ein Typ auf einen an dieser Stelle noch unbekannten Typ verweisen. Da Zeigervariablen grundsätzlich Adressen speichern, weiß der Compiler, wieviel Speicherplatz er für den Zeiger reservieren muß.

> Bei der Deklaration von Zeigertypen ist es erlaubt, daß sie auf Typen verweisen, die zum Zeitpunkt der Deklaration noch unbekannt sind.

Im Record *EINTRAG* wurde die Zeile

```
next : EINTRAGZEIGER;
```

ergänzt. Die Komponente *next* ist demnach ein Zeiger auf den Typ *Eintrag*, also auf eine Variable desselben Typs. Beachten Sie bitte, daß eine Deklaration der Form

```
next : ^EINTRAG;
```

vom Compiler zurückgewiesen wird, weil die Deklaration von *EINTRAG* noch nicht abgeschlossen ist.

Die Komponente *next* wird im Programm dazu benutzt, die Anfangsadresse eines weiteren Datensatzes zu speichern. Dieser kann wiederum eine Adresse in seiner *next*-Komponenten enthalten usw. Es entsteht eine Liste von Elementen, die **lineare Liste**

> **Eine lineare Liste besteht aus Records, die in einer Komponenten einen Zeiger auf weitere Records enthalten.**

Wie erzeugt man eine solche Liste? Dazu sind zwei Variablen des Zeigertyps *EINTRAGZEIGER* nötig, also zum Beispiel:

```
var   top, elem : EINTRAGZEIGER;
```

Der Name *top* soll andeuten, daß hier immer der Listenanfang gespeichert wird, während *elem* dazu dient, neue Elemente einzufügen.

Zu Beginn des Programms ist die Liste sicherlich leer. Um dies zu codieren, verwendet man einen sogenannten *NIL*-Zeiger. *NIL* ist eine symbolische Konstante, mit der überprüft wird, ob eine Zeigervariable einen Nachfolger hat. Zeigt sie auf *NIL*, so sagt man auch, sie zeigt ins "Nirwana". Eine leere Liste wird demnach durch

```
top := NIL;
```

beschrieben. Jetzt soll ein erstes Element eingefügt werden. Dazu muß zunächst Speicherplatz angefordert werden:

```
New(elem);
```

Wie in einem gewöhnlichen Record, können nun die einzelnen Komponenten gefüllt werden:

```
Write('  Name: ');
ReadLn(elem^.name);
Write('  Vorname: ');
ReadLn(elem^.vorname);

        ( . . . )
```

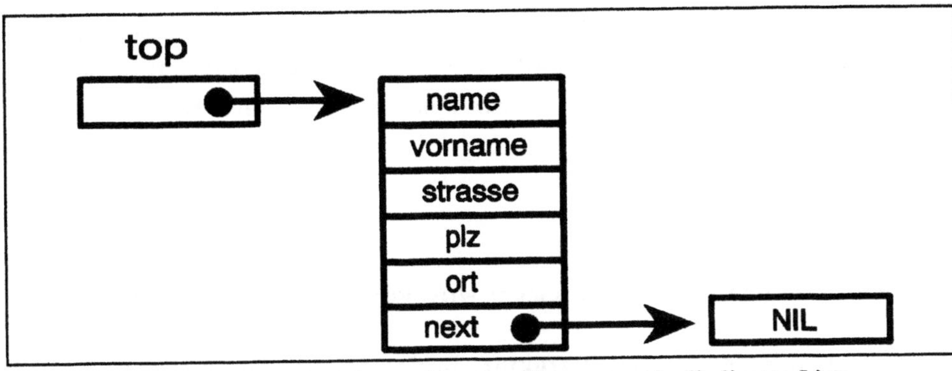

Abb. 3.7 Situation, nach dem Einfügen des ersten Datensatzes in die lineare Liste

Es fehlt noch die Verbindung zum Listenanfang, der immer in *top* stehen soll. Man erreicht dies durch:

```
elem^.next := top;
top := elem;
```

Zunächst erhält die *next*-Komponente des soeben gefüllten Datensatzes die Adrsse, an der *top* abgelegt ist. Dann erhält *top* die Adresse des neuen Datensatzes. Bildlich kann man sich die Situation wie in Abb. 3.7 vorstellen. Die Zeigervariable *top* verweist auf den Anfang der Liste und die *next*-Komponente des letzten (und einzigen) Elementes zeigt auf *NIL*.

Nichts hindert daran, dieselbe Anweisungsfolge beginnend mit *New(elem);*

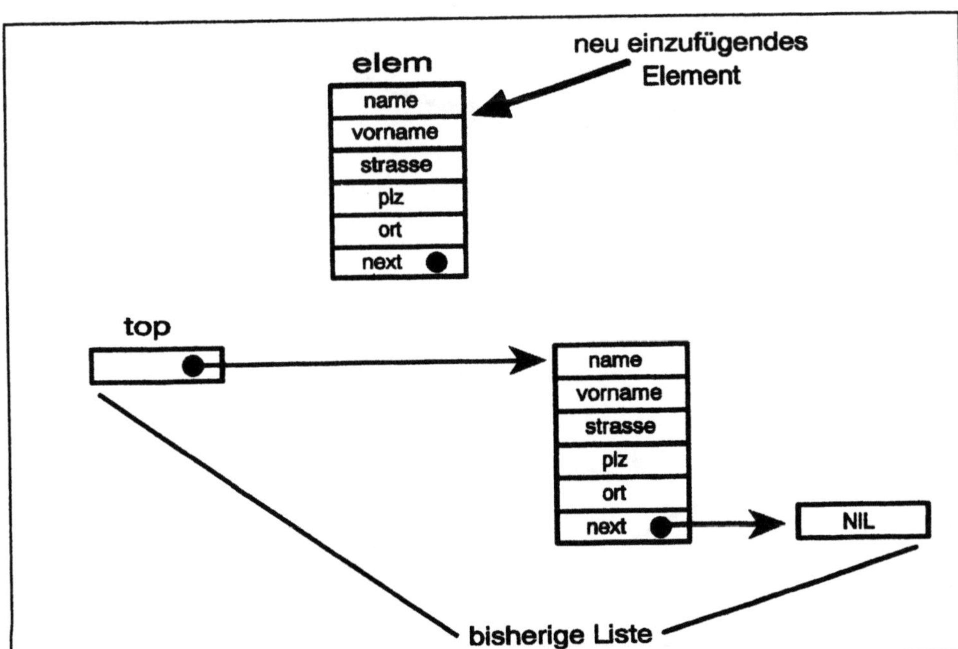

Abb. 3.8 Situation, nach dem Erzeugen eines weiteren Datensatzes

und dem anschließenden Füllen der Komponenten ein weiteres Mal auszuführen. Danach ergibt sich die in Abb. 3.8 dargestellte Situation.

Übrig bleibt das Einhängen des soeben neu erzeugten Datensatzes. Auch dazu kann dieselbe Anweisungsfolge

```
elem^.next := top;
top := elem;
```

verwendet werden. Das neue Element wird **vor** dem alten eingehängt.

☞ Die Form der Datenstruktur, in der das zuletzt eingefügte Element am Kopf einer Liste steht, wird auch **Stack** genannt.

Es ergibt sich die in Abb. 3.9 dargestellte Situation; eine lineare Liste mit zwei Elementen. Um weitere Elemente einzufügen, kann immer dieselbe Anweisungsfolge verwendet werden. Sinnvollerweise programmiert man eine Schleife, die das Eintragen erledigt.

Beim Eintragen muß man jedoch beachten, daß nicht beliebig viele Datensätze gespeichert werden können. Bisher wurde der Übersichtlichkeit wegen auf eine Fehlerbehandlung verzichtet. Nun soll sie ergänzt werden.

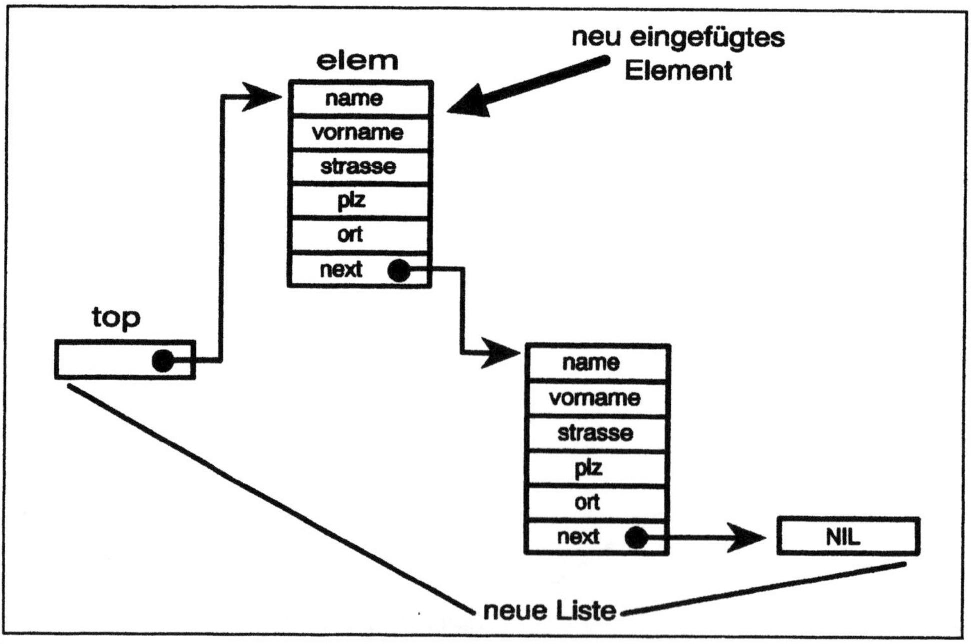

Abb. 3.9 Situation, nachdem das neue Element eingefügt wurde

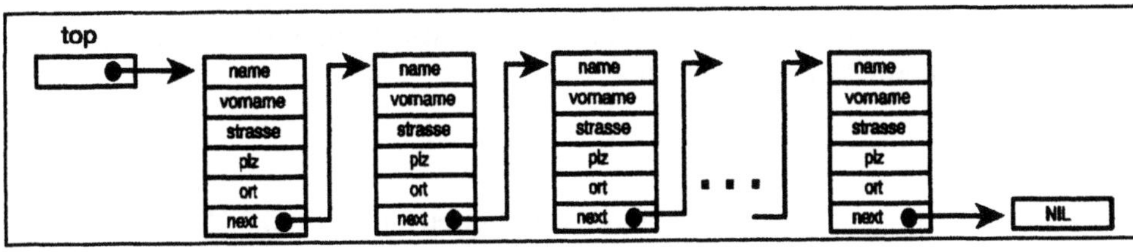

Abb. 3.10 Eine lineare Liste mit einigen Elementen

```
if MaxAvail < SizeOf(EINTRAG) then
     WriteLn(' Nicht genug Speicherplatz, um einen
               neuen Datensatz anzulegen.')
else
     New(elem);

     ( . . . )
```

Die Funktion *MemAvail* ermittelt, wieviel Speicherplatz noch zum Erzeugen weiterer Elemente zur Verfügung steht. Diese Zahl wird mit dem Ergebnis der Funktion *SizeOf(EINTRAG)* verglichen, die errechnet, wieviel Speicherplatz ein Datensatz vom Typ *EINTRAG* benötigt. Nur, wenn ausreichend Speicherplatz vorhanden ist, wird die Prozedur *New* aufgerufen. Im anderen Fall, wird eine kurze Fehlermeldung ausgegeben. Nach einigen Schleifendurchgängen sieht die Liste wie in Abb. 3.10 aus.

Neben dem Einfügen neuer Elemente ist das Suchen in einer Liste eine weitere wichtige Operation. Im vorliegenden Fall gibt der Benutzer einen Nachnamen ein. Das Programm soll dann alle Elemente zeigen, die diesen Nachnamen enthalten. Auch dazu programmiert man am besten eine Schleife. Diese durchsucht die Liste vom ersten bis zum letzten Element und gibt einen Datensatz aus, wenn er den gesuchten Nachnamen enthält. Für das Durchlaufen einer Liste erweist sich eine *while*-Schleife als geeignet:

```
elem := top;
while elem <> NIL do   (*  solange das Listenende
                            nicht erreicht ist ...  *)
begin
     if elem^.name = suchname then
     begin
          (*  Ausgabe des gefundenen Satzes *)
     end;
     elem := elem^.next     (*  weiterschieben  *)
end;
```

In *elem* steht zunächst der Anfang der Liste. Durch

```
elem := elem^.next
```

am Ende der *while*-Schleife, wird die Liste komplett durchsucht. Jede Namens-Komponente wird durch

```
if elem^.name = suchname then
```

mit dem zu suchenden Namen verglichen und bei Übereinstimmung ausgegeben. Damit haben wir bis auf das Entfernen eines Datensatzes alle Operationen zusammen. Es macht grundsätzlich keinen Unterschied, ob Datensätze aus einer externen Datei oder über die Tastatur eingelesen werden. Sehr ähnlich funktioniert auch das Durchsuchen und das Zurückschreiben auf die externe Datei. In beiden Fällen muß die Liste einmal von vorne nach hinten durchlaufen werden. Das folgende Programm enthält alle geschilderten Operationen und außerdem eine Funktion *Delete*, die das Löschen eines Elementes übernimmt. Das Programm bereitet die Ausgabe optisch auf und enthält zahlreiche Fehlerbehandlungen. Nicht zuletzt aus diesen Gründen ist es um einiges umfangreicher als die bisher vorgeführten Programme.

```
program Adresse;

(*  Kleines Adressenverwaltungsprogramm, das zum Spei-
    chern der Datensaetze eine lineare Liste aufbaut.
    Die Datensaetze werden nicht sortiert, sondern le-
    diglich an den Kopf der Liste angefuegt.  *)

uses  CRT;

type  AUSWAHL = 1..4;
      EINTRAGZEIGER = ^EINTRAG;

      (*  Datenstruktur fuer eine lineare Liste  *)
      EINTRAG  =  record
                    name : String[20];
                    vorname : String[12];
                    strasse : String[20];
                    plz : 1000..9999;  (*  Teilbereichstyp  *)
                    ort : String[20];
                    next : EINTRAGZEIGER      (*  !  *)
                  end;

const  ADRESSDATEI = 'ADR.DAT';


```

```
(* ---------  ANTWORT AUF J/N-FRAGE  ----------  *)

function Question : Char;
   (*  liefert Antwort auf J/N-Frage als
       Grossbuchstaben 'J' bzw. 'N'.  *)
var   choice : Char;

begin
   repeat
      choice := ReadKey;
   until (choice = 'j') or (choice = 'n') or
         (choice = 'J') or (choice = 'N');

   if choice = 'j' then choice := 'J';
   if choice = 'n' then choice := 'N';

   question := choice
end;      (*  Ende von Question  *)


(* ------  WARTEN AUF EINEN TASTENDRUCK  -------  *)

procedure WaitForKey;

begin
   TextColor(Yellow+Blink);  (*  Textfarbe  *)
   GotoXY(24,15); ClrEol;    (*  Loeschen bis zum Zeilenende  *)
   Write('Bitte irgendeine Taste drücken');
   while ReadKey = '' do ;
      GotoXY(24,15); ClrEol
end;      (*  Ende von WaitForKey  *)
```

```
(* ------------ FEHLERBEHANDLUNG ------------ *)

procedure Error(fehlermeldung : String);

var   i : Byte;

begin
   for i := 10 to 15 do
   begin
      GotoXY(1,i);
      ClrEol
   end;
   GotoXY(36 - Length(fehlermeldung) DIV 2,11);
   TextColor(Red+Blink);
   Write('FEHLER: ',fehlermeldung);
   WaitForKey      (*  Warten auf Tastendruck  *)
end;      (*  Ende von Error  *)


(* ------ EINLESEN AUS EXTERNER DATEI ------- *)

function ReadData : EINTRAGZEIGER;

var   adr_file : Text;
      top, elem : EINTRAGZEIGER;
      while_end : Boolean;
begin
   while_end := false;
   Assign(adr_file, ADRESSDATEI);
   (*$I-*) Reset(adr_file);  (*$I+*)
   if IOResult <> 0 then ReadData := NIL
   else
   begin
      top := NIL;
      repeat
         if MaxAvail < SizeOf(EINTRAG) then
         begin
            while_end := true;
            Error('Nicht genug Speicherplatz, um
                      alle Daten einzulesen.')
         end else
```

```
              begin
                New(elem);      (* Speicherplatz reserv.  *)
                ReadLn(adr_file, elem^.name);
                ReadLn(adr_file, elem^.vorname);
                ReadLn(adr_file, elem^.strasse);
                ReadLn(adr_file, elem^.plz);
                ReadLn(adr_file, elem^.ort);
                elem^.next := top;     (*  Einhaengen  *)
                top := elem
              end   (*  Ende von else  *)
          until (Eof(adr_file) = true) OR
                (while_end = true);
          close(adr_file);
          ReadData := top    (*  Rueckgabewert  *)
      end
  end;      (*  Ende von ReadData  *)


  (* ------------   MENUEAUSWAHL   ------------- *)

  function Menu : AUSWAHL;

  var   choice : Char;

  begin
      ClrScr;                     (*  Bildschirm loeschen  *)
      TextColor(Yellow);  (*  gelbe Schrift  *)
      GotoXY(22,6);       (*  Ausgabeposition  *)
      Write('A D R E S S E N V E R W A L T U N G');
      GotoXY(22,7);
      Write('-----------------------------------');
      TextColor(Green);       (*  gruene Schrift  *)
      GotoXY(22,11);
      Write('Druecken Sie bitte ...');
      GotoXY(26,13);
      Write('1, um neue Adressen einzugeben');
      GotoXY(26,14);
      Write('2, um Adressen zu suchen');
      GotoXY(26,15);
      Write('3, um Adressen zu loeschen');
      GotoXY(26,16);
      Write('4, um das Programm zu verlassen');

```

```
            TextColor(LightMagenta);
            GotoXY(26,18);
            Write('Ihre Wahl:');
            repeat
               GotoXY(40,18);
               ClrEol;
               choice := ReadKey;
               Write(choice);
               if not (choice in ['1'..'4']) then
               begin    (*  Eingabe nicht zw. 1 und 4  *)
                  Sound(880);
                  Delay(40);
                  NoSound
               end;
            until choice in ['1'..'4'];
            ClrScr;
            Menu := Ord(choice) - Ord('0')
                  (*  Umwandlung vom Buchstaben in ein Zahl  *)
         end;     (*  Ende von Menu  *)


         (*  -----  EINFUEGEN EINES NEUEN ELEMENTES  -----  *)

         procedure Insert(var top : EINTRAGZEIGER);

         var   elem : EINTRAGZEIGER;
               nachname : String;

         begin
            TextColor(White);
            GotoXY(10,6);
            Write('Name: ');
            ReadLn(nachname);
            if Length(nachname) > 0 then
            begin     (*  Wenn Nachname eingegeben wurde ...  *)
               if MaxAvail < SizeOf(EINTRAG) then
                  Error('Nicht genug Speicherplatz,
                         um neuen Datensatz anzulegen.')
               else
               begin
                  New(elem);
                  with elem^ do (*  Abkuerzung fuer Records  *)
                  begin
                     name := nachname;   (*  elem^.name ! *)
                     GotoXY(10,7);
                     Write('Vorname: ');
                     ReadLn(vorname); (*  elem^.vorname !  *)
                     GotoXY(10,8);
                     Write('Strasse: ');
                     ReadLn(strasse); (*  elem.^strasse !  *)
```

```
            repeat
               GotoXY(10,9); ClrEol;
               Write('Postleitzahl: ');
               ReadLn(plz);    (*  elem.^.plz !  *)
            until (plz > 1000) AND (plz < 9999);
            GotoXY(10,10);
            Write('Ort: ');
            ReadLn(ort);         (*  elem.^ort !  *)
            next := top; (*  elem.^next !  *)
            top := elem
         end    (*  Ende von with ...  *)
      end    (*  Ende von else ...  *)
   end    (*  Ende von if Length  ...  *)
end;      (*  Ende von Insert  *)


(*  ---------  SUCHEN EINES ELEMENTES  ----------  *)

procedure Search(elem : EINTRAGZEIGER);

var   suchname : String[20];

begin
   if elem = NIL then
      Error('Die Liste ist leer!')
   else
   begin
      TextColor(White);
      GotoXY(10,6);
      Write('Zu suchender Name: ');
      ReadLn(suchname);
      if Length(suchname) > 0 then
         while elem <> NIL do
         begin
            if elem^.name = suchname then
            begin
               TextColor(Green);
               GotoXY(10,9); ClrEol;
               Write(elem^.vorname,' ',elem^.name);
               GotoXY(10,10); ClrEol;
               Write(elem^.strasse);
               GotoXY(10,11); ClrEol;
               Write(elem^.plz,' ',elem^.ort);
               WaitForKey;
               GotoXY(30,1); ClrEol;
            end;      (*  Ende von if elem ...  *)
            elem := elem^.next  (*  weiterschieben  *)
         end    (*  Ende von while elem <> ... *)
   end    (*  Ende von else ...  *)
end;      (*  Ende von Search  *)
```

```


(* --------  LOESCHEN EINES ELEMENTES  --------  *)

function Delete(var top : EINTRAGZEIGER) : Word;
      (*  Zurueckgegeben wird die Anzahl der ge-
          geloeschten Elemente.  *)
var   elem, del : EINTRAGZEIGER;
      loeschname : String[20];
      counter : Word;

begin
   counter := 0;
   if top = NIL then
      Error('Die Liste ist leer!')
   else
   begin
      (*  Es muss nach dem Vorgaenger des zu
          loeschenden Elementes gesucht werden,
          da dessen next-Komponent "verbogen"
          werden muss. Dadurch entsteht der
          Spezialfall, dass das zu loeschende
          Element das vorderste Listenelement ist.  *)
      TextColor(Blue);
      GotoXY(10,6);
      Write('Zu loeschender Name: ');
      ReadLn(loeschname);
      if Length(loeschname) > 0 then
      begin
         (*  Zunaechst passende Elemente am
         Listenanfang loeschen  *)
         while  (top^.name = loeschname) and
                (top <> NIL) do
         begin
            Inc(counter);
            del := top;
            top := top^.next;   (*  Weiterschieben  *)
            Dispose(del)        (*  Entfernen  *)
         end;
         (*  Jetzt steht der zu loeschende Name nicht
             mehr im vordersten Element. Am hier kann
             also immer der Nachfolger des aktuellen
             betrachtet werden.  *)
         elem := top; (*  Anfang retten  *)
         while elem^.next <> NIL do
            if elem^.next^.name = loeschname then
            begin
               Inc(counter);
               del :=  elem^.next;
               elem^.next := del^.next;
```

```
               Dispose(del);(*  Entfernen  *)
            end else
               (*  Das aktuelle Element darf nur
                   dann veraendert werden, wenn
                   nichts geloescht wurde.  *)
               elem := elem^.next;
               TextColor(Green);
               GotoXY(30,12);
               Write(counter, ' Eintraege geloescht!');
               WaitForKey
      end
   end;
   Delete := counter;
end;      (*  Ende von Delete  *)


(*  ---------  ROUTINE AM PROGRAMMENDE  --------  *)

function ProgramEnd(top : EINTRAGZEIGER;
                        changes : Boolean) : Boolean;
      (*  Gibt true zurueck, wenn das Programm wirk-
          lich verlassen werden soll, sonst false.  *)
var   choice : Char;
      del : EINTRAGZEIGER;
      adr_file : Text;

begin
   TextColor(Red);
   GotoXY(24,8);
   Write('Wollen Sie wirklich aufhören (J/N) ?');
   choice := Question; (*  liefert 'J' oder 'N'  *)

   if choice = 'N' then   (*  Kein Programmende ?  *)
      ProgramEnd := false
   else   (*  Falls doch, wird evtl. gespeichert.  *)
   begin     (*  1. else  *)
      ProgramEnd := true;
      if changes = true then
      begin     (*  Es muss nur gesichert werden,
                    wenn etwas veraendert wurde.  *)
         TextColor(Yellow);
         GotoXY(24,8); ClrEol;
         Write('Aenderungen abspeichern (J/N) ?');
```

```
                    if Question = 'J' then
                    begin     (*  Es wird abgespeichert.  *)
                       (*  Zunaechst Datei oeffnen.  *)
                       Assign(adr_file, ADRESSDATEI);
                       (*$I-*) Rewrite(adr_file);  (*$I+*)
                       if IOResult <> 0 then
                          Error('Die Daten konnten nicht
                                 zurueckgeschrieben werden')
                       else      (*  2. else  *)
                       begin
                          while top <> NIL do
                          begin     (*  Schreiben  *)
                             WriteLn(adr_file, top^.name);
                             WriteLn(adr_file, top^.vorname);
                             WriteLn(adr_file, top^.strasse);
                             WriteLn(adr_file, top^.plz);
                             WriteLn(adr_file, top^.ort);
                             del := top;  (*  Weiterschieben  *)
                             top := top^.next;
                             Dispose(del) (*  Loeschen  *)
                          end;      (*  Ende von while top ...*)
                          close(adr_file) (*  Datei schliessen  *)
                       end   (*  Ende vom 2. else  *)
                    end   (*  Ende von if Question ...  *)
                 end   (*  Ende von if changes ...   )
              end   (*  Ende vom 1. else  *)
           end;      (*  Ende von ProgrammEnd  *)


        (*  -------------  HAUPTPROGRAMM  -------------  *)

        var    abbruch, changes : Boolean;
               top : EINTRAGZEIGER;

        begin
           top := ReadData;
           abbruch := false;
           changes := false;
           repeat
              case Menu of
                 1:  begin Insert(top); changes := true end;
                 2:  Search(top);
                 3:  if Delete(top) > 0 then changes := true;
```

```
370             4:  abbruch := ProgramEnd(top, changes)
371           end;        (*  Ende von case Menu of...  *)
372         until abbruch = true;
373
374         TextColor(LightMagenta);
375         GotoXY(44,23);
376         WriteLn('Copyrights by Axel Kotulla 03.1991');
377         Normvideo (*  Setzt den Bildschirm auf den
                           Ausgangszustand.  *)
378     end.       (*  Ende von Adress  *)
```

Programm 3.5 Ein "kleines" Adressverwaltungsprogramm

Zu Beginn des Programms werden in den Zeilen 10 bis 21 die Typen für die Liste deklariert. Danach wird als Ausgabedatei *ADR.DAT* festgelegt. Es ist durchaus möglich, den Namen der Datei mit den Datensätzen zu Programmbeginn von der Tastatur einzulesen. Nach den globalen Vorgaben folgen drei Prozeduren bzw. Funktionen, die nichts mit der eigentlichen Liste zu tun haben, sondern lediglich Ein- und Ausgaben steuern. So wartet die Funktion *Question* ab Zeile 28 auf eine Antwort auf eine J/N-Frage. Der Benutzer wird an mehreren Stellen dazu aufgefordert mit *J* für "Ja" oder *N* für "Nein" zu antworten. Um nicht jedesmal denselben Programmtext schreiben zu müssen, wurde die Abfrage in eine Funktion verlagert. Ähnlich ist es mit der Prozedur *WaitForKey*. Diese hält den Programmablauf solange an, bis der Benutzer irgendeine Taste drückt. Dabei ist vor allem die Textausgabe interessant. Bisher wurden *Write* bzw. *WriteLn* benutzt, um Zeile für Zeile hintereinander auf den Textbildschirm zu schreiben. In Zeile 50 sieht man, daß man zum einen auch mit *Write* bzw. *WriteLn* farbig ausgeben kann, und daß zum anderen die Ausgabe an einer bestimmten Bildschirmposition erfolgen kann. Dies realisiert die Prozedur *GotoXY*. Sie steuert den Cursor an die als Argument angegebene Stelle. Die nächste Textausgabe erfolgt dann an dieser Position. Das erste Argument bei *GotoXY* gibt die Spalten- und das zweite die Zeilenposition an. Die Koordinate (25,15) befindet sich demnach in der unteren Hälfte auf der linken Seite des Bildschirms.

Der Textbildschirm hat in der Standardeinstellung 25 Zeilen und 80 Spalten.

Vor der Textausgabe steht der Aufruf einer weiteren noch nicht bekannten Prozedur, *ClrEol*. Falls nämlich in der über *GotoXY* angesteuerten Zeile noch Text steht, sollte man diesen vor der nächsten Ausgabe entfernen. *ClrEol* steht für "Clear To End Of Line. Es werden also alle Zeichen hinter der Cursorposition gelöscht. Nach dem Löschen steht der Cursor wieder in der zuvor durch *GotoXY* angegebenen Position. Dort wird der Text *'Bitte irgendeine ...'* in blinkender, gelber Schrift ausgegeben. Durch

TextColor(Yellow+Blink) in Zeile 50 wurde nicht nur die aktuelle Ausgabefarbe auf gelb gesetzt, sondern auch ein Blinken erreicht. Dies ist bei allen Farben möglich. Eine Übersicht liefert das Hilfsfenster zu *Color* in Abb. 3.1 auf Seite 133.

Die sich anschließende *while*-Schleife wartet solange, bis der Benutzer eine Taste drückt. Danach wird der blinkende Text gelöscht.

☞ Es wird nicht die Prozedur *KeyPressed* verwendet, weil Sie den Tastaturpuffer nicht leerräumt. Falls der Benutzer bei *KeyPressed* eine Taste drückt, bleibt diese im Puffer und hat Konsequenzen für folgende Einleseroutinen.

Die dritte Hilfsprozedur *Error* erhält als Argument eine Zeichenkette. Diese wird in blinkender, roter Schrift in der Mitte des Bildschirms ausgegeben. Danach wird zum ersten Mal die oben erklärte Prozedur *WaitForKey* aufgerufen. Nachdem der Benutzer eine Taste gedrückt hat, ist *Error* beendet, und es wird zurückgesprungen.

Die erste Funktion zum Aufbau unserer linearen Liste beginnt ab Zeile 79 und heißt *ReadData*. Hier wird zunächst die Datei *ADRESSDATEI* mit den Datensätzen zum Lesen geöffnet. Falls es beim Öffnen einen Fehler gab, liefert die Funktion *IOResult* einen von Null verschiedenen Wert. Als Ergebnis liefert *ReadData* dann die Konstante *NIL* zurück. Dies bedeutet, daß die Liste leer ist, da *ReadData* im Hauptprogramm in Zeile 362 über

```
top := ReadData;
```

aufgerufen wurde. Der Grund für ein fehlerhaftes Öffnen ist meistens der, daß die Datei noch nicht existiert, wenn das Programm zum allerersten Mal gestartet wird.

Falls das Öffnen klappt, werden die Datensätze einzeln eingelesen bis *Eof(adr_file)* den logischen Wert *true* liefert, also das Dateiende erreicht ist, oder bis die Variable *while_end* den Wert *true* erhalten hat. Dies kann nur in Zeile 95 geschehen, wenn kein Speicherplatz für einen weiteren Datensatz reserviert werden kann. Dies wird dem Benutzer durch einen Aufruf der Prozedur *Error* mitgeteilt.

In der Regel wird jedoch genügend Speicherplatz vorhanden sein und der *else*-Zweig ab Zeile 98 durchlaufen. Hier werden die Datensätze gefüllt und in die Liste eingehängt.

Die einzelnen Komponenten werden über separate *ReadLn*-Anweisungen eingelesen, weil die Datei so aufgebaut ist, daß in jeder Zeile genau ein Eintrag steht. Dies ist nötig, weil sonst nicht das Ende einer Komponente erkannt wird. Ein oder mehrere Blanks reichen als Trennsymbol nicht aus, weil als Straßenname beispielsweise mehrere durch Blanks abgetrennte Worte vorkommen können.

Nach dem letzten Datensatz wird die *repeat*-Schleife verlassen, die Datei durch *close* geschlossen und der Listenanfang in *top* an das Hauptprogramm zurückgegeben.

Die nächste Funktion *Menu* hat wieder nichts mit der linaren Liste zu tun. Hier wird lediglich in Zeile 122 der Bildschirm gelöscht und ein Eingabemenü aufgebaut, in dem der Benutzer wählen kann, was er mit der Liste machen möchte. Er kann Ziffern zwischen eins und vier eingeben. Alle anderen Eingaben werden ab Zeile 148 mit einem kurzen Ton zurückgewiesen. Zu beachten ist die Zeile 156

```
Menu := Ord(choice) - Ord('0');
```

Dort wird aus dem Zeichen in der Variablen *choice* eine ganze Zahl gemacht, indem der ASCII-Wert von *'0'* abgezogen wird. Steht in *choice* beispielsweise das Zeichen *'3'* liefert *Ord(choice)* die Zahl 51. *Ord('0')* ergibt 48, sodaß in *Menu* der Wert 3 an das Hauptprogramm zurückgegeben wird.

Die Funktion *Insert* bedarf keiner Erklärung in Bezug auf die Listenoperationen. Der einzige Unterschied zu *ReadData* besteht darin, daß nicht aus einer Datei, sondern von der Tastatur in die lineare Liste eingelesen wird. Neu hingegen ist eine Konstruktion im Zusammenhang mit Records. In Zeile 180 heißt es:

```
with elem^. do
```

Dadurch wird dem Compiler mitgeteilt, daß man für eine gewisse Zeit mit den Komponenten von *elem* arbeiten möchte. Man muß nun beim Zugriff auf die Komponenten nicht mehr *elem^.* notieren, sondern gibt nur den Namen der Komponente an, so beispielsweise in Zeile 182:

```
name := nachname;
```

Mit *name* ist hier *elem^.name* gemeint. Der Compiler nimmt die Ersetzung vor, und man spart so einige Schreibarbeit. Zu Konflikten kommt es allerdings, wenn eine normale Variable genauso heißt wie die Komponente eines Records, also wenn zum Beispiel oben die Variable *nachname* nur *name* hieße.

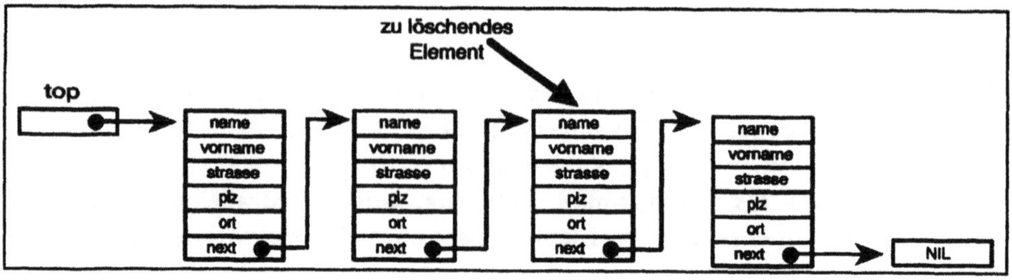

Abb. 3.11 Ausgangssituation, vor dem Löschen aus einer linearen Liste

Abgeschloßen wird die *with*-Konstruktion mit *end*, wobei an ihrem Anfang kein *begin* stehen muß.

Auch in der Prozedur *Search* passiert nichts Neues mit der Liste. Sie wird - sofern sie nicht leer ist - von vorne nach hinten durchlaufen und mit dem Namen verglichen, den der Benutzer in Zeile 219 eingibt. Nach jedem Auffinden wird die Prozedur *WaitForKey* aufgerufen und so die Suche erst fortgesetzt, nachdem eine Taste gedrückt wurde.

Wirklich neu und auf den ersten Blick etwas kompliziert scheint die Funktion *Delete* ab Zeile 243 zum Löschen eines Elementes zu sein. Man kommt zunächst auf den Gedanken, die Prozedur *Search* zu verwenden, um ein Element zu suchen und dieses anschließend aus der Liste zu entfernen. Dies geht aus folgendem Grund nicht: Um ein Element aus der Liste zu löschen, benötigt man dessen Vorgänger, weil nach dem Löschen die *next*-Komponente des Vorgängers auf den Nachfolger des zu löschenden Elementes zeigen muß. Nehmen wir als Ausgangssituation eine Liste wie in Abb. 3.11.

Gesucht wird der Vorgänger des zu löschenden Elementes. Deshalb lautet die Abfrage in Zeile 283:

```
if elem^.next^.name = loeschname then
```

Falls die Bedingung erfüllt ist, steht *elem* auf dem gesuchten Vorgänger. Es wird ein Zähler *counter* erhöht, der sich merkt, wieviele Elemente gelöscht werden. Danach wird die Zeigervariable *del* auf *elem^.next* gesetzt; *del* enthält also jetzt die Adresse des tatsächlich zu löschenden Datensatzes. Die *next*-Komponente von *elem* wird durch

```
elem^.next := del^.next;
```

auf den Nachfolger des zu löschenden Elementes "gebogen". Hier hätte man genausogut

```
elem^.next := elem^.next^.next;
```

schreiben können. Doppelte Zeiger verwirren jedoch meistens und werden deshalb gerne vermieden. Nach dieser Operation stellt sich die Situation wie in Abb. 3.12 dar.

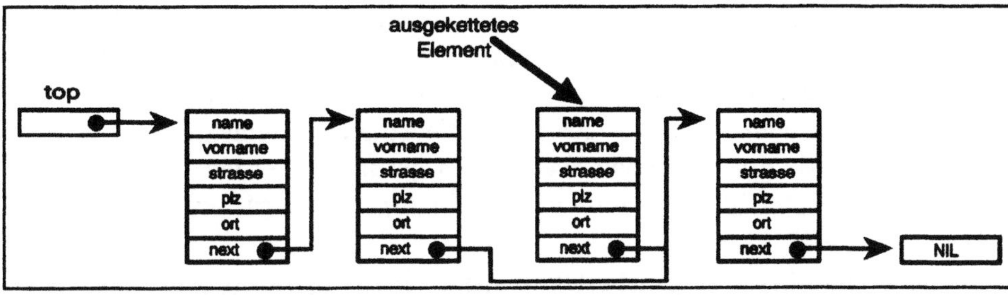

Abb. 3.12 Situation, nachdem das Element ausgekettet wurde

Nun muß nur noch der Speicherplatz geräumt werden, das heißt, als nicht mehr reserviert gekennzeichnet werden. Hier ist die Stelle, an der ein explizites Löschen durch *Dispose* sinnvoll ist. Das Programm funktioniert zunächst auch ohne die Anweisung in Zeile 287. Wenn jedoch Speicherplatz ständig reserviert bleibt, ohne daß man mit ihm noch etwas anfangen kann, haben in der Liste natürlich wesentlich weniger Elemente Platz.

Nach dem Ausketten eines Elementes aus einer linearen Liste sollte das explizite Freigeben des Speicherplatzes durch *Dispose* nicht vergessen werden.

Nach dem Löschen stellt sich die Liste wie in Abb. 3. dar. Die in Zeile 282 gestartete Schleife fährt mit dem Suchen solange fort, bis die Liste komplett durchlaufen wurde. Wichtig ist dabei, daß die Zeigervariable *elem* nur dann auf den eigenen Nachfolger gesetzt werden darf, wenn kein Datensatz gelöscht wurde. Falls ein Eintrag entfernt wurde, hat das aktuelle Element einen neuen Nachfolger, der überprüft werden muß.

Machen Sie sich an einem Beispiel klar, was passiert, wenn auch nach einem Löschen zwischen den Zeilen 288 und 289 durch

```
elem := elem^.next;
```

die Zeigervariable *elem* weitergeschoben würde. Nehmen Sie dazu am besten an, daß zweimal derselbe Nachname in der Liste steht und ausgerechnet dieser gelöscht werden soll.

Ein Spezialfall wurde jedoch noch nicht betrachtet. Was ist, wenn ein zu

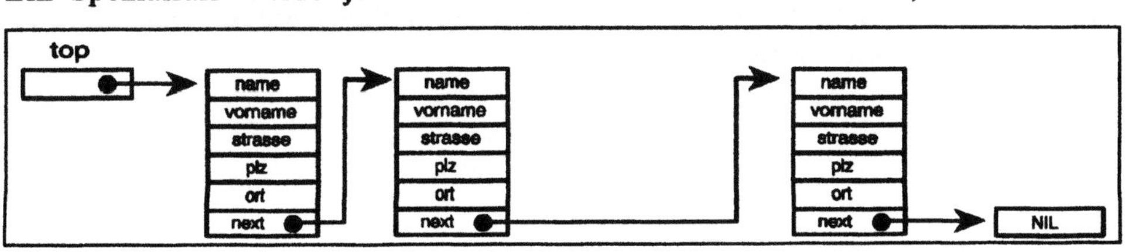

Abb. 3.13 Situation, nach der Rückgabe des reservierten Speicherplatzes

löschendes Element am Anfang der Liste steht? Da bis jetzt nur Nachfolger betrachtet wurden und das erste Element keinen Vorgänger hat, könnte es ohne Sonderbehandlung nie gelöscht werden. Aus diesem Grund wird in Zeile 269 eine *while*-Schleife gestartet, die solange Elemente vom Kopf der Liste löscht, wie dort passende Nachnamen gefunden werden. Dort muß keine Hilfsvariable *elem* benutzt werden, weil in *top* der Kopf der Liste steht und genau dort gelöscht wird.

Nachdem die Liste abgearbeitet wurde, wird in Zeile 296 ausgegeben, wieviele Datensätze entfernt wurden. Dieser Wert wird durch

```
Delete := counter;
```

an das Hauptprogramm zurückgegeben. Dort wird in Zeile 369 durch

```
if Delete(top) > 0 then ...
```

überprüft, ob eine Veränderung an der Liste vorgenommen wurde. Nur dann wird nämlich die logische Variable *changes* auf *true* gesetzt. Das wiederum führt dazu, daß in der abschließenden Funktion *ProgramEnd* überhaupt danach gefragt wird, ob Änderungen abgespeichert werden sollen. Steht das Argument *changes* auf *false*, wurde nichts gelöscht und nichts neu eingefügt. Also muß auch keine Änderung gespeichert werden. Zunächst wird der Benutzer aber in Zeile 315 gefragt, ob er das Programm tatsächlich beenden will. Der Aufruf

```
choice := Question;
```

in Zeile 316 liefert entweder ein *'J'* oder ein *'N'*. Möchte der Benutzer gar nicht aufhören, gibt die Funktion *ProgramEnd* ein *false* an die Variable *abbruch* im Hauptprogramm zurück. Das hat zur Folge, daß dort die Abbruchbedingung der *repeat*-Schleife in Zeile 372 nicht erfüllt ist und so erneut das Menü aufgerufen wird.

Möchte der Benutzer das Programm beenden, wird er in Zeile 327 gefragt, ob er seine Änderungen abspeichern möchte (sofern er etwas geändert hat). Falls er dies bejaht, wird ab Zeile 337 die Liste komplett durchlaufen und die Komponenten jedes Datensatzes einzeln mit *WriteLn* abgespeichert. Es wurde bereits darauf hingewiesen, daß nur so sichergestellt ist, daß beim Einlesen die Komponenten korrekt erkannt werden. Stehen mehrere Komponenten in einer Zeile, kann nicht immer richtig unterschieden werden, was zur einen und was zur anderen Komponente gehört.

Das vorgestellte Adressenverwaltungsprogramm ist für kleinere Datenbestände, bis maximal 100 Sätze, durchaus zu gebrauchen. Bei größeren Datenmengen sinkt die Verarbeitungsgeschwindigkeit beim Suchen und Löschen eines Elementes enorm. Dann wird es sinnvoll, die Liste ständig sortiert zu halten, das heißt vor allem, neue Elemente nicht immer am Anfang, sondern an einer Position irgendwo in der Liste einzufügen. Versuchen Sie das Programm 3.5 so zu erweitern, daß die Liste ständig nach den Nachnamen sortiert ist.

Damit haben Sie die einfachste Form von dynamischen Datenstrukturen kennengelernt. Falls Sie das Thema interessiert, versuchen Sie ruhig einmal eine Liste aufzubauen, die neben Zeigern auf die Nachfolger auch Zeiger auf die Vorgänger enthält. Dabei entsteht eine sogenannte zweifach-verkettete Liste, die zu einer Art Kreis ausgebaut werden kann, in dem das erste auf das letzte und das letzte auf das erste Element zeigt. In einer solchen Strukur kann vorwärts und rückwärts "geblättert" werden. Außerdem ist es einfacher, Elemente sortiert einzufügen oder zu entfernen.

3.5 Einführung in die Welt der Objekte

Alle bisherigen Kapitel waren geprägt von der klassischen Denkweise eines Programmierers. Dort besteht ein Programm aus einer Ansammlung von Prozeduren und Funktionen, die von einem Hauptprogramm gesteuert werden. Diese Sicht der Dinge verändert sich nun etwas. Sie müssen jedoch keine Sorge haben, den bisherigen Teil des Buches völlig umsonst bearbeitet zu haben. Alle Konstruktionen tauchen auch im Rahmen von **objektorientierter Programmierung (OOP)** wieder auf. Lediglich die Schwerpunkte verschieben sich etwas. Während das Hauptgewicht bisher wie erwähnt auf Prozeduren und Funktionen lag, treten nun die Datentypen in den Vordergrund.

> In der "klassischen" Form der *PASCAL*-Programmierung stehen Prozeduren und Funktionen im Vordergrund. Bei einer Erweiterung von *PASCAL* durch Elemente der OOP, wie sie in *TURBO PASCAL* ab der Version 5.5 erfolgte, verlagert sich der Schwerpunkt auf die Datentypen eines Programms.

Der Begriff des sogenannten **abstrakten Datentyps**bildet den Mittelpunkt, um den sich der Rest eines Programms gruppiert. Unter einem solchen Typ versteht man eine Ansammlung von vor- oder selbstdefinierten Typen zu einer Einheit, die wesentlich einfacher zu handhaben ist als viele einzelne Typen. Ein typisches Beispiel sind Records, die eine bestimmte Datenstruktur, das heißt eine bestimmte Anordnung von Daten, modellieren. Innerhalb der OOP werden Records zum zentralen Begriff des **Objektes** erweitert. Sie besitzen im wesentlichen drei neue Eigenschaften, die sie von Records unterscheiden.

> Auch Objekte sind eine strukturierte Ansammlung von Datentypen. Im Unterschied zu Records können sie zusätzlich Prozeduren und Funktionen enthalten. Außerdem darf ein Programm nicht beliebig auf die Teile eines Objektes zugreifen und schließlich kann ein Objekt seine Eigenschaften (Struktur) an andere vererben.

Die Teile (Mitglieder) eines Objektes werden in der OOP-Terminologie als **members** bezeichnet. Die Tatsache, daß man nicht aus jedem Programmteil auf alle Teile eines Objektes zugreifen kann, trägt den Begriff **information hiding**, für den es keine sinnvolle deutsche Übersetzung gibt (Informationen verbergen?). Die Möglichkeit, Eigenschaften an andere Objekte zu übertragen (vererben), heißt **inheritance**

Was hat man sich unter Vererbung in einer Programmiersprache vorzustellen? Nun, es ist (fast) wie im richtigen Leben. Ein Erbgeber übeträgt einem (oder mehreren) Erbnehmern ein bestimmtes Gut, meist Geld oder Land. In Programmiersprachen werden keine materiellen Dinge, sondern Fähigkeiten und Eigenschaften vererbt. Als Beispiel kann man sich vorstellen, daß auch Fahrzeuge Eigenschaften und Fähigkeiten vererben. Man kann sich die Situation wie in Abb. 3.14 vorstellen. Dort hat eine (allgemeines) *Fahrzeug* die Fähigkeit des *Beschleunigens* und die Eigenschaft eines bestimmten *Gewichtes*. Ein *Landfahrzeug* ist ein "Erbe" des allgemeinen Fahrzeugs. Es übernimmt also die Fähigkeit des *Beschleunigens* und die Eigenschaft, ein *Gewicht* zu besitzen.

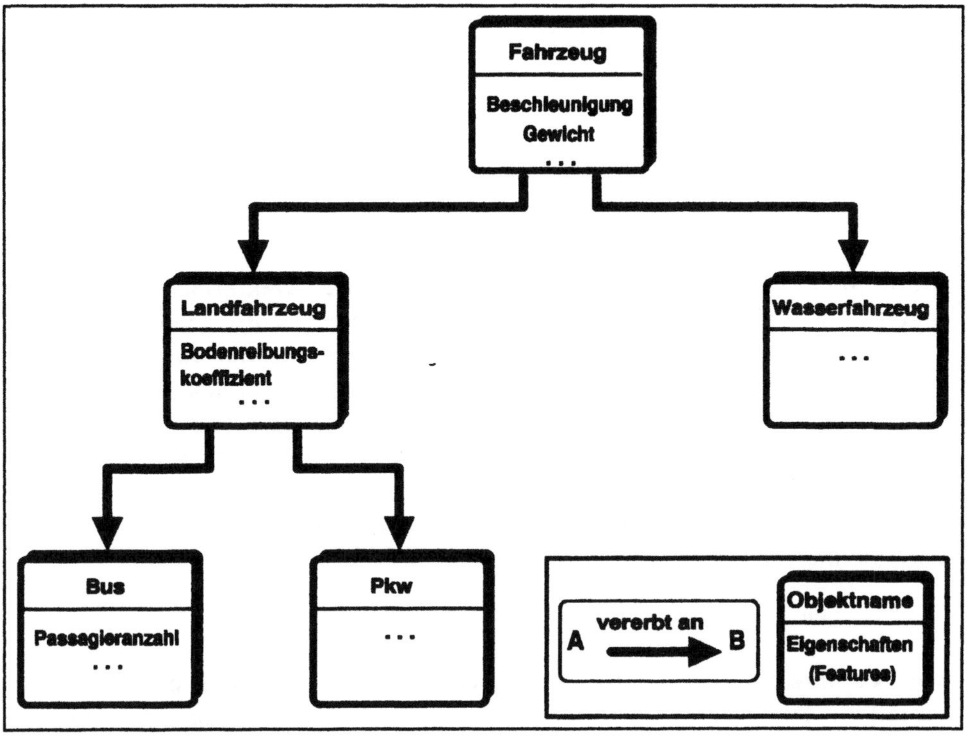

Abb. 3.14 Vererbungshirarchie bei Fahrzeugen

Zusätzlich hat ein *Landfahrzeug* beispielsweise noch die Eigenschaft eines *Bodenreibungskoeffizienten*. Es kann nun seinerseits die ererbten und die eigenen Fähigkeiten und Eigenschaften weitervererben, beispielsweise an ganz spezielle Fahrzeuge wie *Pkw* oder *Bus*. Die Begriffe Fähigkeit und Eigenschaft werden in der Programmierung zum Begriff des **Features** zusammengefaßt. Wichtig ist es, festzuhalten, daß mit jedem Erben die Anzahl der Features steigt. Allerdings werden die "Erben" auch immer spezieller, so daß recht bald eine Grenze erreicht ist, an der nicht weiter spezialisiert und verfeinert werden kann.

Ein Problem taucht bei der oben gewählten Form der Erklärung sehr bald auf. Sicherlich haben sowohl ein *Landfahrzeug* als auch ein *Wasserfahrzeug* das Feature *Beschleunigen*. Beide werden dies jedoch anders bewerkstelligen. Man kann das Problem einmal dadurch lösen, daß nicht *Fahrzeug* das Feature *Beschleunigen* vererbt, sondern daß *Landfahrzeug* eine Fähigkeit *Landbeschleunigen* und daß *Wasserfahrzeug* die Fähigkeit *Wasserbeschleunigen* erhält. Sinnvoller im Rahmen der OOP ist es jedoch, die ererbte Fähigkeit zu modifizieren oder zu ergänzen.

Versuchen wir, obiges Bild in *TURBO PASCAL 6.0* zu übersetzen. Jeder Erbnehmer und -geber ist ein sogenanntes **Objekt**. Das über allen anderen stehende Objekt *Fahrzeug* könnte etwa wie folgt deklariert werden:

```
type  FAHRZEUG  =  object -
                         procedure Beschleunigen;

                         ( . . . )
                      private
                         gewicht : Real
                   end;
```

Die Ähnlichkeit mit einem Record ist unverkennbar. Deklariert wird der neue Datentyp *FAHRZEUG*. Im Unterschied zu einem Record kann *FAHRZEUG* Prozeduren und Funktionen enthalten. Diese werden in der Sprache der OOP **Methoden** genannt. Hier wurde nur die Methode *Beschleunigen* aufgeführt. Genau wie ein Record kann ein Objekt auch Daten enthalten. Hier wird das Datum (die Kómponete) *gewicht* vom Typ *Real* aufgeführt. Wichtig ist hier das neue Schlüsselwort ***private***. Es "versteckt" die Komponete *gewicht* vor dem Rest des Programmes. Ohne *private* könnte man nach einer Variablendefinition der Form

```
var   myobj : FAHRZEUG;
```

wie bei einem normalen Record durch *myobj.gewicht* auf die Komponete zugreifen. Dies würde jetzt jedoch zu einer Fehlermeldung des Compilers führen, weil *gewicht* außerhalb des Objektes nicht sichtbar ist, sondern nur innerhalb des Objektes. Die Variable kann also nur von Methoden des Objektes verwendet werden.

> Es ist guter Programmierstil (im Sinne der OOP), auf Daten eines Objektes nur über member-functions (Methoden) zuzugreifen, um Seiteneffekte zu vermeiden. Sie sollten deshalb möglichst als *private* deklariert werden.

Um also auf die Komponete *gewicht* zugreifen zu können, sollte man eine Methode *LiesGewicht* ergänzen. Dies scheint zunächst unnötiger Aufwand zu sein. So wird jedoch verhindert, daß von jeder beliebigen Stelle des Programms unkontrolliert auf die Komponente *gewicht* zugegriffen werden kann und diese womöglich fälschlicherweise verändert wird. Auf die Methode *Beschleunigen* kann dagegen von überall zugegriffen werden, wo die Variable *myobj* bekannt ist. Der Begriff Variable wird im Zusammenhang mit Objekten seltener verwendet. Man spricht dort eher von der **Inkarnation eines Objektes** Kurz wird *myobj* auch als **Instanz** bezeichnet. Das, was bei "gewöhnlichen" Variablen Definition, also Speicherplatzreservierung hieß, findet man bei Objekten häufig unter **Instanziierung**.

Der Aufruf einer Methode (Prozedur) vollzieht sich genau wie der Zugriff auf die Komponente eines Records:

```
myobj.Beschleunigen;
```

Bevor gezeigt wird, wie das Objekt *FAHRZEUG* seine Features an das Objekt *LANDFAHRZEUG* verebt, sollen kurz die wichtigsten Begriffe zusammengfaßt werden:

Die wichtigsten Begriffe der OOP:	
Objekt	Datentyp, der im Unterschied zu Records auch Prozeduren und Funktionen enthalten kann.
Member	Komponete eines Objektes. Man unterscheidet private und öffentliche Members (Mitglieder). Auf erstere darf nur innerhalb des Objektes zugegriffen werden.
Feature	wie Member.
Methode	Name für die Prozeduren und Funktionen innerhalb eines Objektes.
Instanz	Bezeichnung für eine Variable, die einen Objekttypen besitzt.
Inkarnation	wie Instanz.
Information hiding	Eigenschaft, bestimmte Daten oder Methoden vor der Außenwelt (dem Rest des Programms) zu verbergen. Dadurch werden sogenannte Seiteneffekte vermieden, weil nur noch kontrolliert auf die Daten eines Objektes zugegriffen werden kann.
Vererbung	Fähigkeit eines Objektes, seine Features an andere Objekte zu übertragen.
Klasse	Begriff für ein Objekt, der meistens nur in anderen Porgrammiersprachen wie *C++* verwendet wird.

Vererben wir also die Fähigkeiten von *FAHRZEUG* an *LANDFAHRZEUG*:

```
type   LANDFAHRZEUG =  object(FAHRZEUG)
                           bodenreibungskoeffizient : Byte;
                           function Geschwindigkeit : Real
                       end;
```

Die Deklaration des Objekts wurde durch eine Art "Argument" ergänzt. Hier wird angegeben, wer der Erbgeber sein soll. Zusätzlich wird eine Variable *bodenreibungskoeffizient* vom Typ *Byte* deklariert. Sie ist dieses Mal nicht *private*, kann also wie eine normale Record-Komponente behandelt werden. Weiterhin wird eine Methode *Geschwindigkeit* deklariert. Dabei ist folgender Formalismus zu beachten:

> In einem *TURBO PASCAL 6.0*-Objekt müssen zuerst die Daten und dann die Methoden deklariert werden. Eine Ausnahme bilden private members. Egal ob es Daten oder Methoden sind, werden sie immer **hinter** den öffentlichen members deklariert; dann allerdings auch wieder zuerst die Daten und danach die Methoden.

Erzeugt man nach obiger Deklaration eine Instanz des neuen Typs *LAND-FAHRZEUG* zum Beispiel durch

```
var    mycar : LANDFAHRZEUG;
```

kann man ohne Unterschied auf die eigenen Daten und Methoden und die des Erbgebers zugreifen.

```
mycar.bodenreibungskoeffizient := 4;
mycar.Beschleunigen;
if mycar.Geschwindigkeit > 200 then ...
```

Wie zu Beginn des Kapitels erwähnt, stehen die Datentypen im Vordergrund. Nicht vergessen werden darf jedoch das Ausprogrammieren der Methoden. Bisher wurde noch kein Satz darüber verloren, wie beispielsweise *Beschleunigen* seine Aufgabe erledigt. Da hier nicht näher auf die Computersteuerung eines Fahrzeuges eingegangen werden kann, wird auch nur der Methodenkopf vorgestellt. Er unterscheidet sich überhaupt nicht von einer der bisher benutzten Prozedurdefinitionen.

```
procedure FAHRZEUG.Beschleunigen;
var    ( . . . )
begin
               ( . . . )
end;
```

Abb. 3.15 Die Ausgabe des allerersten Turbo Vision-Programms

Selbstverständlich können an eine Methode auch Variablen übergeben werden. Dies wird im nächsten Kapitel vorgeführt, in dem Sie Ihr erstes lauffähiges objektorientiertes Programm kennenlernen werden. Häufig wird dazu ein grafisches Beispiel verwendet, in dem ein Punkt seine Koordinaten und seine Farbe an eine Linie und einen Kreis vererbt. Diese ergänzen die Features zur Bewegung und vererben ihre Eigenschaften an Rechtecke bzw. Zylinder. Dies erfordert eine Menge Programmierarbeit, weil die einzelnen Methoden alle implementiert werden müssen. Warum soll man sich die viele Mühe machen, wenn das Paradebeispiel direkt vor einem liegt. Sie haben bereits die ganze Zeit mit ihm gearbeitet.

3.6 Auf zu neuen Ufern: Die Turbo Vision

Falls Sie im Moment noch zweifeln, ob sich die Mühen der OOP lohnen, sehen Sie sich zunächst das Ergebnis des ersten objektorientierten Programms unter Turbo Vision in Abb. 3.15 an.

Man stellt ohne Frage eine gewisse Ähnlichkeit zur Oberfläche der integrierten Entwicklungsumgebung fest, in der die ganze Zeit Programme eingegeben und kompiliert wurden (sofern Sie nicht die Kommandozeilenversion benutzen). Diese Ähnlichkeit ist kein Zufall, da die gesamte Entwicklungsumgebung mit Turbo Vision programmiert wurde. Um obige Ausgabe zu erzeugen sind inklusive Leerzeilen und Kommentaren nicht einmal 20 Zeilen nötig. Man verwendet einfach die durch Turbo Vision vordefinierten Objekte. Ein Punkt soll dabei nicht unerwähnt bleiben. Programme, die unter Turbo Vision entwickelt werden, weisen immer eine gewisse Ähnlichkeit auf. Falls Sie trotzdem einen ganz individuellen Programmierstil pflegen wollen, sollten Sie von Ihrer Verwendung absehen. Wenn Sie jedoch Ihren Individualismus ein klein wenig zurückstecken und dafür auf eine umfangreiche *SAA*-Bibliothek zurückgreifen wollen, werden Sie Turbo Vision nach kurzer Eingewöhnung nicht mehr missen wollen.

Der Unterschied und wohl wesentlichste Vorteil gegenüber herkömmlichen Bibliotheken und sogenannten Toolboxen mit zahlreichen Hilfsprozeduren und -funkionen ist die Tatsache, daß die Turbo Vision wegen ihres objektorientierten Aufbaus beliebig erweitert werden kann, ohne den schon vorhandenen Quelltext modifizieren zu müssen. Man leitet lediglich ein neues Objekt ab und ergänzt zusätzliche Methoden. Doch beginnen wir von vorne und sehen uns das erste Programm an.

```
program helloTV1;

(*  Das allererste Programm unter TURBO VISION  *)

uses  APP;

type  MyTVApp  =  object(TApplication)
                      (*  Hier koennten neue Daten und
                          Methoden angegeben werden.  *)
                  end;

var   my_instance : MyTVApp; (*  Hier wird eine Instanz
                                 des Typs MyTVApp
                                 definiert  *)
begin
    my_instance.Init;       (*  Initalisierungsprozedur  *)
    my_instance.Run;        (*  Start der Oberflaeche  *)
    my_instance.Done;       (*  Schliessen des Oberflaeche  *)
end.
```

Programm 3.6 Das allererste Programm unter Turbo Vision

Das Programm ist vor allem deshalb so kurz, weil der benutzte Objektyp *MyTVApp* lediglich alle Features von *TApplication* erbt und keine neuen Daten oder Methoden ergänzt. Deshalb sind keine zusätzlichen Prozedur- oder Funktionsdefinitionen nötig.

☞ Auch wenn keine neuen Features ergänzt wurden, so mußte dennoch der neue Typ *MyTVApp* deklariert werden, weil ein Objekt vom Typ *TApplication* nicht direkt instanziiert werden darf.

Im Hauptprogramm werden in den Zeilen 16 bis 18 lediglich drei Methoden von *MyTVApp* aufgerufen. *Init* ist ein sogenannter **Konstruktor**, der das neue Objekt erzeugt und auf den Bildschirm setzt. Die Methode *Run* scheint zunächst überflüssig, weil das Programm gar nichts tut. Dem ist nicht so. Das Programm wartet auf Eingaben, die im folgenden auch Ereignisse genannt werden, hier insbesondere auf das Drücken der Tastenkombination [Alt] [X].

Normalerweise wartet *Run* nicht nur auf eine bestimmte Tastenkombination, sondern beispielsweise auch auf Mausbewegungen oder Ähnliches. Hier wird nach der Methode *Run* die Methode *Done* gestartet. Es handelt sich um das Gegenstück zum Konstruktor *Init*, den **Destruktor**. Er löscht das Objekt vom Bildschirm und beendet das Programm.

Es stellt sich die Frage, welche Methoden und Daten außer den beschriebenen dreien noch zum Objekt *TApplication* gehören. Dabei hilft wieder einmal die integrierte Hilfsfunktion. Man muß nur den Cursor auf das *TApplication* bewegen und [Ctrl] [F1] drücken. Sofort erscheint das in Abb. 3.16 dargestellte Hilfsfenster.

Schaut man sich das Hilfsfenster genauer an, findet man zwar Verweise zu den Methoden *Init* und *Done*, nicht jedoch zu *Run*. *TApplication* ist der direkte Nachfahre von *TProgram*. Dort ist die Methode *Run* deklariert. Auch über weitere Vorfahren informiert Sie das Hilfsfenster. Eine exakte Übersicht aller in Turbo Vision zu Verfügung stehenden Objekte zeigt Abb. 3.17. Im

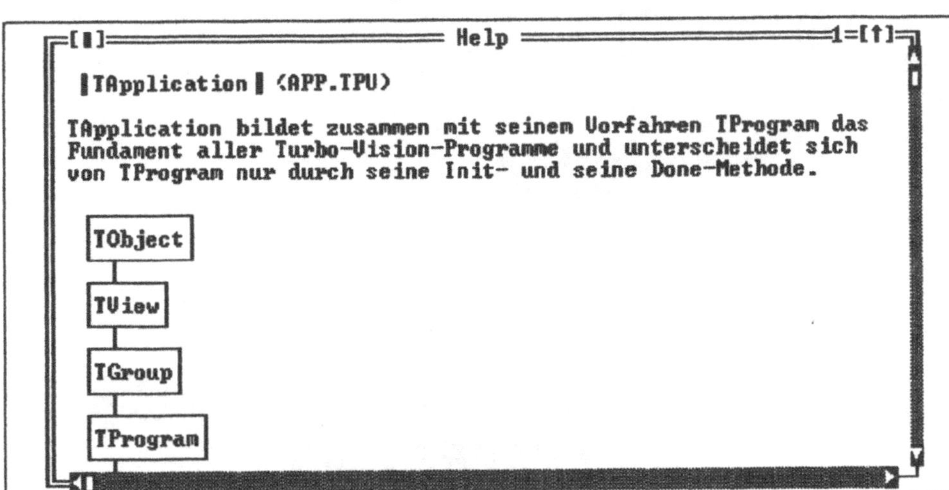

Abb. 3.16 Hilfsfenster zum Stichwort TApplication

Unterschied zum Beispiel mit den Fahrzeugen auf Seite 181 stehen die Vorfahren nicht oben, sondern links. *TObject* ist also die "Mutter" (oder der "Vater"?) aller anderen Objekte.

In der Praxis wird man normalerweise niemals direkt ein Objekt vom Typ *TObjekt* instanzieren. In den meisten Fällen bildet ein Objekt vom Typ *TApplication* - wie auch in unserem ersten Beispiel - oder von dessen Vorfahr *TProgramm* den Ausgangspunkt eines mit Turbo Vision geschriebenen

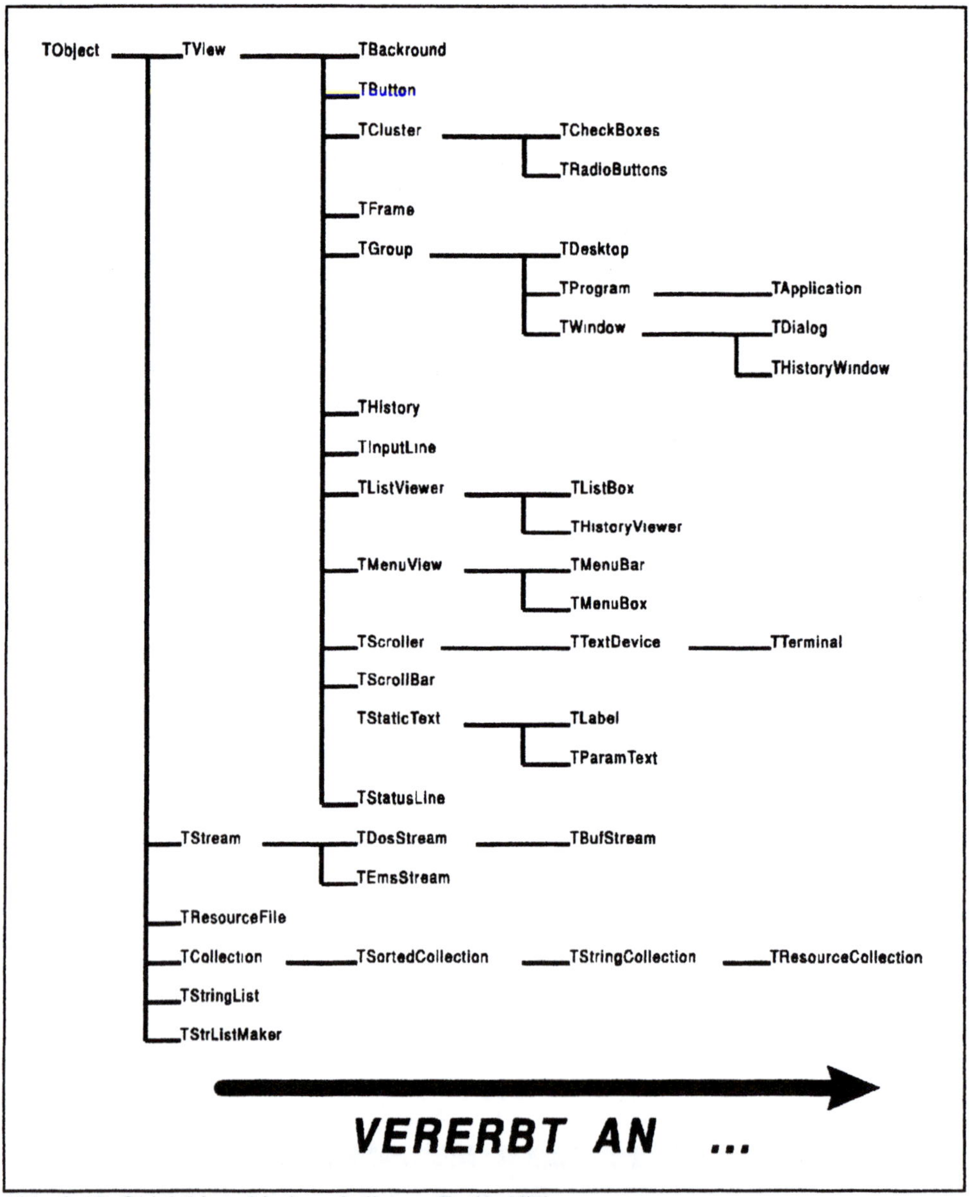

Abb. 3.17 Objekthirarchie innerhalb von Turbo Vision

Programms. Beide unterscheiden sich nur in ihrer *Init-* und *Done*-Methode.

Es würde den Rahmen dieses Buches sprengen, alle Methoden der unter Turbo Vision verfügbaren Objekte aufzuzählen. Hierzu sei vor allem auf die integrierte Hilfsfunktion verwiesen. Dort findet man alle nötigen Informationen. Hier soll ein weiteres Programm vorgestellt werden, das einen sinnvollen Ausgangspunkt für weitere Schritte bildet.

Das erste Turbo Vision Programm war schon recht beeindruckend, was seine Kürze anging. Außer es zu beenden, konnte man mit ihm jedoch nicht viel anfangen. Allerdings sollte man anerkennend beachten, daß man das Programm sowohl über die Tastenkombination [Alt] [X] als auch durch einen Mausklick auf die entsprechende Zeile stoppen konnte. Der Programmierer brauchte sich weder um die Maussteuerung noch um das Abfragen der Tastatur zu kümmern. Falls Sie schon ein wenig Erfahrung mit frühereren *TURBO PASCAL*-Versionen haben, wissen Sie vielleicht, wie umständlich es dort war, die Maus über Interrupts zu steuern. Unter einem solchen Interrupt kann man sich ein Signal vorstellen, das der Computer auch dann noch verarbeiten kann, wenn ein Programm gerade ausgeführt wird. Das Signal kann von einem *TURBO PASCAL*-Programm abgefangen und selbst verwendet werden. Da die Turbo Vision diese Arbeit übernimmt, wird auf die Problematik nicht weiter eingegangen.

Im nächsten Programm soll es nun möglich werden, nahezu beliebig viele Fenster auf der Oberfläche zu öffnen. Dazu gehen wir in einen anderen Zweig der Objekthierarchie aus Abb. 3.17 und erzeugen einen Erben von *TWindow*.

```
program helloTV2;

(*  Das zweite Programm unter TURBO VISION.
    Jetzt koennen zusaetzlich bis zu 200
    Fenster auf der Oberflaeche  geoeffnet
    werden.  *)

uses  APP,VIEWS,OBJECTS,MENUS,DRIVERS;

const  create_new_window = 200;

```

```
type  PDemoWindow  =  ^TDemoWindow;
      TDemoWindow  =  object(TWindow)
                      (*  Mit dem Object TWindow werden
                          Fenster auf der Oberflaeche er-
                          zeugt und manipuliert.  *)
                         end;

      MyTVApp    =  object(TApplication)
                          (*  zusaetzliche Methode  *)
                          constructor Init;
                          procedure InitStatusLine; virtual;
                          procedure NewWindow;
                          procedure HandleEvent(var event :
                                        TEvent); virtual;
                       private
                       (*  zusaetzliches PRIVATES Datum  *)
                          win_count : Byte;
                    end;



constructor MyTVApp.Init;

begin    (*  Jetzt wird in Init zusaeztlich der
             "Fensterzaehler" mit 0 initialisiert.  *)
   win_count := 0;

   Randomize;       (*  Initialisieren des Zufalls-
                        generators  *)
   TApplication.Init;
end;


procedure MyTVApp.InitStatusLine;
var   r : TRect;       (*  Zum Manipulieren eines recht-
                           eckigen Oberflaechenausschnittes
                           mit den Koordinaten A (links oben)
                           und B (rechts unten), die beide
                           vom Typ TPoint sind  *)
```

```
begin
   GetExtent(r);(*  Initialisiern des Rechteckes  *)
   r.A.Y := r.B.Y - 1; (*  Koord. vorletzte Zeile  *)
   StatusLine := New(PStatusLine, Init(r,
                    NewStatusDef(0, $FFFF,
                     NewStatusKey('~Alt-X~ Ende',
                        kbAltX, cmQuit,
                     NewStatusKey('~Alt-F3~ Schließen',
                        kbAltF3, cmClose,
                     NewStatusKey('~Alt-F4~ Neues Fenster',
                        kbAltF4, create_new_window,
                    nil))),
                   nil)))
end;


procedure MyTVApp.NewWindow;
var   window : PDemoWindow;
         (*  Zeiger auf TDemoWindow  *)
      r : TRect;
begin
   Inc(win_count);     (*  Erhoehen des Zaehlers  *)
   r.Assign(0,0,30,10);       (*  Fenstergroesse  *)
   r.Move(Random(52), Random(13));
   window := New(PDemoWindow,
                   Init(r, 'Demo-Fenster', win_count));
   Desktop^.Insert(window)
      (*  Fuegt ueber einen Zeiger auf ein Objekt
          vom Typ TDeskTop ein neues Fenster an zuf-
          faelliger Stelle auf der Oberflaeche ein.  *)
end;


procedure MyTVApp.HandleEvent(var event : TEvent);
      (*  Ereignisabfrage  *)
begin
   TApplication.HandleEvent(event);
   if event.What = evCommand then
   begin    (*  Wenn Ereignis eintraf...  *)
      case event.Command of
         create_new_window : NewWindow
      else
         Exit
      end;
      ClearEvent(event)          (*  Ereignis loeschen  *)
   end
end;
```

```
98    var   MyInstance : MyTVApp;
99                (*  Hier wird eine Instanz
100                   des Typs MyTVApp definiert  *)
101
102   begin
103      MyInstance.Init;
104      MyInstance.Run;
105      MyInstance.Done;
106   end.  (*  Ende von helloTV2  *)
```

Programm 3.7 Das zweite Turbo Vision Programm öffnet beliebig viele Fenster

Falls Sie beim ersten Turbo Vision-Programm noch die Illusion hatten, Sie müßten selbst fast gar nichts mehr programmieren, so sind Sie nach dem zweiten Programm wohl etwas enttäuscht. Sobald man daran geht, Objekte mit eigenen Fähigkeiten und Eigenschaften zu versehen, müssen diese natürlich ausprogrammiert werden. Als Trost stellt man jedoch fest, daß das Hauptprogramm zwischen den Zeilen 102 und 105 vollkommen unverändert ist. Auch hier wird erst initialisiert, dann auf Ereignisse gewartet und schließlich die Oberfläche geschlossen. Da etwas mehr passiert als im ersten Programm, müssen auch einige zusätzliche Bibliotheken in Zeile 8 über die *uses*-Anweisung eingebunden werden.

Nach dem Start des Programms ist die Oberfläche ein wenig verändert. In der untersten (Status-) Zeile befindet sich jetzt nicht mehr nur ein Eintrag der mit *Alt-X* beginnt. Hinzugekommen sind die Möglichkeiten, mit [Alt] [F3] ein Fenster zu schließen und mit [Alt] [F4] ein neues Fenster zu öffnen. Der erste neue Eintrag erscheint in etwas abgeschwächter Schrift. Dies kennen Sie bereits aus der Entwicklungsumgebung, wenn dort ein Punkt inaktiv war, was bedeutete, daß er nicht gewählt werden konnte. So ist es auch hier. Zu Beginn enthält die Oberfläche kein Fenster, also kann über [Alt] [F3] keines geschlossen werden. Dies ändert sich, nachdem entweder durch einen Mausklick auf den Eintrag oder die Tastenkombination [Alt] [F4] ein oder mehrere Fenster geöffnet wurden. Die Verteilung der Fenster ist zunächst zufällig, kann jedoch mit der Maus verändert werden. Außerdem können sie mit der Maus verkleinert oder vergrößert werden.

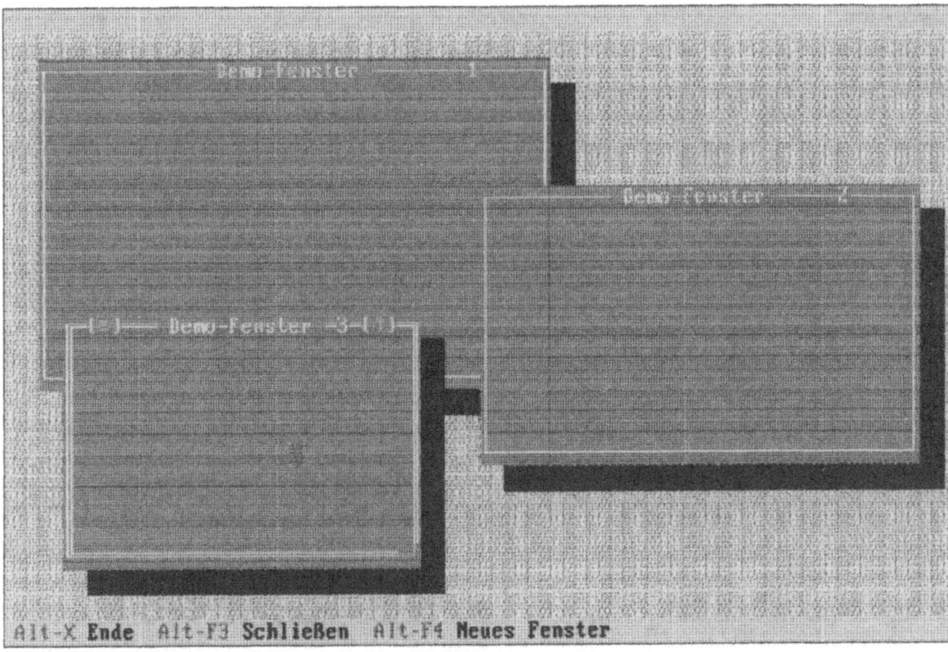

Abb. 3.18 Drei geöffnete Fenster als Ausgabe des zweiten Turbo Vision-Programms

Schauen wir uns zunächst den leicht veränderten Konstruktor *Init* ab Zeile 32 an. Hier wird in Zeile 36 die Variable *win_count* auf Null gesetzt. Diese Variable ist *private*, das heißt, sie darf nur von Methoden verändert werden, die zum selben Objekt gehören. Das ist bei *Init* der Fall, wie in den Zeilen 21 bzw. 27 zu erkennen ist. Innerhalb der Objektdeklarartion mußte dieses Mal im Unterschied zum ersten Turbo Vision-Programm der Konstruktor explizit aufgeführt werden, weil er nicht unverändert übernommen wird.

> In der Objektdeklaration müssen nicht nur die Daten und Methoden aufgeführt werden, die im Erbgeber nicht enthalten sind, sondern auch die, die im Erbgeber zwar vorhanden sind, aber abgeändert werden sollen.

Neben *Init* wird auch die Prozedur *HandleEvent* aus *TApplication* modifiziert. Ganz Neu ist die Methode *NewWindow* zum Erzeugen der Fenster. Die letzte Prozedur *InitStatusLine* ist im unmittelbaren Vorfahren von *TApplication* in *TProgram* deklariert und wird hier ebenfalls abgeändert. Neu ist bei *InitStatusLine* und *HandleEvent* das Schlüsselwort ***virtual***. Dieses Schlüsselwort macht es - vereinfacht dargestellt - möglich, daß eine Methode innerhalb einer Objekthierarchie auf unterschiedliche Weise implementiert werden kann. Der Compiler kann bei solchen Methoden nicht schon während der Übersetzung feststellen, welchen Programmtext er ausführen soll, wie dies bei Prozeduren und Funktionen, wie sie bisher auftraten, der Fall war. Zur Unterscheidung werden die Begriffe **virtuelle** und **statische Methoden** gebraucht. Bei den virtuellen Methoden wird erst zur Laufzeit des Programms entschieden, welcher Programmtext ausgeführt werden soll. Es würde zu weit führen, im einzelnen die hier zugrunde liegenden Mechanismen zu erläutern. Halten wir schlicht und ergreifend fest:

> Virtuelle Methoden erlauben es, daß Prozeduren und Funktionen mit gleichen Namen innerhalb einer Objekthierarchie unterschiedlich implementiert werden können. Der Compiler entscheidet erst zur Laufzeit des Programms, welcher Programmtext tatsächlich ausgeführt werden soll.

Als Nachteil sind virtuelle Methoden etwas langsamer als statische, weil eben zur Laufzeit eine Entscheidung gefällt werden muß.

Zurück zum Konstruktor *Init*. Neben der "privaten" Variablen *wincount* bearbeitet er auch den Zufallsgenerator von *TURBO PASCAL 6.0*. Im Programm 3.3 von Seite 143 wurde er benutzt, um eine zufällige Startrichtung des springenden Balls zu ermitteln. Hier sorgt er dafür, daß die eröffneten Fenster an immer unterschiedlichen Stellen auf der Oberfläche erscheinen.

Danach wird die Methode *TApplication.Init* aufgerufen. Ab dieser Stelle unterscheidet sich *MyTVApp.Init* nicht mehr von *MyTVApp.Init* aus dem ersten Turbo Vision-Programm. Es werden einige globale Variablen gesetzt und die eigentliche Turbo Vision initialisiert.

Richtig interessant wird es erst bei der Methode *InitStatusLine*, die in Zeile 44 beginnt. Wie der Name bereits andeutet, wird hier die Statuszeile verändert. In Zeile 45 wird eine Variable *r* vom Typ *TRect* definiert. *TRect* ist ein Record aus zwei Komponenten *A* und *B* vom Typ *TPoint*. Gespeichert wird in *A* die linke obere und in *B* die rechte untere Ecke eines Bildschirmausschnittes. *TPoint* wiederum besteht aus zwei Komponenten *X* und *Y*, die genau eine Bildschirmkoordinate angeben. Durch die erste Anweisung innerhalb der Prozedur *InitStatusLine*

```
Get.Extent(r);
```

werden die Koordinaten des aktuellen Objektes, also von der Instanz *MyInstance* in die Variable *r* geschrieben. Sämtlichen Verwaltungsaufwand übernimmt die Turbo Vision. Sie haben viellecht noch gar nicht richtig mitbekommen, daß die Koordinaten von *MyInstance* nach dem Aufruf des Konstruktors *Init* feststehen. Die Turbo Vision hat entsprechende interne Variablen zum Speichern der Größe gesetzt.

In der nächsten Zeile werden die Koordinaten in *r* direkt verändert. Die Zuweisung

```
r.A.Y := r.B.Y + 1;
```

sorgt dafür, daß in *r.A.Y* die Position der vorletzten Bildschirmzeile steht. Diese Angabe wird im eigentlichen Kern, dem Aufruf der Funktion *New* benötigt. *New* tauchte zum ersten Mal im Zusammenhang mit Zeigern und dynamischer Speicherverwaltung auf. Jetzt reserviert die Funktion Speicherplatz für ein Objekt vom Typ *TStatusLine*. Das Objekt heißt *PStatusLine* und wird automatisch instanziiert, wenn die *Init*-Methode von *TStatusLine* aufgerufen wird. Dies geschieht hier ebenfalls innerhalb der Funktion *New*. Sie haben gemerkt, daß sich das Programm bereits voll in der objektorientierten Welt bewegt. Durch die weiter verschachtelten Aufrufe von *NewStatusDef* und *NewStatusKey* wird die gesamte untere Statuszeile aufgebaut.

Es ist sinnvoller, wenn Sie ein wenig mit den Einträgen experimentieren, als daß wir uns weiter mit theoretischen Aufgaben der Methoden auseinandersetzen. So werden Sie beispielsweise feststellen, daß die Tilden (~), innerhalb der Prozeduraufrufe von *NewStatusKey* dafür sorgen, daß die eingeschlossenen Zeichen in der Statuszeile hervorgehoben erscheinen.

Es muß allerdings noch erwähnt werden, daß die Methode *NewStatusKey* nicht nur einen Text in die Statuszeile schreibt, sondern diesen Text zum einen mit einer Tastenkombination, zum Beispiel *kbAltF3* für [Alt] [F3], und zum anderen mit einem sogenannten **Ereignis-Code**, wie zum Beispiel *cmClose* oder *create_new_window*, verbindet. Drückt der Benutzer eine der angegebenen Tastenkombinationen oder klickt mit der Maus auf den Punkt, wird das zugehörige Ereignis ausgelöst und in der Methode *HandleEvent* verarbeitet. Man unterscheidet vordefinierte und selbstdefinierte Ereignis-Codes. Während *cmClose* ein von Turbo Vision vordefinierter Code zum Schließen eines Fensters ist, ist *create_new_window* zu Beginn des Programms in Zeile 10 definiert worden.

Auch die beiden übrigen Methoden *NewWindow* und *HandleEvent* greifen tief in die Ressourcen der Turbo Vision hinein. So deutet der Name *NewWindow* bereits an, daß ab Zeile 66 Fenster auf der Oberfläche erzeugt werden. Zunächst wird durch

```
Inc(win_count);
```

der Zähler für die Fenster erhöht. Die Variable *win_count* wird nur benötigt, um bei jedem neu erzeugten Fenster eine Nummer in dessen Rahmen einzutragen.

Als nächstes wird durch

```
r.Assign(0,0,30,10);
```

dafür gesorgt, daß jedes neue Fenster 30 Spalten breit und 10 Zeilen hoch ist. Die Instanz *r* ist dabei wie zuvor in *InitStatusLine* vom Typ *TRect* und enthält zwei Bildschirmkoordinaten. Der folgende Aufruf

```
r.Move(Random(52), Random(13);
```

sorgt dafür, daß der soeben festgelegte rechteckige Bildschirmausschnitt an eine zufällige Position auf der Oberfläche bewegt wird. Beachten Sie bitte, daß zu diesem Zeitpunkt noch nichts auf dem Bildschirm zu sehen ist. Die Turbo Vision behandelt *r* als abstraktes Objekt, mit dem genauso gearbeitet werden kann, wie mit einem sichtbaren. Zu sehen bekommt der Benutzer das Rechteck erst durch die folgenden beiden Anweisungen in den Zeilen 74 und 75.

Auch wenn man es auf den ersten Blick nicht sieht, *window* ist eine Zeigervariable. Sie ist vom Typ *PDemoWindow*. Dieser Typ wiederum wurde im Kopf des Programms in Zeile 12 durch

```
type   PDemoWindow   =   ^TDemoWindow;
```

als Zeiger auf ein Objekt vom Typ *TDemoWindow* deklariert. *TDemoWindow* leitet sich unmittelbar aus *TWindow* ab. Es weden keine neuen Daten oder Methoden ergänzt. Wie zuvor in Zeile 53 durch *New* eine neue Instanz vom Typ *PStatusLine* erzeugt wurde, schafft *New* nun eine Instanz vom Typ *PDemoWindow*.

Bei *PStatusLine* wurde nicht eigens ein neuer Zeigertyp deklariert, weil die Erzeugung intern von Turbo Vision übernommen wird und das Programm nicht selbst auf *PStatusLine* zugreift. Bei *PDemoWindow* ist der Zeigertyp nötig, weil die Methode *Insert* explizit *window* benutzt.

Die Methode *Init* innerhalb des Aufrufs von *New* ruft also exakt die Methode *TWindow.Init* auf. Diese erzeugt an den in *r* übergebenen Koordinaten ein neues Fenster mit der Überschrift *"Demo-Fenster", win_count*.

Nachdem der Speicherplatz für das Fenster reserviert wurde, kann es endlich auf dem Bildschirm erscheinen. Dies erledigt die Methode *Insert* in Zeile 75. Sie gehört zur Instanz *Desktop*, die durch ^ als Zeigervariable gekennzeichnet wird. Vielleicht wundern Sie sich, woher diese neue Variable auf einmal kommt, wo sie doch an keiner Stelle des Programms definiert wurde. Auch hier hat natürlich wieder die Turbo Vision die Hände im Spiel. *Desktop* ist ein Zeiger auf ein Objekt vom Typ *TDesktop*, das durch die Methode *TProgram.InitDesktop* erzeugt wurde. Diese Methode wurde ihrerseits durch *TProgram.Init* aufgerufen, welche schließlich von *TApplication* gestartet wurde. Dieser Aufruf fand endlich in unserem Programm, und zwar in Zeile 103 statt.

Begehen Sie nicht die Unvorsichtigkeit ständig wissen zu wollen, von welcher Methode ein Objekt oder ein Zeiger auf ein Objekt erzeugt (instanziert) wurde. Verlassen Sie sich hierbei ruhigen Gewissens auf die Turbo Vision, ohne jedoch unvorsichtig zu werden. Auch Turbo Vision-Programme stürzen zuweilen ab.

Das Fenster wurde also erzeugt. Es stellt sich jedoch die Frage, wo die Methode *NewWindow* eigentlich aufgerufen wurde. Dies geschieht erst in der letzten zu erklärenden Methode *HandleEvent*. Es wurde bereits erwähnt, wie mühsam es in früheren Versionen von *TURBO PASCAL* war, die Maus zu steuern. Nicht weniger aufwendig war es, ständig auf bestimmte Tastenbetätigungen reagieren zu können. Entweder fragte man die Tasten über die Funktion *ReadKey* pausenlos ab oder man begab sich auf die unterste Ebene des Computers und programmierte seine Interrupts um. Unter Turbo Vision werden sogenannte **Ereignisse** (Events) verarbeitet. Auch ein solches Ereignisist natürlich die Reaktion auf einen Interrupt. Der Programmierer braucht sich jedoch nicht um die Details zu kümmern, sondern schreibt lediglich eine Prozedur, die angibt, was bei einem bestimmten Ereignis geschehen soll. Im vorliegenden Fall wird über

```
if event.What = evCommand then
```

abgefragt, ob ein Ereignis eintritt. Die Konstante *evCommand* ist eine sogenannte **Event-Maske**, die in *TView* definiert wird. Darunter kann man sich eine Bitkombination vorstellen, die angibt, auf welches Ereignis reagiert werden soll. In unserem Fall zählen alle Tastenkombinationen, die in *NewWindow* innerhalb von *Init* für die Statuszeile definiert wurden, als Ereignis. Drückt der Benutzer beispielsweise die Tastenkombination [Alt] [F4] oder klickt mit der Maus auf diesen Eintrag, so wird das Kommando *create_new_window* abgesetzt. Man sagt auch, "das Ereignis *create_new_window* trifft ein". Nach diesem Ereignis wird über die *case*-Abfrage ab Zeile 88 die Methode *NewWindow* aufgerufen. In allen anderen Fällen wird der *Exit*-Zweig in Zeile 91 durchlaufen und die Prozedur verlassen. Es können aber nicht nur neue Fenster geöffnet sondern auch existierende geschlossen und das Programm beendet werden. Dafür sorgt die Methode *Handle.Event* aus *TApplication*, die zuvor in Zeile 85 aufgerufen

wurde. Dort werden die vordefinierten Ereignisse *cmQuit* und *cmClose* bearbeitet. Lediglich das "eigene" Ereignis *create_new_window* muß der Programmierer selbst behandeln.

Nachdem auf das Ereignis reagiert wurde, muß es gelöscht werden, weil sonst sofort wieder die Methode *HandleEvent* aufgerufen würde. Die Anweisung

```
ClearEvent(event);
```

"löscht" das Ereignis und macht so den Weg frei für weitere Ereignisse, sofern das Programm nicht ganz beendet wurde.

Sie sollten unbedingt ein wenig beim eben erläuterten Programm verweilen und einige Erweiterungen vornehmen. So ist es über die Methoden *Init*, *NewMenu* und *NewItem* möglich, genau wie in Zeile 53, wo eine Statuszeile erzeugt wurde, eine Menüzeile zu kreieren. Die integrierte Hilfsfunktion enthält alle nötigen Informationen.

Zum Abschluß sollen die Fenster des Programms mit Inhalt gefüllt werden. Zu diesem Zweck müssen nur einige wenige Zeilen zum Programm 3.7 hinzugefügt werden.

```
program helloTV3;

(*  Das dritte Programm unter TURBO VISION.
    Jetzt erscheint zusaetzlich eine Zeichenkette
    im Inneren der Fenster.  *)

uses  APP,VIEWS,OBJECTS,MENUS,DRIVERS;

const  create_new_window = 200;

type  PDemoWindow = ^TDemoWindow;
      TDemoWindow  =  object(TWindow)
                      (*  Mit dem Object TWindow werden
                          Fenster auf der Oberflaeche er-
                          zeugt und manipuliert.  *)
                            constructor Init(var bounds :
                            TRect; win_title : String;
                            window_no : Word); (* <- NEU *)
                        end;

```

```
        PInterior = ^TInterior;        (*  <- NEU  *)
        TInterior =  object(TView)(*  View-Objekt  *)
                           procedure Draw; virtual;
                         end;

        MyTVApp   =  object(TApplication)
                         (*  zusaetzliche Methode  *)
                         constructor Init;
                         procedure InitStatusLine; virtual;

          (*  wie im Programm 3.7  ...  *)

          else
            ClearEvent(event)   (*  Ereignis loeschen  *)
      end
    end;


    constructor TDemoWindow.Init(var bounds: TRect;
                         win_title: String; window_no: Word);

    var    st: String[3];
           interior: PInterior;
               (*  Hier wird das Fenster erzeugt  *)
    begin
      Str(window_no, st); (*  Fensternummer nach st  *)
      TWindow.Init(bounds, win_title + ' ' + st,              wnNoNumber);
      GetClipRect(Bounds);    (*  Rechteck ausschneiden  *)
      Bounds.Grow(-1,-1); (*  Rahmen erzeugen  *)
      Interior := New(PInterior, Init(Bounds));
      Insert(Interior);       (*  Text einfügen  *)
    end;
```

```
118    procedure TInterior.Draw;
119
120    begin
121       TView.Draw;          (* Jetzt kommt der Text  *)
122       WriteStr(6,2, 'Hallo hier ist',$04);
123       WriteStr(7,4, 'Turbo Vision!',$02)
124    end;
125
126
127    var   MyInstance : MyTVApp;
128
129    begin
130       MyInstance.Init;
131       MyInstance.Run;
132       MyInstance.Done;
133    end.
```

Programm 3.8 Die Fenster werden mit Text gefüllt

Zunächst wieder die Feststellung, daß auch hier das Hauptprogramm ab Zeile 129 unverändert geblieben ist. Neu dagegen sind die Typen *TInterior* und der Zeiger auf diesen Typ mit Namen *PInterior*. Sie sind zur Bearbeitung eines Fensterinhalts nötig. *PInterior* ist ein direkter Nachkomme von *TView*. Der Typ stellt ein sogenanntes **View-Objekt** dar. Unter dieser Bezeichnung werden alle Objekte eines Turbo Vision-Programms zusammengefaßt, die direkt die Oberfläche manipulieren. Ihre wichtigste Fähigkeit ist es, sich selbst darstellen zu können. Dazu verwenden sie die Methode *Draw*. Da es unterschiedliche View-Objekte gibt, muß *Draw* immer anders implementiert werden. Folglich muß es eine virtuelle Methode sein. Im vorliegenden Fall beginnt der Programmtext zu *Draw* in Zeile 118. Dort wird zunächst die *Draw*-Methode des direkten Vorfahren *TView* aufgerufen. Es ist interessant zu beobachten, was passiert, wenn dieser Aufruf in Zeile 121 entfernt wird. Die Fenster enthalten dann neben dem Text eine Reihe merkwürdiger Zeichen, weil *TView.Draw* den Bereich des aktuellen View-Objektes nicht mehr löschen kann.

Nach dem Räumen des Fensters wird mit der Prozedur *WriteStr* zweimal ein Text in das Fenster geschrieben. Es können nicht die Standardprozeduren *Write* bzw. *WriteLn* verwendet werden, weil diese keine Rücksicht auf Turbo Vision und damit auf bestimmte Fenster nehmen. *WriteStr* schreibt nur in das aktuelle Objekt (Fenster). Neben dem eigentlichen Text muß eine Bildschirmposition und eine Ausgabefarbe angegeben werden. Leider können hier nicht die Konstanten *blue*, *yellow* etc. wie im normalen Text- oder Grafikmodus verwendet werden. Die Angabe sollte hexadezimal (Zahlen zur Basis 16) erfolgen. Diese Darstellung wird durch ein vorangestelltes Dollar-Zeichen (*$*) angezeigt. Durch diese Zahl werden sowohl Vorder- als auch

Hintergrundfarbe des Fensters beeinflußt. Nähere Information findet man unter dem Stichwort *TView.GetPalette* im Hilfe-Index.

Als zweite neue Methode muß der Konstruktor von *TDemoWindow* dieses Mal explizit programmiert werden, da kein Standardfenster geöffnet werden soll. Ab Zeile 103 wird ein Fenster durch Aufbau einer Titelzeile, Zeichnen eines Rahmens und schließlich durch das Hineinschreiben von Text erzeugt.

Der nächste Schritt sollte nun darin bestehen, nicht immer denselben Text im Fenster erscheinen zu lassen. Paul versucht gerade, eine Textdatei in ein Fenster hinein zu bekommen. Auch dazu kann die Prozedur *WriteStr* verwendet werden. Man muß nur wissen, daß als Zeichenkette auch ein Zeiger auf eine Variable vom Typ *String* übergeben werden kann.

3.7 Ausblick

An dieser Stelle ist der Einstieg in *TURBO PASCAL 6.0* abgeschlossen. Es würde den Rahmen sprengen, alle Möglichkeiten der Turbo Vision im Detail zu erläutern. Mit den vorgestellten Programmen sollten Sie jedoch in der Lage sein, weitere Experimente zu unternehmen. Das Prinzip bleibt immer dasselbe. Man sucht sich ein Objekt, das den eigenen Vorstellungen am ehesten entspricht und ergänzt es durch eigene Daten und Methoden. Da die objektorientierte Programmierung sehr darauf abzielt, Programmtext immer wieder zu verwenden, sollten Sie grundsätzlich vor dem Schreiben der ersten Quelltextzeile genaue Überlegungen zu den verwendeten Objekten anstellen. Es ist einfach die Implementierung einer Methode zu ändern. Schwierig und unangenehm ist es jedoch, mitten in der Programmierung festzustellen, daß ein bestimmtes Datum sinnvollerweise höher oder tiefer in der Objekthierarchie eingeordnet werden muß. Falls Sie an weiterführender Literatur zur OOP aber auch zu anderen Themen interessiert sind, sei an dieser Stelle auf das Literaturverzeichnis im Anhang hingewiesen.

Abschnitt 4: Anhang

Hier finden Sie mehrere tabellarische Übersichten, die sich mit der integrierten Entwicklungsumgebung, dem eigentlichen Compiler und der Sprache *TURBO PASCAL 6.0* beschäftigen.

4.1 Startoptionen der Entwicklungsumgebung

Beim Start der Entwicklungsumgebung können zahlreiche Optionen, häufig auch Schalter genannt, angegeben werden. Sie werden alle durch einen Slash (/) eingeleitet. Mehrere Optionen können ohne Probleme verbunden werden, z.B.:

```
TURBO /X/SF:\
```

Wie immer bei DOS wird nicht zwischen Groß- und Kleinschreibung unterschieden. Einige Optionen verlangen zusätzliche Angaben, z.B. Dateinamen oder Schalter. Diese müssen **ohne Blank** angefügt werden. Im einzelnen stehen folgende Optionen zur Verfügung:

/C Standardmäßig verwendet *TURBO PASCAL 6.0* die Datei *TURBO.TP* als sogenannte **Konfigurationsdatei**, in der alle Einstellungen wie Bildschirmfarben, Standardverzeichnisse etc. abgespeichert sind. Mit */C* gefolgt von einem beliebigem Dateinamen wird dies abgeändert, z.B.:

```
TURBO /CD:\TP60\TPMY.CFG
```

/D *TURBO PASCAL 6.0* wird im **Dual-Monitor-Modus** gestartet. Falls Sie zwei Monitore angeschlossen haben, können Sie beispielsweise mit dem integrierten Debugger auf dem einen Monitor den Pascal-Quelltext verfolgen, während auf dem andern das Programm abläuft. Beachten Sie bitte, daß immer nur ein Monitor als aktiv angesehen wird. Umschalten können Sie mit dem DOS-Kommando MODE. Dies sollte außerhalb der Entwicklungsumgebung geschehen, also **nicht** über den Menüpunkt *File/DOS Shell*.

/E Normalerweise ist der sogenannte **Editor-Heap** 28 Kilobyte groß. In diesem Heap werden temporäre Daten des Editors abgelegt. Reicht er nicht mehr aus, werden die Daten auf einen externen Speicher - meistens also Ihre Festplatte - ausgelagert. Ein größerer Heap erhöht also bei langsamem externem Speicher etwas die Verarbeitungsgeschwindigkeit. Der Maximalwert beträgt 128 Kilobyte. Die Option sollte nicht verwendet werden, wenn sowieso über die Option */S* eine Ramdisk und/oder Expansionsspeicher (sog. *expanded memory*) über die Option /X benutzt wird.

/G Falls Sie mit dem Debugger ein Programm untersuchen, das den Grafikbildschirm benutzt, reserviert diese Option zusätzliche acht Kilobyte Hauptspeicher oder von evtl. vorhandenem Expansionsspeicher (sog. *expanded memory*) zum Speichern der Grafik.

/L Wenn *TURBO PASCAL 6.0* auf einem LCD-Bildschirm, z.B. auf einem Laptop betrieben wird, sorgt diese Option für bessere Lesbarkeit.

/N Auf einigen älteren CGA (für *Colour Graphics Adapter*) Grafikkarten klappt die Zusammenarbeit von *TURBO PASCAL* und dem sog. BIOS (für *Basic Input Output System*) nicht reibungslos. Es kommt dann zu "Schneegestöber" auf dem Bildschirm. Über die Option */N* kann eine spezielle Kontrollroutine zugeschaltet werden. Hinter dem N muß dann ein + angegeben werden. Abschalten kann man die Kontrolle über */N-*.

/O Bei der Arbeit mit der integrierten Entwicklungsumgebung wird ständig auf sogenannte **Overlays** zugegriffen. Diese Overlays sind nötig, weil nicht immer die gesamte Entwicklungsumgebung im Hauptspeicher gehalten werden kann. Es müssen ständig Teile ein- bzw. ausgelagert werden. Genau das sind die Overlays. Dazu ist ein gewisser Pufferspeicher nötig, der standardmäßig 112 Kilobyte beträgt. Er kann auf minimal 64 Kilobyte und maximal auf 256 Kilobyte verändert werden. Sinnvoll ist eine Verringerung auf den Minimalwert, wenn Expansionsspeicher zur Verfügung steht. Dann verringert sich nämlich die Arbeitsgeschwindigkeit nicht, es steht jedoch mehr Hauptspeicher für die Komipilierung und den Debugger zur Verfügung.

/P Verwenden Sie eine EGA (für *Enhanced Graphics Adapter*)-Grafikkarte und programmieren direkt deren Register, so sollten Sie über diese Option dafür sorgen, daß bei jedem Bildschirmwechsel die Ursprungsfarbpalette restauriert wird.

/S Haben Sie auf Ihrem System eine sogenannte **RAM-Disk** eingerichtet, können Sie diese zum Auslagern von Programmteilen der integrierten Entwicklungsumgebung verwenden. Ohne diese Option wird das aktuelle Verzeichnis zum Auslagern verwendet.

/T Das Laden der Datei *TURBO.TPL* beim Start der integrierten Entwicklungsumgebung wird unterbunden. Dadurch wird deren Kapazität etwas erhöht. Allerdings muß dann die Unit *SYSTEM.TPU* gesondert zur Verfügung stehen.

/W Hiermit kann die Heap-Größe des Fenster-Puffers der integrierten Entwicklungsumgebung auf minimal 24 und maximal 64 Kilobyte verändert werden. Voreingestellt sind 32 Kilobyte. Bei einer Verringerung des Heaps wird der Speicher für erstellte Programme erhöht; es können allerdings weniger Fenster geöffnet werden.

/X Verfügt Ihr Rechner über Expansionsspeicher (sog. *expanded memory*), d.h. in der Regel über mehr als 640 Kilobyte Speicher, wird dieser standardmäßig von *TURBO PASCAL* genutzt. Über die Option */X* kann dies abgeschaltet werden.

4.2 Editorkommandos

Hier werden die wichtigsten Kommandos zur Texteingabe innerhalb der integrierten Entwicklungsumgebung zusammengefaßt. Einige Anweisungen sind auch oder nur über Menüpunkte realisierbar. Wo dies der Fall ist, werden sie zusätzlich angegeben. Die Schreibweise *File/Save* ist dabei beispielsweise folgendermaßen zu verstehen:

1. Wähle das Menü *File*.
2. Wähle dort das Untermenü *Save*.

FUNKTION	SHORTCUT bzw. MENÜ
Zeichen nach links, rechts, oben oder unten	[←], [→], [↑] oder [↓]
Wort nach links bzw rechts	[Ctrl] [←] bzw. [Ctrl] [→]
Seite nach oben bzw. unten	[Up] bzw.. [Down]
Zeilenanfang bzw. -ende	[Home] bzw. [End]
Fensterober- bzw. -untergrenze	[Ctrl] [Home] bzw. [Ctrl] [End]
Dateianfang bzw. -ende	[Ctrl] [Up] bzw. [Ctrl] [Down]
Blockanfang bzw. -ende	[Ctrl] [Q] [B] bzw. [Ctrl] [Q] [K]
letzte Cursorposition	[Ctrl] [Q] [P]
Einfügemodus ein/aus	[Ins] Menü: *Options/Environment/ Editor/Insert Mode*
links vom Cursor löschen	[←] (Backspace)
unter dem Cursor löschen	[Del]
Wort rechts vom Cursor löschen	[Ctrl] [T]
Zeile einfügen	[Ctrl] [N]

Zeile löschen	[Ctrl] [Y]
Rest einer Zeile löschen	[Ctrl] [Q] [Y]
Block markieren	[Shift] [↑], [Shift] [↓], [Shift] [←], [Shift] [→]
Block in die Zwischenablage kopieren	[Ctrl] [Ins] Menü: *Edit/Copy*
Block aus dem Text in die Zwischenablage bewegen	[Shift] [Del] Menü: *Edit/Cut*
Block aus der Zwischenablage in den Text kopieren	[Shift] [Ins] Menü:*Edit/Paste*
Block löschen	[Ctrl] [Del] Menü: *Edit/Clear*
Block einlesen	[Ctrl] [K] [R]
Block speichern	[Ctrl] [K] [W]
Blockmarkierung ein/aus	[Ctrl] [K] [H]
Block ausdrucken	[Ctrl] [K] [P] Menü: *File/Print*
Block einrücken	[Ctrl] [K] [I]
Block ausrücken	[Ctrl] [K] [U]
Kontrollzeichen eingeben	[Ctrl] [P] <Kontrollzeichen>
Marke suchen	[Ctrl] [Q] [0] oder [1] oder ... oder [9]
Hauptmenü wählen	[F10]
allgemeine Hilfe anfordern	[F1]
Menüpunkt direkt wählen	[Alt] <Anfangsbuchstabe>
neue Datei erzeugen	Menü: *File/New*

existierende Datei laden	[F3] Menü: *File/Open*
aktuelle Datei speichern	[F2] Menü: *File/Save*
unter neuem Namen speichern	Menü: *File/Save as...*
vom Menü zurück in den Editor	[Esc]
Entwicklungsumgebung verlassen	[Alt] [X] Menü: *File/Exit*
Suchen (und Ersetzen)	[Ctrl] [Q], [F] Menü: *Search/Find* bzw. *Search/Replace*
letzte Suche wiederholen	[Ctrl] [L] Menü: *Search/Search again*
Zeile wiederherstellen	[Ctrl] [Q] [L] Menü: *Edit/Restore Line*

4.3 Optionen der Kommandozeilenversion

Nahezu alle Compiler-Optionen aus der integrierten Entwicklungsumgebung lassen sich auch mit der Kommandozeilenversion verwenden. Eine Erklärung erhalten Sie über die Hilfsfunktion der integrierten Entwicklungsumgebung. Deshalb ist der analoge Menüpunkt hinter der Option angegeben. Um nun eine Hilfe zu bekommen, klicken Sie in der Entwicklungsumgebung den Menüpunkt an und drücken [F1].

Bei den meisten Parametern ist ein an- bzw. abschalten möglich. Diese Alternative wird durch ein angedeutet.

/$A	*Options/Compiler/Align data*
/$B	*Options/Compiler/Complete Boolean evaluation*
/$D	*Options/Compiler/Debug information*
/$E	*Options/Emmulation*

/$F	*Options/Compiler/Force far calls*
/$G	*Options/Compiler/286 instruction*
/$I	*Options/Compiler/I/O checking*
/$L	*Options/Compiler/Local symbols*
/$M*sss,min,max*	*Options/Memory sizes*
/$N	*Options/Compiler/Nummeric processing*
/$O	*Options/Compiler/Overlays allowed*
/$R	*Options/Compiler/Range checking*
/$S	*Options/Compiler/Stack checking*
/$V	*Options/Compiler/Strict Var-string*
/$X	*Options/Compiler/Extended Sysntax*
/B	*Compile/Build*
/D*Definition*	*Options/Compiler/Conditional defines*
/E*Pfad*	*Options/Directories/EXE & TPU directory*
/G*Seg:Offset*	*Search/Find Error*
/GD	*Options/Linker/Map file* (Detailed)
/GP	*Options/Linker/Map file* (Publics)
/GS	*Options/Linker/Map file* (Segments)
/I*Suchpfad*	*Options/Directories/Include directories*
/L	*Options/Linker/Link buffer* (Disk)
/M	*Compile/Make*
/O*Suchpfad*	*Options/Directories/Object directories*
/Q	"Keine Meldungen bei der Übersetzung" (ohne analogen Menüpunkt)
/T*Suchpfad*	*Options/Directories/Unit directories*
/U*Suchpfad*	*Options/Directories/Unit directories*
/V	*Debugger/Standalone*

4.4 Reguläre Ausdrücke

Im Zusammenhang mit dem Punkt *Search* im *Find*-Menü wurde erwähnt, daß innerhalb der integrierten Umgebung mit Spezialzeichen (Jokern) nach Mustern gesucht werden kann. Im einzelnen sind folgende Spezialzeichen zugelassen:

^ paßt auf den Zeilenanfang.

$ paßt auf das Zeilenende.

. steht für ein beliebiges Zeichen.

***** steht für eine beliebig häufige (auch nullmalige) Wiederholung des vorangegangenen Zeichens (*c** steht also für kein oder beliebige viele *c*.).

+ wie *, nur daß das Zeichen mindestens einmal vorkommen muß.

[ ] Zeichen innerhalb der eckigen Klammern werden als Alternativen betrachtet.

[-] Zeichen zwischen einem Bindestrich geben einen Bereich an.

[^] Die Zeichen innerhalb der Klammern dürfen **nicht** vorhanden sein.

**** entwertet alle Spezialzeichen.

Beispiele:

1. `Müller`, paßt auf alle Zeilen, die mit ***Müller*** beginnen.
2. `a[^0-9].*\.c`, paßt auf Zeichenketten, die mit einem ***a*** beginnen, danach **keine Ziffer** enthalten, mit einer beliebigen Zeichenkette fortfahren und auf ***.c*** enden, z.B. `a4_2.c` oder `a.c`.
3. `x[0-9]+`, paßt auf alle Zeichenketten, die mit ***x*** beginnen und mit einer beliebigen Folge von Ziffern (mindestens jedoch einer) fortfahren, z.B. `x12`.

4.5 ASCII-Tabelle

An einigen Stellen im vorangegangenen Text war die Rede vom sogenannten ASCII (= **American Code for Information Interchange** (sprich "*äskih*"))-Code, der alle Zeichen, die ein Rechner produzieren kann, dezimal kodiert. Neben dem ASCII-Code wird auf (Groß-) Rechnern zuweilen noch der EBCDIC (= **Extended Binary Coded Decimal Information Code** (sprich "*ebbsidick*"))-Code angewendet.

Folgende Tabelle soll einen Überblick über den ASCII-Code geben. Dabei wurde auf die Zeichen von 0 bis 31 verzichtet, weil sie fast alle nicht darstellbar sind. Wissen sollte man, daß der Code Nr. 9 für den Tabulator, Nr. 10 für einen Zeilenvorschub, Nr. 27 für die Escape-Taste und Nr. 7 für ein kurzes Piepen des Lautsprechers steht. Standardisiert ist der übrige Code lediglich bis 127. Danach wird unter *TURBO PASCAL 6.0* ein IBM-spezifischer Zeichensatz weitergeführt.

Alle Zeichen, die auf Ihrer Tastatur nicht enthalten sind, lassen sich darstellen, indem Sie die [Alt]-Taste gedrückt halten und auf der numerischen Tastatur (Zehnerblock) den entsprechenden ASCII-Code eingeben.

32		33	!	34	"	35	#	36	$	37	%	38	&	39	'
40	(	41	)	42	*	43	+	44	,	45	-	46	.	47	/
48	0	49	1	50	2	51	3	52	4	53	5	54	6	55	7
56	8	57	9	58	:	59	;	60	<	61	=	62	>	63	?
64	@	65	A	66	B	67	C	68	D	69	E	70	F	71	G
72	H	73	I	74	J	75	K	76	L	77	M	78	N	79	O
80	P	81	Q	82	R	83	S	84	T	85	U	86	V	87	W
88	X	89	Y	90	Z	91	[	92	\	93	]	94	^	95	_
96	‘	97	a	98	b	99	c	100	d	101	e	102	f	103	g
104	h	105	i	106	j	107	k	108	l	109	m	110	n	111	o
112	p	113	q	114	r	115	s	116	t	117	u	118	v	119	w
120	x	121	y	122	z	123	{	124	|	125	}	126	~	127	▒
128	Ç	129	ü	130	é	131	â	132	ä	133	à	134		135	ç
136	ê	137	ë	138	è	139	ï	140	î	141	ì	142	Ä	143	Å
144	É	145		146		147	ô	148	ö	149	ò	150	û	151	ù

152 ÿ	153 Ö	154 Ü	155	156 £	157	158 p	159 f
160 á	161 í	162 ó	163 ú	164 ñ	165 Ñ	166	167
168 ¿	169 _	170 ▒	171	172	173 ¡	174 «	175 »
176 _	177 _	178 _	179 |	180 |	181 |	182 |	183 +
184 +	185 |	186 |	187 +	188 +	189 +	190 +	191 +
192 +	193 -	194 -	195 +	196 -	197 +	198 |	199 |
200 +	201 +	202 -	203 -	204 |	205 -	206 +	207 -
208 -	209 -	210 -	211 +	212 +	213 +	214 +	215 +
216 +	217 +	218 +	219 _	220 _	221 |	222 _	223 _
224 _	225 ß	226 _	227	228 _	229 _	230 u	231 _
232 _	233 _	234 _	235 _	236 _	237 _	238 _	239 _
240 _	241	242 _	243 _	244 _	245 _	246 _	247 _
248 •	249	250	251 _	252 n	253 ▒	254 "	255 _

4.6 Literaturverzeichnis

Nachfolgend sind einige interessante Bücher zum Thema PASCAL aufgeführt. Es handelt sich teilweise um Werke, die sich nicht speziell mit *TURBO PASCAL*, sondern mit dem sogenannten ISO-Standard befassen. Da *TURBO PASCAL 6.0* diesen Standard unterstützt, können alle Bücher ohne Probleme verwendet werden.

"PASCAL User Manual and Report" - Kathlen Jensen/Niklaus Wirth - Springer Verlag - Der offizelle ISO-Standard von den Erfindern der Programmiersprache PASCAL. Enthält eine komplette Sprachbeschreibung und zahlreiche Beispiele - ca. 50 DM

"Algorithmen und Datenstrukturen" - Niklaus Wirth - Verlag B.G. Teubner Stuttgart - Wer weitergehende Informationen zum Thema Listen und dynamische Speicherverwaltung sucht, findet in diesem Standardwerk zu höheren Datenstrukturen zahlreiche höchst interessante Anwendungen. Es werden allerdings einige mathematische Kenntnisse benötigt - ca. 50 DM

"Algorithms (Second Edition)" - Robert Sedgewick - Verlag Addison Wesley - Wie das zuvor erwähnte Werk ein Klassiker zum Thema Datenstrukturen. Alle Standardoperationen wie Suchen, Sortieren, Mustererkennung etc. werden ausführlich an zahlreichen Beispielen erklärt. Auch hier sind einige mathematische Kenntnisse nötig. - ca. 100 DM

"Turbo Pascal Version 6.0" - Martin Aupperle - Verlag Vieweg - Eine einführung in die objektorientierte Programmierung. Sämtliche Details der objektorientierten Programmierung werden an zahlreichen Beispielen erläutert - 69 DM (mit Diskette)

"Effektiv Starten mit *TURBO C++*" - Axel Kotulla - Verlag Vieweg - Falls Ihnen die soeben gelesene Einführung in *TURBO PASCAL 6.0* gefallen hat, finden Sie in diesem Buch vom selben Autor eine Einführung in die Programmiersprache C und deren Nachfolger C++ - 59 DM (mit Diskette)

4.7 Prozedur- und Funktionsübersicht

Nachfolgend finden Sie eine Übersicht aller vordefinierten Prozeduren und Funktionen von *TURBO PASCAL 6.0*. Dies kann kein Handbuch-Ersatz sein, soll Ihnen aber helfen, schnell den Namen und die Typen einer benötigten Prozedur oder Funktion zu ermitteln.

Es werden nur die Typen und die Unit angegeben, in der die Prozedur bzw. Funktion definiert ist. Mit Hilfe des Namens und der integrierten Hilfsfunktion erhält man alle benötigten Informationen.

Ist keine Unit angegeben, steht die Prozedur bzw. Funktion in ***SYSTEM.TPU***. Diese Bibliothek muß nicht über eine *uses*-Anweisung eingebunden werden.

☞ Bei allen mathematischen Funktionen ist der Rückgabewert (*Real*) angegeben, der bei der Standardeinstellung (*\$N-*), d.h. ohne Koprozessorunterstützung, geliefert wird. Im Modus (*\$N+*) liefern diese Funktionen einen Wert vom Typ *Extended*. Der symbolische Typ *Void* zeigt an, daß an dieser Stelle ein **beliebiger Typ** eingesetzt werden kann. Analog meint *VoidFile* einen beliebigen Dateityp und *VoidOrd* einen beliebigen Ordinaltyp (*Integer*, *Byte*, *Word* usw. oder auch *Char* bzw. Aufzählungstyp).

Sind bei einer Prozedur oder Funktion eckige Klammern (*[ ]*) angegeben, ist deren Inhalt optional, das heißt, er kann weggelassen werden.

Abs(*x* : Real) : Real
liefert den Absolutbetrag von *x*.

Addr(*x* : Pointer) : Pointer
liefert die Adresse des Arguments *x*.

Append(*f* : Text)
öffnet eine existierende Datei zum Anhängen weiterer Daten.

ArcTan(*x* : Real) : Real
liefert den Arcustangens von *x*.

Assign(var *f* : Text; *s* : String)
ordnet eine externe Datei *s* einer Dateivariable *f* zu.

Arc(*x*, *y* : Integer; *startwinkel*, *endwinkel*, *r* : Word) GRAPH
zeichnet einen Kreisbogen bzw. einen Kreisausschnitt um (*x*,*y*).

AssignCrt(var *f* : Text) CRT
ordnet dem Bildschirm (CRT) eine Textdatei *f* zu.

Bar(*x1*, *y1*, *x2*, *y2* : Integer) GRAPH
zeichnet einen zweidimensionalen Balken.

Bar3D(*x1*, *y1*, *x2*, *y2* : Integer; *tiefe* : Word; *top* : Boolean) GRAPH
zeichnet einen dreidimensionalen Balken.

BlockRead(var *f* : File; var *puffer* : Void; *c* : Word [; *erg* : Word])
liest einen oder mehrere Datensätze aus einer Datei in einen Puffer.

BlockWrite(var *f* : File; *var* puffer : Void; *c* : Word [; *erg* : Word])
schreibt einen oder mehrere Datensätze aus einem Puffer in eine Datei.

ChDir(*st* : String)
wechselt das aktuelle Dateiverzeichnis (wie *CD* unter DOS).

Chr(*x* : Byte) : Char
wandelt den Code *x* in das korrespondierende ASCII-Zeichen um.

Circle(*x*, *y* : Integer; *r* : Word) **GRAPH**
zeichnet einen Kreis um den Punkt (*x*,*y*) mit dem Radius *r*.

ClearDevice **GRAPH**
löscht den gesamten Grafikbildschirm.

Close(var *f* : VoidFile)
schließt eine mit *Reset*, *Rewrite* oder *Append* geöffnete Datei.

CloseGraph **GRAPH**
beendet den Grafik- und schaltet zurück in den Textmodus.

CloseViewPort **GRAPH**
löscht den Inhalt des aktuellen Zeichenfensters.

ClrEol **CRT**
löscht ab der Cursorposition alle Zeichen bis zum Zeilenende.

ClrScr **CRT**
löscht den Textbildschirm und setzt den Cursor auf (0,0).

Concat(*s1* [, *s2*, ... *sn*] : String) : String
verbindet 2 bis *n*+1 Zeichenketten.

Copy(*s* : String; *pos*, *zaehler* : Integer) : String
liefert *zaehler* Zeichen ab Position *pos* aus der Zeichenkette *s*.

Cos(*x* : Real) : Real
liefert den Cosinus des Winkels *x* in Radiant.

CSeg : Word
liefert die Adresse des aktuellen Code-Segmentes (Register CS).

Dec(*x* : VoidOrd[, *n* : LongInt])
vermindert den Ordinalwert *x* um *n* bzw. um 1, wenn *n* fehlt.

Delay(*millisec* : Word) **CRT**
verzögert den Programmablauf um *millisec* Millisekunden.

Delete(var *s* : String; *pos*, *zaehler* : Integer)
löscht *zaehler* Zeichen ab Position *pos* aus der Zeichenkette *s*.

DelLine **CRT**
löscht die aktuelle Zeile und rollt die darunterliegenden nach oben.

DetectGraph(var *grafiktreiber*, *grafikmodus* : Integer) **GRAPH**
ermittelt den aktuellen Grafiktreiber und Graikmodus.

DiskSize(*laufwerk* : Byte) : LongInt **DOS**
zeigt die Gesamtkapazität eines Laufwerks in Bytes an.

Dispose(var *p* : Pointer [, *Destruktor*])
gibt den Speicherplatz einer dynamisch erzeugten Variablen frei.
(*Destruktor* ist die Destruktor-Methode eines Objektes *p*.)

DosExitCode : Word **DOS**
liefert den Exit-Status eines als Unterprozeß gestarteten Programms.

DosVersion : Word **DOS**

liefert die Nummer der verwendeteten DOS-Version.

DrawPoly(*anzahlpunkte*: Word; **GRAPH**
var *polypunkte*: Array Of *PunktTyp*)

zeichnet die Umrisse eines Polygons (Vielecks) wobei *PunktTyp* definiert ist als `record x, y : Word end;`.

DSeg : Word

liefert die Segmentadresse des Daten-Segments (Register DS).

Ellipse(*x*, *y* : Integer; *startwinkel*, *endwinkel*: **GRAPH**
Word; *xradius*, *yradius* : Word)

zeichnet einen elliptischen Kreisausschnitt um (*x*,*y*).

EnvCount : Integer **DOS**

liefert die Anzahl der gesetzten Umgebungsvariablen.

EnvStr(*envindex*: Integer) : String **DOS**

liefert den Inhalt der durch *EnvIndex* angegebenen Umgebungsvar.

Eof(var *f* : VoidFile) : Boolean

prüft, ob das Ende der Datei *f* erreicht ist.

Eoln(var *f* : VoidFile) : Boolean

prüft, ob die aktuelle Position in der Datei *f* ein Zeilenende ist.

Erase(var *f* : Text)

löscht die über *Assign* mit *f* verbundene Datei.

Exec(*kommando*, *argument*: String) **DOS**

führt *Kommando* mit *Argument* als Unterprozeß aus.

Exit

verläßt sofort den aktuellen Block und springt zurück.

Exp(*x* : Real) : Real

liefert den Wert e^x, mit e = 2.718281... .

Fail

gibt die Instanz eines Objekttyps frei und verläßt den Konstruktor.

FExpand(*suchpfad* : *PathStr*) : *PathStr* **DOS**

erweiteret unvollständige Dateinamen um den zugehörigen Suchpfad. (*PathStr* ist in DOS.TPU als *String[79]* definiert.)

FilePos(var *f* :VoidFile) : LongInt

liefert die momentane Position in der Datei *f* (Dateianfang = 0).

FileSize(var *f* : VoidFile) : LongInt

liefert die Größe einer Datei *f* (in Datensätzen).

FillChar(var *x* : Void; *zaehler* : Word; *wert* : Byte/Word)

füllt den Speicherbereich *x* *zaehler*-mal mit dem Wert *wert*.

FillEllipse(*x*, *y* : Integer; *xradius*, *yradius* : Word) **GRAPH**

zeichnet einen ausgefüllten elliptischen Kreis um (*x*,*y*).

FillPoly(*anzahlpunkte*: Word; **GRAPH**
var *polypunkte*: Array Of *PointType*);
zeichnet ein ausgefülltes Polygon (Vielecks) wobei *PointType* definiert ist als `record x, y : Word end;`.

FindFirst(*suchpfad* : String; *attr* : Byte; var *s* : SearchRec) **DOS**
sucht ein Verzeichnis nach dem ersten Auftreten einer Datei ab.
(Der Typ *SearchRec* ist im Unit DOS.TPU definiert.)

FindNext(var *S* : *SearchRec*) **DOS**
setzt eine mit *FindFirst* begonnene Suche fort.
(Der Typ *SearchRec* ist im Unit DOS.TPU definiert.)

FloodFill(*x*, *y* : Integer; *randfarbe*: Word) **GRAPH**
füllt ab (*x*,*y*) einen mit *randfarbe* eingeschlossenen Bereich.

Flush(var *f* : Text)
leert alle temporären Puffer und schreibt sie auf externe Speicher.

Frac(*x* : Real) : Real
liefert den nicht-ganzzahligen Anteil von *x*.

FreeMem(var *p* : Pointer; *size* : Word)
gibt einen mit *new* reservierten Speicherbereich von *size* Bytes frei.

FSearch(*suchpfad* : *PathStr*, **DOS**
verzeichnisliste*: String) : *PathStr
sucht eine Liste *verzeichnisliste* nach einem Dateinamen ab.
(*PathStr* ist in DOS.TPU als String[79] definiert.)

FSplit(*suchpfad* : *PathStr*, var *verz* : *DirStr*; **DOS**
var *name* : *NameStr*, var *endung* : *ExtStr*)
zerlegt den vollständigen Dateinamen *suchpfad* in drei Komponenten.
(*PathStr*, *DirStr*, *NameStr* und *ExtStr* sind in DOS.TPU als String[79], String[67], String[8] und String[3] definiert.)

GetArcCords(var *arc_cords* : *ArcCordsTyp*) **GRAPH**
liefert Informationen über den letzten Aufruf von *Arc*.

GetAspectRatio(var *xasp*, *yasp* : Word) **GRAPH**
liefert das Höhen- und Seitenverhältnis der gewählten Auflösung.

GetBkColor : Word **GRAPH**
ermittelt die aktuelle Hintergrundfarbe des Grafikbildschirms

GetCBreak(var *Break* : Boolean) **DOS**
prüft, ob DOS nur bei Ein- bzw. Ausgaben auf [Ctrl] [Break] prüft.

GetColor : Word **GRAPH**
ermittelt die aktuelle Zeichenfarbe des Grafikbildschirms.

GetDate(var *Jahr*, *Monat*, *Tag*, *Wochentag* : Word) **DOS**
liefert das aktuelle Datum (*Wochentag* = 0 steht für Sonntag).

GetDefaultPalette(var *pal* : *PaletteType*) **GRAPH**
liefert die Standardpalette des aktuellen Grafiktreibers, wobei *PaletteType* als `record size : Byte; colors : array[0..MaxColors] of ShortInt end;` definiert ist.

GetDir(*drive* : Byte; var *s* : String)
liefert in *s* das aktuelle Dateiverzeichnis des Laufwerks *drive*.

GetDriverName : String **GRAPH**
liefert den Namen des aktuellen Grafiktreibers als Zeichenkette.

GetEnv(*umgeb_var* : String) : String **DOS**
liest einen Eintrag aus der Tabelle der Umgebungsvariablen.

GetFAttr(var *f* VoidFile; var *attr* : Word) **DOS**
liest die Attribute einer nicht geöfnetet Datei *f*.

GetFillPattern(var *muster* : *FillPatternType*) **GRAPH**
ermittelt das akuelle Bitmuster für Flächenfüllungen.

GetFillSettings(var *musterinfo*: *FillSettingsType*) **GRAPH**
ermittelt das aktuelle Füllmuster und die benutzte Farbe, wobei *FillSettingsType* in GRAPH.TPU als `record pattern : Word; color : Word end;` definiert ist.

GetFTime(var *f* : VoidFile; var *zeit* : LongInt) **DOS**
ermittelt das Datum und die Uhrzeit des letzten Zugriffs auf *f*.

GetGraphMode : Integer **GRAPH**
liefert eine Wert zw. 0 und 5, der über den Grafikmodus informiert.

GetImage(*x1*, *y1*, *x2*, *y2* : Integer; var *bitmap* : Void) **GRAPH**
kopiert ein rechteckiges Bild an die Speicheradresse *bitmap*.

GetIntVec(*intnr* : Byte; var *vektor* : Pointer) **DOS**
ermittelt den Inhalt des Interrupt-Vektors *intnr* (0..255).

GetLineSettings(var *linie_info*: *LineSettingsInfo*) **GRAPH**
ermittelt das aktuelle Muster, mit dem Linien gezeihnet werden. Dabei ist *LineSettingsInfo* als `record linestyle : Word; pattern : Word; thickness : Word end;` definiert.

GetMaxColor : Word **GRAPH**
liefert die maximale "Farbnummer" für den aktuellen Grafikmodus.

GetMaxMode : Word **GRAPH**
liefert die Nummer der höchsten Auflösung für den aktiven Treiber.

GetMaxX : Integer **GRAPH**
liefert die maximal mögliche Koordinate in vertikaler Richtung.

GetMaxY : Integer **GRAPH**
liefert die maximal mögliche Koordinate in horizontaler Richtung.

GetMem(var *p* : Pointer; *size* : Word)
belegt *size* Bytes ab der Adresse *p* auf dem Heap.

GetModeName(*modenr* : Integer) : String **GRAPH**
liefert den Namen des in *modenr* übergebenen Grafikmodus.

GetModeRange(*grafiktreiber*: Integer; **GRAPH**
***minmode, maxmode* : Integer)**
ermittelt den kleinsten und größten möglichen Garfikmodus.

GetPalette(var *palette* : *PaletteType*) **GRAPH**
liefert Informationen über die aktuelle Farb-Palette.

GetPaletteSize : Integer **GRAPH**
liefert die Anzahl der momentan möglichen Farben.

GetTextSettings(var *textinfo* : *TextSettingsInfo*) **GRAPH**
ermittelt Informtaionen über die Art der Textausgabe im Grafikmodus. Dabei ist *TextSettingsInfo* als `record charsize : Word; horiz : Word; vert : Word end;` definiert.

GetTime(var *stunde, minute, sekunde, sek100 : Word*) **DOS**
liefert die aktuelle Systemuhrzeit.

GetVerify(var *verify* : Boolean) **DOS**
gibt an, ob DOS geschriebene Diskettensektoren überprüft.

GetViewSettings(var *viewport* : *ViewPortType*) **GRAPH**
ermittelt in *viewport* die Grenzen des aktuellen Grafikfensters, wobei *ViewPortType* als `record x1,y1,x2,y2 : Integer; clip : Boolean end;` definiert ist.

GetX : Integer **GRAPH**
liefert die x-Koordinate (vertikale Richtung) des Grafik-Cursors.

GetY : Integer **GRAPH**
liefert die y-Koordinate (horizontale Richtung) des Grafik-Cursors.

GotoXY(*x*, *y* : Byte) **CRT**
setzt den Cursor im aktuellen Textfenster an die Koordinate (*x*,*y*).

GraphDefaults **GRAPH**
setzt alle Parameter des Grafikpakets auf die Standardvorgaben.

GraphErrorMsg(fehlercode : Integer) : String **GRAPH**
liefert den Text zum Fehlerstatus *fehlercode*.

GraphResult : Integer **GRAPH**
liefert den Fehlerstatus der letzten Grafik-Operation.

Halt[(*exitcode* : Word)]
bricht ein Programm ab und liefert evtl. *exitcode* an DOS (Stand. 0).

Hi(*x* : Integer/Word) : Byte
liefert das höherwertige Byte des Arguments *x*.

HighVideo **CRT**
setzt die Ausgabefarbe im Textmodus auf hohe Intensität.

ImageSize(*x1*, *y1*, *x2*, *y2* : Integer) : Word **GRAPH**
berechnet den Speicherbedarf eines Bildes der angegebenen Größe.

Inc(*x* : VoidOrd[, *n* : LongInt])
erhöht den Ordinalwert *x* um *n*. Standard ist *n* = 1.

InitGraph(var *grafiktreiber*: Integer, var *grafikmodus*: Integer, *pfad* : String) **GRAPH**
initialisiert das Grafikpaket und liefert den Treiber sowie den Modus.

Insert(*quelle* : String; var *st* : String; *index* : Integer)
fügt *quelle* ab der Position *index* in die Zeichenkette *st* ein.

InsLine **CRT**
fügt im Textmodus unterhalb des Cursors eine Leerzeile ein.

InstallUserDriver(*name* : String; *autodetectpointer*: Pointer) : Integer **GRAPH**
erlaubt die Installtion von "fremden" Grafiktreibern.

InstallUserFont(*font_datei_name*: String) : Integer **GRAPH**
erlaubt die Installation von "fremden" Vektor-Zeichensätzen.

Intr(*intrnr* : Byte; var *regs* : *Registers*) **DOS**
führt softwaremäßig einen Interrupt mit der Nummer *intrnr* aus.

IOResult : Word
liefert den Fehlerstatus der letzten Ein-/Ausgabeoperation zurück.

Keep(*exitcode* : Word) **DOS**
beendet ein Programm und macht alle Teile speicherresident.

KeyPressed : Boolean **CRT**
prüft, ob sich im Tasturpuffer ein unbearbeitetes Zeichen befindet.

Length(*st* : String) : Integer
liefert die aktuelle Länge (*st[0]*) der Zeichenkette *st*.

Line(*x1*, *y1*, *x2*, *y2* : Integer) **GRAPH**
zeichnet im Grafikmodus eine Linie zwischen (*x1*,*y1*) und (*x2*,*y2*).

LineRel(*dx*, *dy* : Integer) **GRAPH**
zeichnet eine Line relativ zur aktuellen Position des Grafik-Cursors.

LineTo(*x*, *y* : Integer) **GRAPH**
zeichnet eine Line von der aktuellen Position zur Koordinate (*x*,*y*).

Ln(*x* : Real) : Real
liefert den natürlichen Logarithmus des Arguments *x*.

Lo(*x* : Integer/Word) : Byte
liefert das niederwertige Byte des Arguments *x*.

LowVideo **CRT**
setzt im Textmodus die Ausgabefarbe auf niedrige Intensität.

Mark(var *p* : Pointer)
speichert in *p* die Adresse der aktuellen Spitze des Heaps.

MaxAvail : LongInt
liefert den Umfang des größten Blocks im Heap in Bytes zurück.

MemAvail : LongInt
liefert den gesamten Umfang an freien Bytes im Heap zurück.

MkDir(*st* : String)
erzeugt ein neues, leeres Unterverzeichnis mit Namen *st*.

Move(*quelle*, *ziel* : Void, *anzahl* : Word)
kopiert *anzahl* Bytes ab Adresse *quelle* an die Adresse *ziel*.

MoveRel(*dx*, *dy* : Integer) GRAPH
bewegt den Grafik-Cursor relativ zur aktuellen Position.

MoveTo(*x*, *y* : Integer) GRAPH
bewegt den Grafik-Cursor von der aktuellen zur Koordinate (*x*,*y*).

MSDos(var *regs* : *Registers*) DOS
führt interrupt-gesteuert einen Funktionsaufruf von DOS aus.

New(*p* : Pointer [, *Konstr*])
erzeugt eine dynamische Variable und speichert deren Adresse in *p*.
(Zeigt *p* auf ein Objekt, wird zus. die Methode *Konstr* aufgerufen.)

NormVideo CRT
schaltet in den Textmodus, der beim Programmstart gesetzt war.

NoSound CRT
schaltet den eingebauten Lautsprecher ab.

Odd(*x*: LongInt) : Boolean
prüft, ob das Argument *x* eine gerade Zahl ist.

Ofs(*x* . Void) : Word
liefert den Offset der Adresse, an der *x* gespeichert ist.

Ord(x : VoidOrd) : LongInt
liefert die Ordinalzahl des ordinalen Arguments *x* zurück.

OutText(*st* : String) GRAPH
gibt den Text *st* an der aktuellen Position des Grafik-Cursors aus.

OutTextXY(*x*, *y* : Integer; *st* : String) GRAPH
gibt den Text *st* an der Position (*x*,*y*) im Grafikmodus aus.

OvrClearBuf OVERLAY
entfernt alle aktuellen Overlay-Units aus dem Overlay-Puffer.

OvrGetBuf : LongInt OVERLAY
liefert die aktuelle Größe des Overlay-Puffers in Bytes zurück.

OvrGetRetry : LongInt OVERLAY
liefert die aktuelle Größe des Bewährungsbereichs in Bytes zurück.

OvrInit(*dateiname*: String) OVERLAY
initialisiert die Overlay-Verwaltung und öffnet *dateiname*.

OvrInitEMS **OVERLAY**
kopiert die Overlay-Datei des Programms in eine EMS-Karte.

OvrSetBuf(*size* : LongInt) **OVERLAY**
legt die Größe des Overlay-Puffers explizit auf *size* Bytes fest.

OvrSetRetry(*size* : LongInt) **OVERLAY**
legt die Größe des Bewährungsbereichs im Overlay-Puffer fest.

PackTime(var *datum_zeit*: *DateTime*, var *zeit* : LongInt) **DOS**
konvertiert den Record *datum_zeit* in eine *LongInt*-Zahl *zeit*. Dabei ist *DateTime* als `record jahr, monat, tag, sekunde : Word end;` definiert.

ParamCount : Word
liefert die Anzahl der Aufrufparameter des Programms zurück.

ParamStr(*index* : Word) : String
liefert den Aufrufparameter des Programms mit der Nummer *index*.

Pi : Real
liefert den Wert der "Kreiszahl" (ca. 3.145926...).

PieSlice(*x*, *y*, : Integer, *stwinkel*, *endwinkel*, *r* : Word) **GRAPH**
zeichnet um (*x*,*y*) einen Kreissauschnitt mit dem Radius *r*.

Pos(*teilst* : String; *st* : String) : Byte
sucht in *st* nach *teilst* und liefert die Position der Übereinstimmung.

Pred(*x* : VoidOrd) :VoidOrd (derselbe wie*x*)
liefert den Vorgänger des ordinalen Wertes *x*.

Ptr(*segment*, *offset* : Word) : Pointer
konvertiert die Angaben *segment* und *offset* in eine Zeigervariable.

PutImage(*x*,*y* : Integer; var *bitmap*, *bitueberl* : Word) **GRAPH**
überlagert das aktuelle Grafikfenster durch *bitueberl* ab der Koordinate (*x*,*y*) mit dem ab *bitmap* gespeicherten Bild.

PutPixel(*x*, *y* : Word; *farbe* : Word) **GRAPH**
zeichnet einen Bildpunkt in der Farbe *farbe* an die Position (*x*,*y*).

Random[(*bereich* : Word)] : Real/Word
liefert eine "zufällige" Zahl zwischen 0 und 1 bzw. 0 und *bereich*-1.

Randomize
initialisiert den "Zufallsgenerator" über Datum und Uhrzeit.

Read(var *f* VoidFile, *var_1* [, *var_2*, ... , *var_n*])
liest in der Datei *f* die angebenene Variablen *var_1* bis *var_n* ein.

ReadKey : Char **CRT**
liest ein Zeichen von der Tastatur, ohne es auszugeben.

ReadLn(var *f* VoidFile, *var_1* [, *var_2*, ... , *var_n*])
ruft *Read* auf und springt danach in die nächste Zeile der Datei *f*.

Rectangle(*x1, y1, x2, y2*) **GRAPH**
zeichnet ein Rechteck zwischen den Koordinaten (*x1,y1*) und (*x2,y2*).

RegisterBGIDriver(*treiber* : Pointer) : Integer **GRAPH**
ermöglicht das Einbinden von BGI-Dateien als Object-Dateien.

RegisterBGIFont(*font* : Pointer) : Integer **GRAPH**
ermöglicht das Einbinden von CHR-Zeichensätzen als Object-Dateien.

Release(var *p* : Pointer)
setzt den Heap auf den zuvor über *Mark* in *p* gespeicherten Zustand.

Rename(var *f* : VoidFile;*neuer_name*: String)
gibt der nicht geöffneten Datei *f* den Namen *neuer_name*.

Reset(var *f* : VoidFile [;*record_groesse*: Word])
öffnet die Datei *f* und setzt den Dateizeiger auf ihren Anfang.

RestoreCrt **CRT**
setzt den Videomodus des Systems auf den Ausgangszustand zurück.

RestoreCrtMode **CRT**
setzt den Vidomodus, der vor dem Start des Grafikpakets aktiv war.

Rewrite(var *f* : VoidFile [;*record_groesse*: Word])
erzeugt und öffnet eine neue Datei *f*.

RmDir(*st* : String)
löscht das leere Unterverzeichnis *st* (wie das Kommando *RMDIR*).

Round(*x* : Real) : LongInt
rundet *x* auf die nächst tiefere bzw. höhere ganze Zahl.

RunError[(*errorcode*: Word)]
bricht das Programm (mit *errorcode*) ab und gibt eine Meldung aus.

Sector(*x*, *y*, Integer; *stwinkel*, *endwinkel*, **GRAPH**
xradius, *yradius* : Word)
zeichnet ein ausgefülltes Ellipsenstück an der Position (*x*,*y*).

Seek(var *f* : VoidFile;*n* : LongInt)
setzt den Dateizeiger in *f* (keine Textdatei!) auf die Komponente *n*.

SeekEof[(var *f* : Text)] : Boolean
prüft, ob sich zwischen der aktuellen Position und dem Dateiende noch "lesbare" Zeichen befinden.

SeekEoln[(var *f* : Text)] : Boolean
prüft, ob sich zwischen der aktuellen Position und dem Zeilenende noch "lesbare" Zeichen befinden.

Seg(*x* : Void) : Word
liefert die Adresse des Segments, in dem *x* abgespeichert ist.

SetActivePage(*seite* : Word) **GRAPH**
legt fest, auf welche Grafikseite nachfolgende Grafikbefehle wirken.

SetAllPalette(var *palette*) **GRAPH**
setzt alle Einträge einer Farbpalette neu. Das Argument *palette* ist ein Parameter ohne speziellen Typ. Es muß von der Form
`anzahl : Byte; farben : array[0..anzahl-1] of ShortInt;` sein.

SetAspectRatio(*xasp, yasp* : Word) **GRAPH**
legt den Korrekturfaktor für das Höhen-/Seitenverhältnis fest.

SetBkColor(*farbe* : Word) **GRAPH**
setzt die Hintergrundfarbe des Garfikbildschirms.

SetCBreak(break : Boolean) **DOS**
legt fest, ob DOS immer oder nur bei Ein-/Ausgabeoperationen prüft, ob die Tastenkombination [Ctrl] [Break] gedrückt wurde.

SetColor(*farbe* : Word) **GRAPH**
setzt die Vordergrundfarbe des Grafikbildschirms.

SetDate(*jahr, monat, tag, wochentag* : Word) **DOS**
setzt das Datum des Betriebssystems (*wochentag* 0 = Sonntag).

SetFAttr(var *f* : VoidFile, *atribut* : Byte) **DOS**
setzt die Attribute der Bitkombination *attribut* für die Datei *f*.

SetFillPattern(*muster* : *FillPatternType*, *farbe* : Word) **GRAPH**
ermöglicht die freie Definition von Füllmustern. Dabei ist *FillPatternType* als `array[1..8] of Byte;` definiert.

SetFillStyle(*muster* : Word; *farbe* : Word) **GRAPH**
setzt ein in *GRAPH.TPU* definiertes Muster für die Flächenfüllung.

SetFTime(var *f* : VoidFile; *zeit* : LongInt) **DOS**
setzt das Datum und die Uhrzeit des letzten Zugriffs auf die Datei *f*.

SetGraphBufSize(*puffer_groesse*: Word) **DOS**
legt die Größe des Puffers für Flächenfüllungen und Vielecke fest.

SetGraphMode(*grafikmodus* : Integer) **GRAPH**
schaltet in den angegebenen Grafikmodus und löscht den Bildschirm.

SetIntVec(*intrnr* : Byte; *vektor* : Pointer) **DOS**
setzt den Interrupt-Vektor *intrnr* auf die Speicheradresse *vektor*.

SetLineStyle(*linienart, muster, dicke* : Word) **GRAPH**
bestimmt die Linienart und Dicke für folgende Zeichenoperationen.

SetPalette(*farbnummer* : Word; *farbe* : Word) **GRAPH**
ändert den Eintrag *farbnummer* in der aktuellen Farbpalette in *farbe*.

SetRGBPalette(*farbnummer, rotwert, gruenwert, blauwert* : Integer) **GRAPH**
ändert für IBM-8514- und für VGA-Adapter den Eintrag *farbnummer*.

SetTextBuf(var *f* : Text; var *puffer* : Void [; *size* : Word])
legt fest, daß alle Zugriffe auf *f* in *puffer* gepuffert werden.

SetTextJustify(*horizontal, vertikal* : Word) GRAPH
legt die Ausrichtung von Textausgaben im Grafikmodus fest.

SetTextStyle(*font, richtung* : Word; *groesse* : Word) GRAPH
legt den Zeichensatz, die Ausgaberichtung und die Größe fest.

SetTime(*stunde, minute, sekunde, sek100* : Word) DOS
setzt die Systemuhr des Rechners (wie das Kommando *TIME*).

SetUserCharSize(*multx, divx, multy, divy* : Word) GRAPH
ermöglicht die unabhängige Vergrößerung des aktuellen Zeichensatzes.

SetVerify(*verify* : Boolean) DOS
bestimmt, ob DOS nach dem Schreiben die Diskettensektoren prüft.

SetViewPort(*x1, y1, x2, y2* : Integer; *clip* : Boolean) GRAPH
setzt im Grafikmodus ein Zeichenfenster zwischen (*x1*,*y1*) und (*x2*,*y2*).

SetVisualPage(*seite* : Word) GRAPH
wählt (wenn möglich) eine von mehreren Grafikseiten aus.

SetWriteMode(*modus* : Integer) GRAPH
legt fest, wie Linien den Grafikbildschirm überzeichnen.

Sin(*x* : Real) : Real
liefert den Sinus des Winkels *x* in Radiant.

SizeOf(*x* : Void/Typbezeichner) : Word
liefert den Speicherbedarf der Variablen bzw. des Typs *x* in Bytes.

Sound(*hertz* : Word) CRT
gibt einen Ton der Höhe *hertz* über den eingebauten Lautsprecher aus.

SPtr : Word
liefert den aktuellen Wert des Stackzeigers (SP-Register) zurück.

Sqr(*x* : Integer/Real) : Integer/Real (derselbe wie *x*)
liefert das Quadrat des Arguments (x^2).

Sqrt(*x* : Real) : Real
liefert die Quadratwurzel des Arguments ($\sqrt{x}$)

SSeg : Word
liefert die Adresse des Stack-Segments (Register SS) zurück.

Str(*x*: Integer/Real [:*breite* [: *nachkommastellen*] : Integer],
var *st* : String)
konvertiert den numerischen Wert *x* (formartiert) in *st*.

Succ(*x* : VoidOrd) : VoidOrd (derselbe wie *x*)
liefert den Nachfolger des ordinalen Werts *x*.

Swap(*x* : Integer/Word) : Integer/Word (derselbe wie *x*)
vertauscht in *x* das niederwertige und das höherwertige Byte.

SwapVectors **DOS**
vertaucht die vom System belegten Interrupt-Vektoren mit den entsprechenden Variablen des Units *SYSTEM.TPU*.

TextBackround(*farbe* : Byte) **CRT**
legt im Textmodus die Hintergrundfarbe für Textausgaben fest.

TextColor(*farbe* : Byte) **CRT**
legt im Textmodus die Zeichenfarbe für Textausgaben fest.

TextHeight(*st* : String) : Word **GRAPH**
liefert die Höhe der Zeichenkette *st* in Pixeln zurück.

TextMode(*modus* : Word) **CRT**
setzt einen bestimmten Textmodus.

TextWidth(*st* : String) : Word **GRAPH**
liefert die Breite der Zeichenkette *st* in Pixeln zurück.

Trunc(*x* : Real) : LongInt
schneidet von der Gleitkommazahl *x* die Nachkommastellen ab.

Truncate(var *f* : VoidFile)
schneidet eine Datei an der aktuellen Position ab.

TypeOf(*x* : Void) : Pointer
liefert einen Zeiger auf die virtuelle Methodentabelle des Objektes *x*.

UnpackTime(*zeit* : LongInt; var *datum_zeit*: *DateTime*) **DOS**
konvertiert Datum und Uhrzeit aus einem gepackten Format in einen Record *datum_zeit*. Dabei ist *DateTime* als `record jahr, monat, tag, sekunde : Word end;` definiert.

UpCase(*ch* : Char) : Char
wandelt das Zeichen *ch* in einen Großbuchstaben um.

Val(*st* : String; *v* : Integer/Real; var *code* : Integer)
wandelt die Zeichenkette *st* in einen numerischen Wert um.

WhereX : Byte **CRT**
liefert die Spaltenposition des Cursors im aktuellen Textfenster.

WhereY Byte **CRT**
liefert die Zeilenposition des Cursors im aktuellen Textfenster.

Window(*x1*, *y1*, *x2*, *y2* : Byte) **CRT**
definiert den Bereich zwischen (*x1*,*y1*) und (*x2*,*y2*) als Fenster.

Write(var *f* VoidFile, *var_1* [, *var_2*, ... , *var_n*])
schreibt die angegebenenen Variablen *var_1* bis *var_n* in die Datei *f*.

WriteLn(var *f* VoidFile, *var_1* [, *var_2*, ... , *var_n*])
ruft *Write* auf und führt danach einen Zeilenvorschub in *f* aus.

Stichwortverzeichnis

L

M

N

O

Ö

O

P

Q

R

S

TURBO PASCAL Version 6

Einführung in die Objektorientierte Programmierung.

von Martin Aupperle

1991. X, 282 S. inkl. Diskette. Gebunden.
ISBN 3-528-05166-3

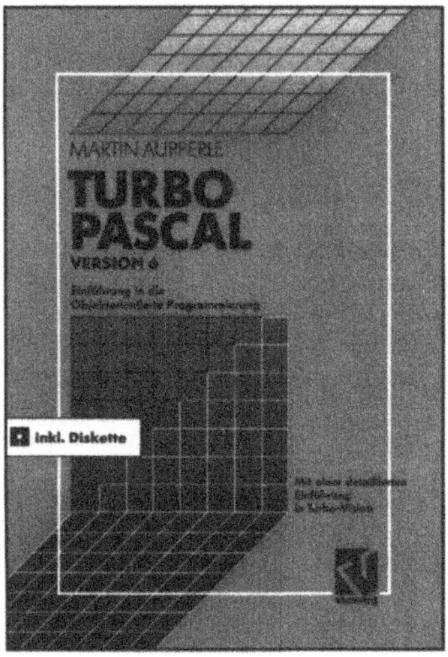

Dieses neue Buch von Martin Aupperle zeigt die Möglichkeiten objektorientierter Programmierung mit Turbo Pascals neuer Version 6 auf. Als besonderes „Schmankerl" enthält das Buch eine detaillierte Beschreibung von Turbo-Vision, Borlands „object oriented application framework". Alle Programme des Buches sind auf der beiliegenden Diskette sofort einsetzbar. Ein Buch, das die Features von Turbo Pascal Version 6 mit Pfiff und Sachverstand nahebringt.

Verlag Vieweg · Postfach 58 29 · D-6200 Wiesbaden 1

vieweg

GPSR Compliance

The European Union's (EU) General Product Safety Regulation (GPSR) is a set of rules that requires consumer products to be safe and our obligations to ensure this.

If you have any concerns about our products, you can contact us on ProductSafety@springernature.com

In case Publisher is established outside the EU, the EU authorized representative is:

Springer Nature Customer Service Center GmbH
Europaplatz 3
69115 Heidelberg, Germany

Batch number: 10577936

Printed by Printforce, the Netherlands

Regulatory Support for Off-Grid Renewable Electricity

This book investigates the role of law in enabling and addressing the barriers to the development of off-grid renewable electricity (OGRE).

The limited development of OGRE is ascribed to a host of social, economic, and legal barriers, including the problem of initial capital costs, existing subsidies for conventional electricity, and lack of technological and institutional capacity. Through the analyses of selected case studies from Africa, Asia, Europe, and North and South America, this book discusses the typical barriers to the development of OGRE from a global perspective and examines the role of law in addressing them. Drawing together the lessons learnt from the case studies, this book offers robust recommendations on how the development of OGRE will support the goal of achieving universal access to low carbon, reliable, and sustainable electricity globally.

This volume will be of great interest to students, scholars, policymakers, investors, and practitioners in the fields of energy law and policy, climate change, and renewable energy development.

Ngozi Chinwa Ole is the Research Team Head, Environment and Water Regulation Unit, African Centre of Excellence for Water and Environmental Research (ACEWATER), Nigeria. She is a Senior Lecturer, Acting Head – the Department of Public Law and Director of Clinical Legal Education, at Federal University, Oye-Ekiti, Nigeria. Ngozi is a Consultant-Managing Associate, Alliance Law Firm, a top tier energy law firm, in Africa. She is currently the National Publicity Secretary of the Association of Environmental Lawyers of Nigeria. She is also a recipient of several international awards and grants, including the AIPN 2018 Conference Award, Recognition of Excellence in Service as the President of the University of Aberdeen AIPN Club, Elphinstone Scholarship Award, International Ambassador of Peace Award, and NULAI/Open Society Initiative Grant on Clinical Legal Education.

Eduardo G. Pereira is a worldwide recognised scholar specialising in Natural Resources and Energy Law. He is a founding partner at the International Energy Law Training and Research Company as well as at the International Energy Law Advisory Group. He has been active in the natural resources and energy industry for more than 15 years and is an international expert on oil and gas contracts and regulations. His experience in this area – both academic and practical – is extensive.

Peter Kayode Oniemola is a Senior Lecturer in the Faculty of Law at the University of Ibadan, Nigeria, and the Energy Law Programme Coordinator at the University of Ibadan's Centre for Petroleum, Energy Economics and Law. He is a Barrister and Solicitor of the Supreme Court of Nigeria. He has accumulated decades of experience advising various government bodies on energy-related issues.

Gustavo Kaercher Loureiro is currently a Senior Researcher at Center for Regulatory and Infrastructure Studies – CERI – Fundação Getúlio Vargas – FGV/RJ. He is a former Associate Professor of Administrative and Constitutional Law at the Federal University of Brasília – UnB, Brazil (2007–2014). Gustavo has authored several books and papers on infrastructure regulation and Brazilian public law, such as *Electric Energy Law Manual. Quartier Latin: São Paulo, 2021* (book); *Studies on the Economical-Financial Regime of Concession Contracts. Quartier Latin: São Paulo, 2020* (book); *Institutions of Energy Law. Quartier Latin: São Paulo, 2019* (book); 'Is There Really Constitutional Basis on the Economical-Financial Balance of the Concessions? For a Flexible Model of the Economical Regime of the Concessions of Public Service' (paper), among others.

Routledge Explorations in Energy Studies

Perspectives on Energy Poverty in Post-Communist Europe
Edited by George Jiglau, Anca Sinea, Ute Dubois, and Philipp Biermann

Dilemmas of Energy Transitions in the Global South
Balancing Urgency and Justice
Edited by Ankit Kumar, Johanna Höffken, and Auke Pols

Assembling Petroleum Production and Climate Change in Ecuador and Norway
Elisabeth Marta Tómmerbakk

International Law and Renewable Energy Investment in the Global South
Avidan Kent

Local Energy Governance
Opportunities and Challenges for Renewable and Decentralised Energy in France and Japan
Edited by Magali Dreyfus and Aki Suwa

Local Energy Communities
Emergence, Places, Organizations, Decision Tools
Edited by Gilles Debizet, Marta Pappalardo, and Frédéric Wurtz

Building Resilient Energy Systems
Lessons from Japan
Jennifer F. Sklarew

Regulatory Support for Off-Grid Renewable Electricity
Edited by Ngozi Chinwa Ole, Eduardo G. Pereira, Peter Kayode Oniemola, and Gustavo Kaercher Loureiro

Northern Indigenous Community-led Disaster Management and Sustainable Energy
Ranjan Datta, Margot Hurlbert, and William Marion

For more information about this series, please visit: www.routledge.com/Routledge-Explorations-in-Energy-Studies/book-series/REENS